U0278003

权威·前沿·原创

皮书系列为

"十二五""十三五""十四五"时期国家重点出版物出版专项规划项目

BLUE BOOK

智 库 成 果 出 版 与 传 播 平 台

上海蓝皮书

BLUE BOOK OF SHANGHAI

总 编／权 衡 王德忠

上海资源环境发展报告
（2025）

ANNUAL REPORT ON RESOURCES AND ENVIRONMENT

OF SHANGHAI (2025)

新质生产力与美丽上海建设

主 编／周冯琦 程 进 胡 静

社会科学文献出版社

SOCIAL SCIENCES ACADEMIC PRESS (CHINA)

图书在版编目（CIP）数据

上海资源环境发展报告 . 2025：新质生产力与美丽
上海建设／周冯琦，程进，胡静主编 . -- 北京：社会
科学文献出版社，2025.2. --（上海蓝皮书）. -- ISBN
978-7-5228-5066-5

Ⅰ. X372.51

中国国家版本馆 CIP 数据核字第 2025XK5564 号

上海蓝皮书

上海资源环境发展报告（2025）
　　——新质生产力与美丽上海建设

主　　编／周冯琦　程　进　胡　静

出 版 人／冀祥德
责任编辑／侯曦轩　王　展
责任印制／王京美

出　　版／社会科学文献出版社·皮书分社（010）59367127
　　　　　地址：北京市北三环中路甲 29 号院华龙大厦　邮编：100029
　　　　　网址：www.ssap.com.cn
发　　行／社会科学文献出版社（010）59367028
印　　装／三河市东方印刷有限公司

规　　格／开 本：787mm×1092mm　1/16
　　　　　印 张：19.5　字 数：292 千字
版　　次／2025 年 2 月第 1 版　2025 年 2 月第 1 次印刷
书　　号／ISBN 978-7-5228-5066-5
定　　价／249.00 元

读者服务电话：4008918866

上海蓝皮书编委会

主要编撰者简介

周冯琦 上海社会科学院生态与可持续发展研究所所长，研究员，博士研究生导师；上海社会科学院生态与可持续发展研究中心主任；上海市生态经济学会会长；中国生态经济学会副理事长。国家社会科学基金重大项目"我国环境绩效管理体系研究"首席专家。主要研究方向为绿色经济、区域绿色发展、环境保护政策等。相关研究成果获得上海市哲学社会科学优秀成果二等奖、上海市决策咨询二等奖及中国优秀皮书一等奖等奖项。

程 进 上海社会科学院生态与可持续发展研究所副所长，研究员。主要从事生态城市与区域生态绿色一体化发展等领域研究。主持国家社科基金一般项目、国家社科基金青年项目、上海市人民政府决策咨询研究重点课题、上海市哲社规划专项课题、上海市"科技创新行动计划"软科学重点项目等相关课题。研究成果获皮书报告二等奖等奖项。

胡 静 上海市环境科学研究院低碳经济研究中心主任，高级工程师。主要从事低碳经济与环境政策研究。先后主持开展科技部、生态环境部、上海市科委、上海市生态环境局等相关课题和国际合作项目40余项，公开发表科技论文20余篇。

摘　要

　　上海以"十美"共建全面开启建设美丽上海新征程，美丽上海建设过程是解决资源环境生态问题、摆脱传统经济增长方式、实现经济社会发展全面绿色转型的过程，能够加速新质生产力培育与发展。新质生产力本身是绿色生产力，发展新质生产力能够推进绿色技术创新、生态要素优化配置、产业绿色转型，为美丽上海建设提供重要的推动力。本报告开展的情景分析显示，到 2035 年，新质生产力情景下单位 GDP 能耗相对于政策情景下降25.18%，人均公园绿地面积增加 11.4%，培育和发展新质生产力能够显著推进美丽上海建设进程。因此，探寻新质生产力与美丽上海建设的协同发展机制与路径，最大化发挥两者的协同效应，对实现新质生产力提升与美丽上海建设目标具有重要意义。

　　协同推进新质生产力与美丽上海建设，是一个包含技术创新、产业升级、生态治理、城市建设等多领域的综合性任务，需要在绿色低碳发展、生态环境治理、气候变化适应等领域协同发力。其一，发挥绿色低碳发展与新质生产力培育的协同效应。充分发挥新型能源体系在清洁能源供给、化石能源清洁利用或替代、能源消费绿色低碳化、能源系统效率提升等方面的支持作用。加快发展新型租赁经济等绿色消费模式，进一步明确行业标准，推进诚信体系建设，培育绿色消费文化。发挥森林碳汇对促进绿色低碳发展的基础性和战略性作用，强化生态空间分类精细管控，加强森林碳汇技术研发推广，完善生态空间价值实现机制。构建全要素的资源环境要素市场，充分发挥市场在美丽上海建设和新质生产力发展中的决定性作用。建立健全成本分担和利益共享机制，加强绿色低碳技术共享创新，协同打造长三角世界级绿色低碳产业集群。其二，发挥生态环境治理与新质生产力培育的协同效应。推进生态环境治理数字化转型，完善制度适配和基础设施配套，完善绿色数字技术创新的投入和转化机制，加强生态环境治理数字化转型风险管控。推进污染控制与治理、绿色交通、循环利用、储能、绿色建筑等领域技术创新，推动科技成果转化模式创新与制度创新。深入践行人民城市重要理念，加强油烟气管理、噪声污染防治和建筑垃圾全流程管控等公众关注的"身边小事"治理，将美丽细胞建设提上日程。加快建立完善产品碳足迹管理体系，统筹建立国家和地方公共服务碳足迹背景数据库，积极打造绿色低碳供应链。其三，协同推进气候变化风险应对与新质生产力提升。将气候相关经济金融风险纳入宏观经济模型，在绿色公共采购和气候风险披露政策决策中纳入气候适应能力要素，加大对具有应对气候变化风险效应的新兴技术的投资。通过开展多部门协作、推进气候适应型城市规划与基础设施建设、推动数据驱动的决策和智能管理等，协同推进气候变化生态系统风险应对、健康风险应对与新质生产力提升。

关键词： 新质生产力　美丽上海　绿色低碳发展　生态环境治理气候变化适应

目 录 ❾

Ⅰ 总报告

Ⅱ 绿色低碳发展篇

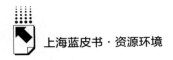

Ⅲ 生态环境治理篇

Ⅳ 气候变化应对篇

附　录

皮书数据库阅读**使用指南**

总报告

B.1
协同推进新质生产力提升
与美丽上海建设研究

周冯琦　程　进　袁浩畅　吴昊添　陶斐媛*

摘　要：　新质生产力是绿色生产力，发展新质生产力带来的绿色技术创新、生态要素优化配置、产业绿色转型，将为美丽上海建设提供重要的推动力。美丽上海建设是解决资源环境生态问题、改变传统经济增长方式、实现经济社会发展全面绿色转型的过程，这一过程将加速新质生产力培育与发展。情景分析显示，相较于政策情景，在积极培育新质生产力情景下美丽上海建设进程得到显著提升。但发挥科技创新对美丽上海建设的推动作用，需要加大专利等创新成果的转化运用力度。新质生产力与美丽上海建设能够相互促进，但协同推进新质生产力提升与美丽上海建设仍面临政策目标协同困难、绿色技术创新支撑薄弱、生态环境风险防控严峻、资源环境要素市场化

---

* 周冯琦，上海社会科学院生态与可持续发展研究所所长，研究员，研究方向为绿色低碳经济、环境经济政策等；程进，上海社会科学院生态与可持续发展研究所副所长，研究员，研究方向为生态城市与区域生态绿色一体化发展；袁浩畅、吴昊添、陶斐媛，上海社会科学院生态与可持续发展研究所硕士研究生。

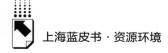

配置不充分等挑战。需要在价值协同、功能协同、创新协同、政策协同、区域协同等领域共同发力，实现新质生产力提升与美丽上海建设相互促进、共同发展。

关键词： 新质生产力　绿色生产力　美丽上海　绿色低碳发展

全面推进美丽上海建设、打造人与自然和谐共生的现代化国际大都市，是一项长期而艰巨的系统性任务。美丽上海建设致力于推动形成绿色发展方式和生活方式，打造健康优美的生态环境，推进生态环境治理体系和治理能力现代化。要实现美丽上海建设目标，需要改变传统的生产方式和生产力发展路径，坚持科技创新和绿色发展，推动经济社会发展全面绿色转型。新质生产力是以高技术、高效能、高质量为特征的生产力，新质生产力本身也是绿色生产力，发展新质生产力带来的技术革命性突破、生产要素创新性配置、产业深度转型升级，能够为美丽上海建设提供重要的推动力。培育新质生产力是一项系统性工程，全面推进美丽上海建设同样也是一项系统性工程，两者均涉及经济社会发展各领域，发展路径具有高度的一致性、重叠性。党的二十届三中全会提出，健全因地制宜发展新质生产力体制机制。因此，探寻新质生产力提升与美丽上海建设的协同发展机制与路径，最大化发挥两者的协同效应，对实现新质生产力提升与美丽上海建设相互促进、共同发展具有重要意义。

一　新质生产力与美丽上海建设相辅相成

发展新质生产力不仅是实现高质量发展的重要途径，也能够为美丽上海建设提供坚实的基础和动力。发展新质生产力与美丽上海建设不仅在绿色技术创新、发展方式转型等领域存在密切关联，也在生态环境质量改善、城市生态软实力提升、社会公众参与等方面具有融通之处，二者在目标理念、作用领域、价值追求上高度契合，共同推动城市的可持续发展。

（一）新质生产力能够为美丽上海建设提供推动力

马克思在《资本论》中指出："生产力，即生产能力及其要素的发展。"[①] 生产力的含义包括两个方面，一是指生产水平和生产效率，二是指生产力诸因素[②]，生产力是由劳动者、劳动资料和劳动对象诸多生产要素共同构成的推动社会发展的力量。生产力随着科学和技术的进步而不断发展。生产力发展的规律是先进生产力取代落后生产力，从而实现生产力现代化的过程，新质生产力是生产力现代化转型的最新体现[③]。新质生产力系统由新型劳动者、新型劳动工具、新型劳动对象要素组成，这些新型要素的"新型"内涵主要是以智能化、绿色化为主要趋势的新一轮科技革命和产业变革引发生产力要素发生的质的变化[④]。新质生产力强调创新、可持续发展和高效利用资源，与科技、绿色和数字等新兴领域密切相关，代表新型的生产力发展方向。新质生产力是由新技术，特别是原创性和颠覆性技术所滋生孕育，符合生产力绿色发展要求的先进生产力[⑤]，推动形成新质生产力要把绿色发展放在重要位置，新质生产力本身就是绿色生产力。

1. 新质生产力能够催生绿色技术创新

发展新质生产力为绿色技术创新提供良好的基础和动力。新质生产力强调科技创新和应用，要发挥科技创新在培育和发展新质生产力中的核心要素作用[⑥]。新质生产力依赖新兴技术的培育和应用，通过研发新技术和新产品，提高生产效率和资源利用率。绿色技术创新是科技创新的重要组成部分，发展新质生产力将带动完善绿色技术创新引导机制，促进人才、资金、

---

① 《马克思恩格斯文集》第 7 卷，人民出版社，2009。
② 孙冶方：《什么是生产力以及关于生产力定义问题的几个争论》，《经济研究》1980 年第 1 期。
③ 任保平：《生产力现代化转型形成新质生产力的逻辑》，《经济研究》2024 年第 3 期。
④ 黄群慧：《读懂新质生产力》，中信出版集团，2024。
⑤ 杜黎明：《汇聚新质生产力发展的绿色动力》，《人民论坛》2024 年第 6 期。
⑥ 刘冬梅、杨洋、李哲：《科技创新作为发展新质生产力的核心要素：理论基础、历史规律与现实路径》，《中国科技论坛》2024 年第 7 期。

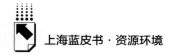

知识、数据等创新要素资源向绿色技术创新领域集聚，推动可再生能源技术、节能环保技术、清洁生产技术等绿色技术的创新与应用，这些技术正是绿色生产力的重要组成部分。

2. 新质生产力能够优化生态要素配置

发展新质生产力将在生产关系、产业组织和资源配置层面发生新的变革，实现生产要素创新性配置①。发展新质生产力要求构建与之相适应的新型生产关系，强调进一步深化经济体制、科技体制等改革，强调可持续性，形成与新质生产力发展相适应的政策体系和市场体系，实现生产要素的创新性配置和使用。生态环境是重要的生产要素，大数据和人工智能技术将实现对生态要素配置和使用的实时监测和优化，清洁生产技术和智能制造的推广将不断提高资源利用效率，市场化机制的不断完善将提升生态要素配置效率，生态要素配置效率的提升将为绿色生产力的发展提供重要支持。

3. 新质生产力能够促进产业绿色转型

新质生产力的内涵是以科技创新驱动产业发展，建设现代化产业体系，形成先进生产力②。新质生产力通过技术创新、资源优化、政策支持、企业品牌塑造等多领域的综合作用，为构建现代化产业体系提供强劲动能。产业绿色转型是现代化产业体系的重要特征之一，现代化产业体系强调先进技术的应用，通过推广清洁生产、可再生能源和智能制造等新兴技术，不断提高产业效率和降低环境影响，实现产业绿色低碳转型，为发展绿色生产力提供产业载体。

新质生产力强调可持续发展理念，以劳动者、劳动资料、劳动对象及其组合的优化提升，不断提升全要素生产率，形成绿色生产和消费方式，能够为经济社会发展全面绿色转型提供必要的基础和动力，助力实现美丽上海建设愿景。

---

① 黄奇帆、李金波：《试论发展新质生产力的内涵逻辑和战略路径》，《人民论坛》2024年第14期。
② 王勇：《深刻把握新质生产力的内涵、特征及理论意蕴》，《人民论坛》2024年第6期。

（二）美丽上海建设能够加速新质生产力培育

上海推行空间、发展、环境、人居、生态、韧性、人文、和合、科技、善治等"十美"共建的过程，是解决资源环境生态问题、摆脱传统经济增长方式、实现经济社会发展全面绿色转型的过程，这一过程将加速新质生产力的培育与发展。

1.生态建设顶层设计为发展新质生产力提供政策支持

围绕美丽上海建设目标要求，近年来上海制定碳达峰碳中和"1+1+N"政策体系，印发美丽上海建设的指导意见和三年行动计划，不断完善经济社会发展全面绿色转型顶层设计，这些制度建设将为发展新质生产力提供重要的政策保障。一是加强绿色技术创新的制度保障。《关于全面推进美丽上海建设 打造人与自然和谐共生的社会主义现代化国际大都市的实施意见》指出，创新生态环境科技体制机制，构建市场导向的绿色技术创新体系。科技创新是发展新质生产力的核心要素，绿色技术创新领域的体制机制建设将进一步推进新质生产力发展。二是强化资源环境要素优化配置的政策供给。"善治之美"的核心内容之一即健全资源环境要素市场化配置体系，推进碳排放权、用能权、用水权、排污权等市场化交易。通过不断完善生态环保领域税费制度，优化生态文明建设领域财政资源配置，大力发展绿色金融。新质生产力强调生产要素创新性配置，资源环境要素市场化配置水平的提升，对培育和发展新质生产力将起到重要的推动作用。三是加强产业绿色低碳转型的制度支撑。"发展之美"是美丽上海建设的核心内容之一，要求加快产业绿色低碳转型，持续推进绿色产品、绿色工厂、绿色园区建设，积极发展氢能、高端装备、低碳冶金、绿色材料、节能环保等先进产业，打造绿色低碳产业高地。现代化产业体系是发展新质生产力的核心载体，产业绿色低碳转型有助于加快构建与新质生产力发展要求相适应的现代化产业体系。

2.生态环境质量改善为发展新质生产力筑牢生态本底

生态环境质量改善是美丽上海建设的重要目标之一，上海的生态环境保护已经由污染物减排转向环境质量改善和生态服务功能提升。一是生态环境质量持续提升。2019~2023年上海的主要空气污染物年均浓度总体呈下降趋势或保持在较低水平，一氧化碳、二氧化硫浓度稳定达到国家环境空气质量一级标准（见图1）。地表水Ⅱ~Ⅲ类断面占比从2019年的48.3%增加到2023年的97.8%，无Ⅴ类和劣Ⅴ类断面（见图2）。受污染耕地和重点建设用地安全利用率持续保持100%。二是环境基础设施持续完善。上海构建覆

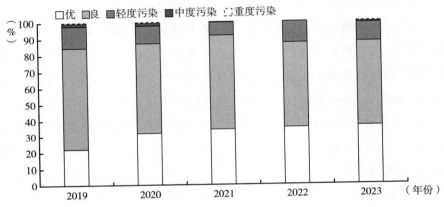

图1 2019~2023年上海空气质量级别分布

资料来源：《2023上海市生态环境状况公报》。

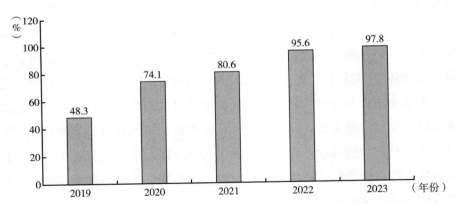

图2 2019~2023年上海市主要河湖Ⅱ~Ⅲ类水质断面占比

资料来源：《2023上海市生态环境状况公报》。

盖全域的有害垃圾收运网络体系，生活垃圾分类运输处置"智慧物流"系统于 2024 年上线运行，开启生活垃圾智慧管理新阶段。上海不断推进污水处理设施完善提升工作，建成污水处理六大片区。截至 2023 年底，上海污水日处理规模已超过 1000 万吨。三是公园绿地建设进一步增量提质。截至 2023 年底，上海各类公园数量达到 832 座，人均公园绿地面积已超过 9 平方米（见图 3），公园改造、公园主题文化活动持续开展。

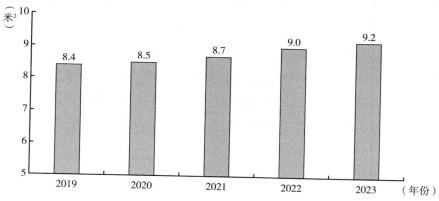

图 3   2019~2023 年上海市人均公园绿地面积

资料来源：历年《上海统计年鉴》。

生态环境质量提升为发展新质生产力提供了良好的自然基础。一方面，生态环境质量改善，提升了上海城市整体形象、吸引力和竞争力，为培育和提升新质生产力提供了良好的发展环境。日本森纪念财团发布的《全球城市实力指数》显示，上海在"环境"领域的排名由 2019 年的第 48 名提升到 2023 年的第 33 名，"环境"领域的进步有力地带动了上海城市实力整体排名的上升。另一方面，保护生态环境就是保护生产力，上海生态环境质量的改善有利于丰富先进生产力的构成要素，促进经济社会发展全面绿色转型。自 2015 年起，上海组织启动生态产品监测评估与价值实现工作，连续 8 年对全市森林生态系统服务功能进行评估，全市森林生态系统服务功能价值量呈持续增长状态，上海市森林生态产品价值实现案例荣获全国"生态产品价值实现十大典型案例发布成果展示奖"。

3. 绿色技术创新应用为发展新质生产力提供强劲动能

绿色技术创新对于全面建设美丽上海具有重要的推动作用，近年来上海持续推动绿色技术研发与应用，在绿色低碳技术创新和绿色技术交易方面不断实现突破。一是绿色技术创新成果不断丰富。2016~2023年，上海的绿色低碳专利申请量累计为24819件，绿色低碳专利授权量累计为10036件（见图4），在全国城市排名中仅次于北京和深圳。截至2023年，上海有经认定的国家级绿色工厂79家、绿色供应链7家、绿色园区6个、绿色产品57项。二是绿色技术交易机制不断完善。上海积极推进绿色技术银行建设，绿色技术银行转移转化平台集聚评估、金融、转移转化等服务机构及国际组织119家，形成全链条服务支撑能力。上海技术交易所推出"绿色技术交易平台"，组建并形成了国内最具规模的绿色技术项目资源汇集网络，累计汇集国内外高校绿色技术成果近3000项，帮助实现绿色技术进场交易和成果转化。

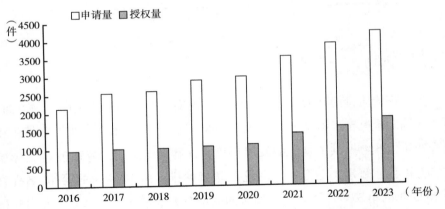

图4 2016~2023年上海市绿色低碳专利申请量和授权量情况

资料来源：国家知识产权局《绿色低碳专利统计分析报告（2024）》，2024。

绿色技术创新应用推动了上海经济社会向更高质量、更有效率和更可持续的方向发展，同时也能够加快新质生产力发展步伐。一方面，绿色技术创新成为科技创新的新趋势。随着全球生态绿色理念的普及，绿色技术创新是发展新质生产力在技术领域实现突破的重要方向之一。国家知识产权局发布的《绿色低碳专利统计分析报告（2024）》显示，我国绿色低碳发明专利在有效发明专利中所占比重由 2016 的 2.8% 上升至 2023 年的 4.9%，绿色技术创新的地位不断提高。另一方面，绿色技术创新能够发挥对经济社会领域的扩散、辐射作用。绿色技术与实体经济的深度融合推动了传统产业绿色化、低碳化转型，加快培育壮大新兴产业，能够加快打造高效能的现代化产业体系。

4. 产业绿色低碳转型为发展新质生产力厚植产业基础

美丽上海建设的核心目标之一是培育绿色生产力，产业的优化升级是发展绿色生产力的重要载体。近年来，上海以绿色低碳为发展导向，推动六大支柱产业转型升级，大力发展先导产业，加快构建新型产业体系，产业绿色低碳转型迈上新台阶。一是推进传统产业转型升级，上海以智能化、绿色化、融合化发展为抓手，把传统产业打造成以绿色低碳为特征的新质生产力。截至 2023 年，上海已累计建成国家级标杆性智能工厂 3 家、示范工厂 19 家、优秀场景 111 个[①]。二是能耗强度和碳排放强度持续下降（见图 5）。2010～2023 年，上海以年均 1.2% 的能源消费增速实现了年均 6.7% 的经济增长，单位生产总值碳排放累计降幅超过 50%[②]。"十四五"以来，上海规模以上工业单位增加值能耗累计下降 13.8%。三是带动新兴产业快速发展。2023 年，上海战略性新兴产业增加值占 GDP 的比重达到 24.8%，工业战略性新兴产业总产值占规上工业总产值的比重为 43.9%，集成电路、生物医药、人工智能三大先导产业规模达到 1.6 万亿元。新能源、新材料、节能环保产业在战略性新兴产业中占有重要地位（见图 6）。

产业绿色低碳转型有助于夯实新质生产力的产业基础。绿色低碳是现代化产业体系的基本特征之一。现代化产业体系是新质生产力的根本载体，根据二十届中央财经委员会第一次会议对现代化产业体系提出的目标要求，智

---

① 李晔：《在上海产业经济的成绩表与施工图里，我们发现了这些新质生产力》，上观新闻，https://export.shobserver.com/baijiahao/html/711466.html。

② 姚丽萍：《上海在全国率先出台"绿色转型"地方立法》，《新民晚报》2023 年 12 月 29 日。

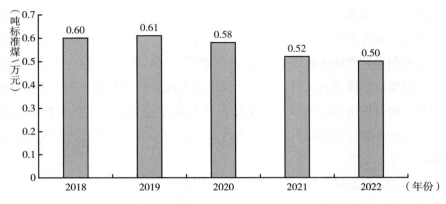

图 5　2018~2022 年上海市单位工业增加值能耗

资料来源：2023 年《上海统计年鉴》。

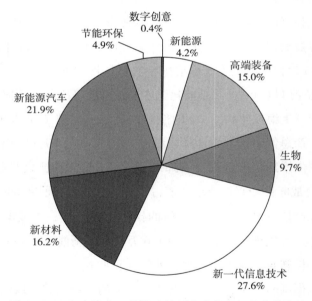

图 6　2023 年上海市工业战略性新兴产业各行业产值占比

资料来源：《2023 年上海市国民经济和社会发展统计公报》。

能化、绿色化、融合化是现代化产业体系的主要特征。绿色低碳也是打造具有全球竞争力的现代化产业体系的关键特征。清华大学发布的《2024 全球碳中和年度进展报告》显示，全球提出碳中和目标的国家已达到 151 个。产业绿色低碳转型将进一步提升现代化产业体系的国际竞争力。

5. 环境保护公众参与有助于丰富劳动者生态文明素养

上海市民整体生态绿色意识不断加强，公众参与生态环境保护的意识不断增强。一是绿色低碳生活更加自觉。旧衣回收、光盘行动等绿色生活方式蔚然成风，生活垃圾分类习惯普遍养成，全市居住区（村）、单位垃圾分类达标率稳定在 95% 以上，生活垃圾焚烧和湿垃圾资源化利用总能力超过 3.6 万吨/日，生活垃圾回收利用率已达到 42%。二是碳普惠体系建设有序推进。截至 2024 年底，上海已发布分布式光伏发电、地面公交、轨道交通、互联网租赁自行车、居民低碳用电和纯电动乘用车、滨海盐沼湿地修复等 7 个碳普惠方法学，首个温室气体自愿减排交易产品 SHCERCIR1 在上海环交所正式上线运行。

美丽上海建设需要公众的广泛参与，劳动者也是新质生产力的重要组成部分。联合国教科文组织于 2021 年 11 月发布的《一起重新构想我们的未来：为教育打造新的社会契约》强调，教育要重构人与自然的关系，这也意味着人与自然和谐共生的意识和能力将是未来劳动者的基本素养之一。人民绿色意识和环保素养的提高，有助于推行绿色低碳的生活理念和生活方式，推动美丽上海建设全民行动，激发全社会共同呵护生态环境的内在动力和行动自觉，加速新质生产力形成。

二　基于新质生产力视角的美丽上海建设情景分析

本报告采用可拓展的随机性的环境影响评估模型（STIRPAT），探究在不同发展情形下新质生产力培育与美丽上海建设进展。

（一）变量选取

1. 解释变量与被解释变量

为研究新质生产力与美丽上海之间的关系，本报告在美丽上海的关键领域中选取具有代表性的指标作为被解释变量。上海以"十美"共建推进美丽上海建设，全面推进美丽上海建设是一项系统工程。鉴于能源消耗是污染物排放和碳排放的主要来源①，推进美丽上海建设是满足广大市民对良好生态环境最普惠民生福祉的需求②，本报告根据《上海市绿色发展指标体系》和《上海市生态文明建设考核目标体系》等考核目标以及《"美丽城市"建设评价指标体系》③，将美丽上海与绿色发展相关的指标简化为两个评价领域：绿色转型和生态建设，并在每个领域中选取一个具有代表性的指标，以求能够用更少的变量更大程度地解释美丽上海建设的变化（见表1）。

表1　解释变量与被解释变量

项目	评价领域	评价指标	计量单位
被解释变量	绿色转型	单位 GDP 能耗	吨标准煤/万元
	生态建设	人均公园绿地面积	平方米
解释变量	劳动者	每万人从业人员 R&D 人员全时当量（$PMRD$）	人年
	劳动资料	万人有效发明专利拥有量（$RDEI$）	件
	劳动对象	战略性新兴产业发展水平（$EISI$）	%

本报告选择新质生产力培育指标为解释变量。习近平总书记在二十届中央政治局第十一次集体学习时指出，新质生产力由技术革命性突破、生产要素创新性配置、产业深度转型升级而催生，以劳动者、劳动资料、劳动对象及其优化组合的跃升为基本内涵。从根本上说，生产力是劳动者运用劳动资料作用于劳动对象形成的生产能力④。培育新质生产力关键在于劳动者、劳动资料和劳动对象实现"质"的跃升。因此，本报告从劳动者、劳动资料

---

① 朱法华、徐静馨：《我国能源行业减污降碳协同治理问题及对策》，《环境保护》2024 年第 Z3 期。

② 唐家富、晏波：《全面推进美丽上海建设　加快打造人与自然和谐共生的社会主义现代化国际大都市》，《中国环境报》2023 年 9 月 12 日。

③ 周冯琦、程进、胡静主编《上海资源环境发展报告（2024）》，社会科学文献出版社，2024。

④ 刘伟：《科学认识与切实发展新质生产力》，《经济研究》2024 年第 3 期。

和劳动对象三个方面构建培育新质生产力的评价指标体系，以反映上海新质生产力的培育力度。

2. 控制变量

为进一步模拟上海经济社会发展过程中的其他变化对环境要素的影响。分别考虑人口、经济发展水平、产业结构作为控制变量。参考以往学者的做法，选取上海常住人口（P）、人均 GDP（A）和第二产业增加值占 GDP 比重（IS）作为控制变量。选取第二产业增加值比重作为经济结构的反映指标主要是由于结合中国历史经验，第二产业碳排放强度远高于第一和第三产业[1]，其比重的提高对环境影响尤为显著。所有变量的数据来源于《上海统计年鉴》《中国能源统计年鉴》《中国环境统计年鉴》《上海市国民经济和社会发展统计公报》等。

（二）模型构建

STIRPAT 模型是由 IPAT 模型演化而来的一种用于研究环境变化对生态系统影响的模型，该模型基于环境变化和人类活动对生态系统的影响，通过模拟和预测生态系统的变化帮助人们更好地理解和管理生态系统，与其他模型相比，STIRPAT 模型具有良好的便捷性、可扩展性和可解释性[2]，在实际应用中较为普遍。

STIRPAT 模型是一种随机模型。其最基本的表达式为：

$$I = aP^b \times A^c \times T^d \times e$$

式中：I 表示环境压力；P 表示人口数量；A 表示富裕程度；T 表示技术水平；a 为模型弹性系数；b，c，d 分别为 P，A，T 的弹性系数；e 为误差项。将 STIRPAT 模型的基本表达式两边分别取对数转换后得：

$$\ln I = \ln a + b\ln P + c\ln A + d\ln T + \ln e$$

---

[1] 张友国：《经济发展方式变化对中国碳排放强度的影响》，《经济研究》2010 年第 4 期。

[2] York R., Rosa E. A., Dietz T., "STIRPAT, IPAT and ImPACT：Analytic Tools for Unpacking the Driving Forces of Environmental Impacts," *Ecological Economics* 46（2003）.

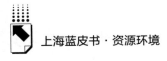

本报告为了研究新质生产力与美丽上海之间的关系，在使用STIRPAT模型的时候，考虑前文所述的解释变量与被解释变量（变量具体说明如表1所示），对STIRPAT模型进行扩展，所得结果如下：

$$\ln I_i = \ln a_i + b_i\ln P + c_i\ln A + d_i\ln IS + e_i\ln PMRD + f_i\ln RDEI$$
$$+ g_i\ln EISI + \ln h_i \qquad (i = 1,2)$$

（三）岭回归模型

首先通过SPSS对解释变量进行对数化处理，然后通过方差膨胀因子（VIF）对变量间的共线性进行检验，发现除常住人口外，各解释变量的VIF值均远大于10（见表2）。这表明解释变量之间存在显著的共线性，直接使用最小二乘法进行回归分析将无法得到准确的解释变量与碳排放之间的关系，本报告为处理上述问题采用岭回归法。

表2 变量的方差膨胀因子（VIF）

变量	VIF 值	变量	VIF 值
$\ln P$	8.903	$\ln PMRD$	291.732
$\ln A$	323.404	$\ln RDEI$	1634.568
$\ln IS$	287.643	$\ln EISI$	693.086

使用SPSS软件对I_1、I_2分别进行岭回归，得出K值与对应的R^2以及模型的岭迹图，以此选择K值（见表3）。

表3 岭回归系数及模型检验

被解释变量	K 值	回归系数							模型检验		
		常数	P	A	IS	$PMRD$	$RDEI$	$EISI$	R^2	F	Sig. F
I_1	0.45	32.835	-3.914	-0.164	0.204	-0.141	-0.061	-0.148	0.983	19.74	0.049
I_2	0.2	-1.039	0.269	0.113	-0.161	0.040	0.041	0.057	0.983	19.62	0.049

由 I_1 和 I_2 的岭回归可知两个岭回归的 R^2 均为 0.983，整体拟合很好，并且 F 统计量通过了 5% 的显著性检验，都具有显著性，体现了本次岭回归拟合结果较好，因此该模型能够较好地解释各被解释变量以及其影响因素间的关系。可以得到回归方程如下：

$$\ln I_1 = 32.8353 - 3.9141\ln P - 0.1639\ln A + 0.2044\ln IS - 0.1414\ln PMRD \\ - 0.0607\ln RDEI - 0.1481\ln EISI$$

$$\ln I_2 = -1.0394 + 0.2697\ln P + 0.1134\ln A - 0.1613\ln IS + 0.0404\ln PMRD \\ + 0.0406\ln RDEI + 0.0575\ln EISI$$

（四）情景分析

1. 情景设定

情景预测周期设置为 2025~2035 年。上海市提出到 2027 年，形成一批美丽上海建设的实践示范样板；到 2035 年，基本建成令人向往的生态之城，美丽上海总体建成。根据研究需要，分别设定政策情景和新质生产力情景进行对比分析（见表 4）。情景分析法中各指标预测值的设置主要参考相关政策规划及发达国家发展规律，并与过往不同阶段的变化率进行对照，确保数据的设置符合经济社会发展的实际情况[①]。

表 4 政策情景下指标参数设置

指标名称	2025 年	2035 年	资料来源
常住人口（P）	2500 万人	2500 万人	《长江三角洲城市群发展规划》《上海市城市总体规划(2017—2035 年)》
地区生产总值（GDP）	增长率 5%		《上海市国民经济和社会发展第十四个五年规划和二〇三五年远景目标纲要》
第二产业增加值占 GDP 比重（IS）	26%	26%	《上海市推动制造业高质量发展三年行动计划（2023—2025 年）》

---

① 刘晴川、李强、郑旭煦：《基于化石能源消耗的重庆市二氧化碳排放峰值预测》，《环境科学学报》2017 年第 4 期。

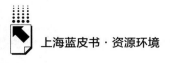

续表

指标名称	2025 年	2035 年	资料来源
每万人从业人员 R&D 人员全时当量（PMRD）	到 2025 年，上海初步建成具有全球影响力的研发产业化高地，到 2030 年，研发产业化地位进一步凸显，扩大研发产业化人才规模		《上海市吸引集聚企业研发机构推进研发产业化的实施意见》
万人有效发明专利拥有量（RDEI）	到 2035 年，知识产权创造指标处于全球主要城市前列		《上海市知识产权强市建设纲要（2021—2035 年）》
战略性新兴产业发展水平（EISI）	目前缺少相关政策依据，调节该指标与单位 GDP 能耗政策目标相匹配作为政策依据		《上海市战略性新兴产业和先导产业发展"十四五"规划》《上海市城市总体规划（2017—2035 年）》

注：新质生产力情景在政策情景基础上设定更高的指标发展目标，控制变量指标保持不变。

2. 情景预测

利用新质生产力视角下的可扩展环境评估模型（STIRPAT 模型）可计算出 2025～2035 年美丽上海指标预测值，根据预测结果绘制出两种情景模式下美丽上海指标的预测曲线（见图7）。

从图7可以看出，相较于基于现行政策的政策情景，在积极培育新质生产力的情景下，单位 GDP 能耗指标和人均公园绿地面积均有显著改善，新质生产力培育可以有效服务于美丽上海建设。根据预测结果，到 2035 年底，相较政策情景，新质生产力情景单位 GDP 能耗下降 25.18%，人均公园绿地面积增加 11.4%。到 2035 年，新质生产力情景下，在一系列科技创新活动和新产业培育的带动下，上海单位 GDP 能耗相较 2025 年水平能够降低 35%，实现能源利用效率的显著提升，经济社会发展对能源的依赖进一步降低。人均公园绿地面积将达到 11.7 平方米以上，原因在于发展新质生产力对上海生态绿色基础设施建设提出了更高要求，同时新质生产力培育也为城市生态绿色基础设施的完善提供技术支持和物质保障。培育新质生产力推动了大批绿色技术的涌现，随着效率更高、能耗更低的绿色技术转化，以绿色低碳为特征的战略性新兴产业成为城市经济发展的支柱产业。

采用对数平均迪氏指数法（LMDI）对各个解释变量进行分解，得到新

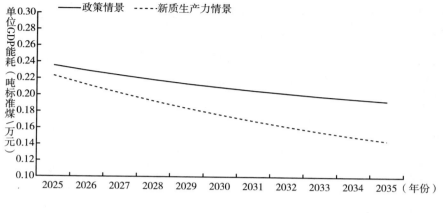

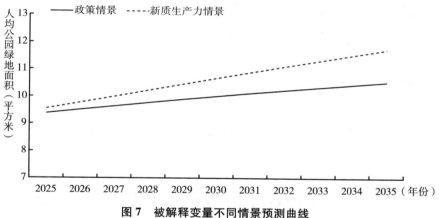

图7 被解释变量不同情景预测曲线

注：单位 GDP 能耗按照 2020 年可比价计算。

质生产力各组成指标的变化对美丽上海建设的贡献（见图8）。首先，从解释变量的总贡献率来看，新质生产力情景下解释变量的总贡献率得到了显著增加。其中，刻画新质生产力培育的三项指标对单位 GDP 能耗下降的贡献率达到 79.1%，相对于政策情景增加了 21.6 个百分点。刻画新质生产力培育的三项指标对人均公园绿地面积增加的贡献率达到 73.3%，相对于政策情景增加了 19.2 个百分点。其次，从单项指标的贡献率来看，每万人从业人员 R&D 人员全时当量（*PMRD*）和战略性新兴产业增加值占 GDP 比重（*EISI*）在新质生产力情景中的贡献率相对于政策情景要大。这表明劳动者队伍素养的提升和现代化产业体系的构建能够有力地促进美丽上海建设。而万人有效发明专利拥有量（RDEI）在新质生产力情景中的贡献率相对于政策情景要低。这在一定程度上说明要发挥科技创新对美丽上海建设的推动作用，需要加大专利等创新成果的转化运用力度。

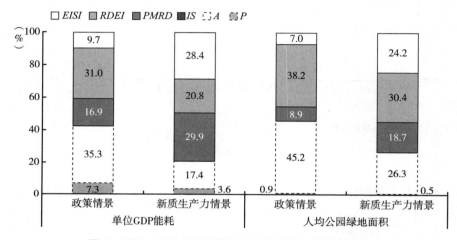

图8　2023~2035年各解释变量对被解释变量的贡献率

三　协同推进新质生产力提升与美丽上海建设面临的挑战

提升新质生产力与美丽上海建设能够相辅相成、相互促进，但协同推进新质生产力提升与美丽上海建设仍面临政策目标协同困难、绿色技术创新支撑薄弱、生态环境风险防控严峻、资源市场化配置机制培育不充分等挑战。

（一）明确协同推进的目标标准难度较大

新质生产力提升和美丽上海建设均是系统性工程，明确两者协同推进的目标任务、路径措施和评价标准难度较大。一是增强新质生产力与美丽上海建设的目标任务一致性存在难度。《美丽上海建设三年行动计划》显示，美丽上海建设侧重于实现煤炭消费占一次能源消费比重、细颗粒物年均浓度、重要水体水质优良比例、受污染耕地和重点建设用地安全利用率、"无废城市"建设比例、人均公园绿地面积、绿色交通出行等领域的改善和提升。发展新质生产力的主要目标是在新一轮科技革命和产业革命中抢占战略制高点，科技创新是发展新质生产力的首要任务和核心要素。如何促进新质生产力与美丽上海建设的政策目标一致性面临一定的挑战。二是推进新质生产力与美丽上海建设的部门协同存在难度。新质生产力与美丽上海建设的推进实施涉及多个部门的协同与管理，在双重任务背景下，如何厘清部门职责并进行有效的协调与配合面临挑战。三是协同推进新质生产力提升与美丽上海建设的绩效评价存在难度。发展新质生产力与美丽上海建设的评价指标和标准有所差异，如何评价两者协同推进的成效和进展，还存在目标设定与反馈不明确的问题。

（二）绿色技术创新的支撑作用较为薄弱

绿色低碳技术的开发和应用，既能减少对自然的开发和损害，也能显著提升生产力发展水平，是协同推进新质生产力与美丽上海建设的决定性因素和重要支撑。目前上海绿色技术创新的支撑作用还较为薄弱。其一，上海绿色技术创新活力仍有提升空间。国家知识产权局发布的《绿色低碳专利统计分析报告（2024）》显示，2016～2023 年，上海绿色低碳专利授权率约为 40%，在全国居于前列，低于北京（52%）和深圳（41%）。绿色低碳专利授权量占专利授权总量的比重未进入全国排名前 20 城市，专利"含绿量"还有进一步提升空间。其二，绿色技术创新的技术领域存在结构性失衡。创新活动多集中在节能与能量回收、清洁能源等市场化程度较高的领域，2023 年节能与能量回收和清洁能源两个领域专利占上海绿色低碳专利的比重超过了 60%（见图 9），这些领域有较为清晰的需求、明确的商业模式和相对完善的产业链，绿色技术创新能够在短期内带来市场收益，而污染监管、废弃物处理、化石能源降碳等市场化程度相对较低的技术领域发展相对缓慢。由于绿色技术创新具有一定的公共物品属性，如何推进市场化程度相对较低的技术领域发展，还需要探索相应的机制与路径。

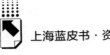

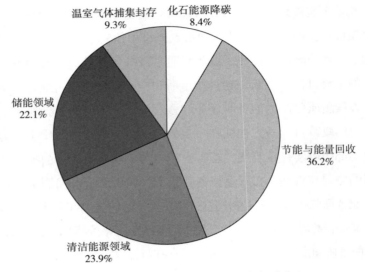

图9 2023年上海绿色低碳专利技术领域分布

资料来源：《绿色低碳专利统计分析报告（2024）》。

（三）生态环境风险的应对水平还需提升

新质生产力强调的是"新"，在发展新的经济形态过程中也可能产生新的生态环境风险，再加上气候风险日益加剧，美丽上海建设所面临的生态环境挑战将会发生新的变化，对提升生态环境风险防控应对能力提出更高要求。一是需要在达标管理基础上加强生态环境风险防控。新质生产力将推动新技术、新产品、新业态的快速发展，在这一过程中可能不同程度地产生新型污染物及其他生态环境风险。2023年，上海发布的重点管控新污染物清单，已列入了16种重点管控新污染物。新兴技术的环境影响可能在短期内难以评估，同样存在潜在的生态环境风险。面对潜在的环境挑战，协同推进新质生产力和美丽上海建设进程中，需要加强潜在生态环境风险应对的政策、技术和设施储备。二是需要进一步加强气候变化系统性风险应对能力。随着气候变化带来的极端天气事件增多，未来气候变化会对推进新质生产力和美丽上海建设造成较大影响。根据政府间气候变化专门委员会（IPCC）

报告，上海是全球最易受海平面上升影响的经济城市之一。每年有 0.1% 几率发生的洪水将淹没上海约 19% 的地区。在不加以干涉的情况下，到 2050 年，淹没面积将上升到总面积的 44%[①]。协同推进新质生产力和美丽上海建设需要更多考虑可持续性和韧性，能够有效应对洪水、热浪等极端气候事件相关的生态系统风险、健康风险、经济金融风险、基础设施风险等，以应对未来可能的挑战。

（四）资源环境要素市场化配置尚不充分

新质生产力和美丽上海建设均需要绿色低碳资源能源的支撑，对强化资源能源安全保障和创新资源配置机制提出新要求。但目前上海的资源环境要素市场发育尚不成熟，完善绿色低碳资源能源的市场化配置机制还面临挑战。一是绿色低碳资源能源的稀缺性凸显，增加了市场化配置的难度。长三角地区经济发展水平高，能源消耗量大，碳排放压力大。《2023 年长三角区域应对气候变化行动报告》显示，长三角碳排放总量约为 18 亿吨。相对于庞大的碳排放量，长三角的自然碳汇量微不足道。在"双碳"目标下，绿色低碳资源能源成为优质资产，稀缺性逐渐显现。各地区更倾向于保留绿色低碳资源能源，一定程度上减少了资源环境要素的市场流动性，影响市场化配置机制的实施效果。二是资源环境要素价格形成机制尚不健全。当前，绿色低碳资源能源的价格未能准确反映其环境成本，以碳排放交易为例，截至 2024 年 8 月，全国碳市场每日收盘价为 41～104 元/吨。上海市碳排放配额第三次有偿竞价发放于 2024 年 9 月 30 日实施，竞买底价、最高申报价、最低申报价、统一成交价均为 89.6 元/吨。据 IPCC 估计，2024 年将升温控制在 1.5℃ 的二氧化碳当量边际减排成本为 226～385 美元/吨[②]。虽然碳排放交易价格稳中有升，但交易价格仍远远低于碳减排边际成本，这限制了市场对绿色低碳资源能源配置作用的充分发挥。

---

① 《气候变化 2022：影响、适应与脆弱性》，IPCC，2022。
② 杨芳、张道遥：《世界银行〈2024 年碳定价现状与趋势报告〉显示：电力和工业行业碳定价最为常见》，《中国税务报》2024 年 7 月 19 日。

四 协同推进新质生产力提升与美丽上海建设的对策建议

协同推进新质生产力提升与美丽上海建设，是一个涵盖技术创新、产业升级、生态治理、城市建设等多领域的综合性任务，需要在价值协同、功能协同、创新协同、政策协同、区域协同等领域共同发力。

（一）价值协同：统筹推进产业生态化和生态产业化

协同推进新质生产力和美丽上海建设，关键是实现经济价值与生态价值的协调发展，这就需要统筹发挥好产业生态化和生态产业化两个方面的关键作用。

一是完善生态产品价值实现机制。依托上海位于河口的生态优势，借鉴国内外相对成熟的评估方法和技术，综合运用生态模型、实地监测、经济评估等手段，对不同类型的自然资源进行服务价值评估，为决策和管理提供科学依据。通过财政资金奖补、税收优惠等形式，发展生态农业、生态旅游业等生态经济，支持企业和研究机构在生态产品领域的创新与研发，打造具有国际化大都市特色的生态产品，增加生态产品的市场吸引力。推动生态产品的国际认证，提高产品的全球认可度和市场竞争力。

二是提升产业绿色低碳发展水平。发挥核心龙头企业的引领带动作用，推行产品全生命周期绿色低碳管理，打造涵盖绿色原材料、生产、运输、销售和回收利用的完整产业链。利用人工智能和物联网技术，提高制造业智能化和自动化水平，优化资源配置，降低能耗和废物排放，实现资源的高效利用。不断丰富上海市工业碳管理公共服务平台功能，逐步实现工业行业碳足迹数字化、智能化管理全覆盖。

三是大力发展节能环保产业。依托综合科研优势和骨干企业，推动节能环保技术的研发和应用，打造节能环保原创技术策源地。出台支持政策，引导推进节能产业、资源循环利用产业和环保产业均衡发展，建立政策引导、技术创新、市场培育、人才培养等多维度支持体系，利用政府采购、节能改造等渠道促进节能环保产品的市场应用，为新质生产力发展提供重要支撑和动力源泉。

（二）功能协同：提升生态环境风险防范功能

上海在推进新质生产力发展和美丽上海建设中需要注重协同提升常规环境风险、新污染物环境风险、气候风险防范功能，打造生态环境风险防范体系，强化新质生产力发展保障机制。

一是完善新污染物生态环境风险管理框架。加强对新污染物产生、扩散、分布和潜在风险的系统性研究，完善新污染物生态环境风险管理相关科技与监测数据，加强新污染物风险的源头防控，推进新污染物防治与环境影响评价、排污许可及污染防治等制度的融合协调，不断完善新污染物协同治理体系。

二是开展存量基础设施气候风险评估。对城市基础设施开展全面的气候风险评估，评估基础设施的物理脆弱性、社会脆弱性和经济脆弱性，识别城市基础设施容易受气候变化影响的脆弱环节和关键风险点。基于评估结果，上海可以制定动态的基础设施管理策略，根据气候变化趋势和技术进步情况，灵活调整和优化基础设施运营和维护计划。

三是探索超大城市基础设施气候韧性建设管理的标准体系。制定针对性强的超大城市基础设施设计标准，明确城市不同区块的气候风险和适应策略，以提高抵御洪水、热浪和台风等极端天气事件的能力。将气候韧性理念贯穿城市规划、设计、建设、管理和运维的全过程，推进基于自然的生态基础设施的建设。针对不同气候灾害情景制定相应的应急预案，利用信息化手段增强应急响应能力，提升应对极端气候事件的效率和准确性。

（三）创新协同：强化绿色技术创新应用新动能

加大对低市场化领域绿色技术创新的支持，培育美丽上海建设和发展新质生产力目标导向下的技术创新型和应用型人才，以打造国际绿色技术交易中心为目标，汇聚全球绿色技术创新资源。

一是加强低市场化领域绿色技术创新的支持力度。由于绿色技术创新具有较强的公共物品属性，管理部门可通过税收减免、补贴和融资支持等方式，设立专门的绿色创新基金，鼓励企业在污染控制与治理、循环利用、绿色管理和设计等低市场化领域进行绿色技术研发，降低企业研发风险。鼓励银行和金融机构设立绿色信贷、绿色债券，专门用于支持低市场化领域的绿色技术项目。

二是加大力度培育绿色技术创新人才。加大对绿色技术研发的投入，鼓励高校、科研机构和企业进行联合研究，培养跨学科的创新团队。鼓励企业与高校、科研机构联合设立绿色技术研发中心，形成产学研结合的良性循环。建立绿色技术创新示范区和孵化器，为创新人才提供资源和支持，以实现绿色技术的转化与应用，培育美丽上海建设要求下发展新质生产力的技术创新型和应用型人才。加强绿色技术创新的国际合作，吸引国际优秀人才和项目落户上海。

三是打造国际绿色技术交易平台。在全球范围汇聚绿色技术领域资源，构建具有国际视野的绿色技术评价标准，推动绿色技术市场的建立和完善，不断提高绿色技术供需双方匹配的精确性，为绿色技术的交易和转让提供便捷服务。以打造国际绿色技术交易中心为目标，加强国际合作，针对上海较为薄弱的绿色技术创新环节，通过技术交易引入国外相关技术，满足美丽上海建设和新质生产力发展的需求。

（四）政策协同：强化政策统筹和部门协同联动

协同推进新质生产力与美丽上海建设，政策协同是前提和关键环节。需要综合考虑经济、社会和生态环境等多方面的因素，构建一个取向一致、部门联动的政策框架。

一是提升新质生产力与美丽上海建设政策协调性和一致性。整合管理部门、高校、研究机构等多方资源，研究明确新质生产力与美丽上海建设之间的关系、联动机制，为增强两大领域的政策一致性提供依据。以2035年美丽上海总体建成战略目标为导向，制定协同推进新质生产力与美丽上海建设的实施方案和行动计划，明确新质生产力与美丽上海建设的协同推进路线图。

二是不断完善跨部门协同机制。推动相关职能部门联合制定与新质生产力、美丽上海建设相关的行动计划，明确各职能部门在规划落实、政策制定与资源配置领域的分工和职责，加强不同职能部门在政策制定和执行过程中的信息共享与交流，确保资源的有效配置和政策的协同实施。

三是加强政策协同效果评估。建立健全新质生产力与美丽上海建设协同推进的政策执行机制和效果评估体系，从多维度、多领域、多层次构建新质生产力与美丽上海建设协同效应的检测评估体系，评估新质生产力与美丽城市建设的协同推进对经济、环境和社会的综合贡献，及时发现存在的瓶颈短板并提出调整优化方案。

（五）区域协同：优化资源环境要素跨区域配置

新质生产力发展与美丽上海建设需要优化绿色低碳资源能源的有效配置，上海自身的资源能源禀赋并不突出，需加强区域合作，促进与长三角及其他地区之间的合作，实现资源的优化配置，为美丽上海建设和新质生产力发展提供强大助力。

一是推动构建长三角区域资源环境要素市场。建立长三角区域的资源环境信息共享平台，提供资源环境市场的相关数据、交易信息和市场动态，推动资源环境要素的市场化交易，除了水权、碳排放权、排污权交易之外，引入清洁能源使用权、自然碳汇等新型交易品种。对资源环境要素市场的运行情况进行定期监测与评估，包括市场交易量、价格波动等，及时调整市场策略。

二是建立健全绿电跨区域交易机制。提升跨区域电力传输能力，建设高效的输电通道。与西北、华北、华东等地区的省市建立绿电交易的跨区域合作机制，组织跨区域绿电交易协商，制定统一的交易规范，促进区域间的资源互补和技术共享。建立绿证追踪和监督体系，借助区块链技术确保绿证开发、交易、使用、注销数据的全程可追踪，提升绿证的可追溯性和可信度。

三是深化区域生态环境保护联动。鼓励和引导长三角高校、科研院所与政府、企业合作，协同开展关键生态环境问题的科学研究和技术攻关，为区域生态环境保护提供技术支撑。推进各地区的生态环境监测数据整合共享，及时预警跨界生态环境风险。将新污染物协同治理纳入长三角区域生态环境保护协作机制，制定长三角新污染物协同治理名录，开展新污染物治理的统一监测、统一标准、统一执法，协同应对潜在的生态环境风险。

参考文献

郭媛媛、刘丹：《大力发展绿色低碳新质生产力　建设人与自然和谐美丽中国——访全国政协委员、生态环境部环境规划院名誉院长、中国工程院院士王金南》，《环境保护》2024年第5期。

韩娇柔：《新质生产力推动美丽中国建设的逻辑理路、现实梗阻与基本途径》，《重庆社会科学》2024年第9期。

黄鑫、胡鞍钢：《绿色生产力的理解向度、中国创新与实践展望——兼论新质生产力本身就是绿色生产力》，《北京工业大学学报》（社会科学版）2024年11月网络首发。

石敏俊、陈岭楠、王志凯等：《新质生产力的科学内涵与绿色发展》，《中国环境管理》2024年第3期。

孙金龙、黄润秋：《培育发展绿色生产力　全面推进美丽中国建设》，《环境保护》2024年第12期。

绿色低碳发展篇

B.2
新型能源体系支持上海能源结构绿色低碳转型研究

孙可智*

摘　要：　新型能源体系与新质生产力发展具有内在的相容性，两者相辅相成、相互促进。"十四五"时期，上海持续完善和推进可再生能源支持政策、煤炭清洁高效利用、工业交通建筑能效提升、能源绿色低碳创新、能源市场化改革，能源结构绿色低碳转型取得显著成效。新型能源体系将通过完善能源基础设施、推进低碳技术创新、发展能源新业态和新模式、推进能源体系数智化转型，进一步助力上海清洁能源供给多元化、化石能源清洁利用、能源消费低碳化和系统效率提升。然而，能源资源对外依赖程度高、多能互补的能源结构、多元主体参与能源市场等因素给上海能源结构绿色低碳转型带来新的挑战，需要进一步完善电力市场、绿证市场、碳市场等能源体系市场化机制建设，打造绿色低碳能源技术创新激励和保障体系、推进能源

* 孙可智，博士，上海社会科学院生态与可持续发展研究所助理研究员，研究方向为能源环境经济学。

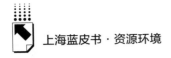

跨区域合作发展，充分发挥新型能源体系助力上海能源结构绿色低碳转型的能效。

关键词： 新型能源体系　多能互补　新模式新业态　数智化转型

新一轮科技革命引领的新质生产力为中国能源体系发展提供了新的动能，"十四五"以来，中国能源发展战略也从构建现代能源体系过渡到发展新型能源体系。新型能源体系与新质生产力之间相辅相成、相互促进，新型能源体系建设是新质生产力在能源领域的体现，新质生产力的发展则有助于支持新型能源体系建设。新质生产力是当代先进生产力，由技术革命、生产要素创新配置、产业深度转型升级推动，其核心在于以科技创新推动产业创新。习近平总书记指出"新质生产力本身就是绿色生产力"，而新型能源体系的内涵之一即为"清洁低碳"，旨在通过能源技术和制度革新、催生能源系统新业态新模式，推动能源体系清洁低碳发展、效率全面提升，新型能源体系的建设与新质生产力发展具有内在的相容性。新质生产力发展所催生的信息技术、人工智能发展等技术革新应用于新型能源体系，能够支持能源系统资源全局优化调度、效率全方位提升；新质生产力相关的研发资金补贴、税收优惠、行业标准也有利于新型能源体系研发创新支持和行业标准化发展。新型能源体系的建设将实现能源结构清洁低碳转型、能源效率全面提升，有助于贡献社会经济全面绿色化转型、支持新质生产力发展。

新型能源体系的重要内涵之一是"清洁低碳"，新型能源体系的建设涉及可再生能源发展、清洁能源技术、能源互联网、能源系统数智化转型等关键要素，将从多方面支持上海能源结构绿色低碳转型。本报告梳理新型能源体系的内涵特征，总结现有文献关于新型能源体系建设对能源结构绿色低碳转型意义的探讨，进而分析新型能源体系下上海能源结构绿色低碳转型发展现状、总结上海市能源结构绿色低碳转型面临的挑战，最后提出新型能源体系支持上海能源结构绿色低碳转型的路径机制和保障机制建议。

一 新型能源体系目标内涵及其对能源结构绿色低碳转型的意义

在能源供需新格局形成、气候变化问题加剧的背景下，中国提出建设新型能源体系的发展目标，新型能源体系建设不仅包含构建零碳、低碳的能源系统，还涵盖与之相适应的能源体制机制建设。现有文献表明，新型能源体系将通过推动可再生能源、清洁能源技术、能源互联网、能源系统数智化转型等方面的发展，支持能源结构绿色低碳转型。

（一）新型能源体系产生的背景、内涵与目标

2015 年，"十三五"规划制定建议中正式提出"建设清洁低碳安全高效的现代能源体系"，着力推进非化石能源相对规模提升、化石能源清洁高效利用，以实现能源绿色转型和低碳发展目标。2022 年，国家发展改革委、能源局进一步印发《"十四五"现代能源体系规划》，为"十四五"时期现代能源体系构建和能源高质量发展绘制了蓝图。"十三五"以来，中国现代能源体系建设取得了巨大进展，能源结构低碳转型加速、能源供给安全持续保障、能源技术创新能力增强、能源体制机制改革和国际合作不断深化。2023 年，中国天然气、风光水核电等清洁能源消费占比达到 26.4%；能源自主保障能力多年保持在 80% 以上；清洁能源装备制造业全球领先，太阳能光伏组件产量占全球总量的 80% 以上、电池产能占全球总量的 75% 以上[①]。

然而，地缘政治危机、逆全球化趋势、世界能源供需格局变化均对中国能源安全形成了新的挑战，气候变化导致的极端天气和自然灾害频发则加剧了中国能源低碳转型的需求，在这一背景下能源体系建设被赋予了新的内涵和目标，不仅要保障"安全高效""清洁低碳"，还需要通过"多元协同"

---

① 《中国的能源转型》，国务院新闻办公室，2024。

"智能普惠"来应对当前中国能源转型面临的挑战①。党的二十大报告明确提出"加快规划建设新型能源体系",新型能源体系的建设包括构建零碳和低碳的新型能源系统、打造与新型能源系统相容的机制和政策体系两个方面②。未来新型能源体系的特征将包括以下方面:一是供给侧新能源比重大幅提升,石油天然气进口依存度降低,能源安全提升;二是需求侧能源结构清洁化,终端用能电气化水平提升,非电部分被氢能等大幅替代;三是能源系统形态多元化,分布式能源、储能、微电网等新业态发展,综合能源服务、电力聚合商等新模式涌现;四是数智化赋能、能源体系各环节效率全面提升,实现资源全局优化调度、多能互补。

(二)新型能源体系支持能源结构绿色低碳转型的意义

"清洁低碳"是新型能源体系的特征内涵之一,新型能源体系对于支持能源结构绿色低碳转型具有关键意义。基于已有文献研究,新型能源体系的关键要素,如可再生能源发展、清洁能源技术、能源互联网、能源系统数智化转型等对能源结构绿色低碳转型具有显著的促进作用。

首先,可再生能源替代化石能源是新型能源体系的关键要素之一,可再生能源电力的大规模发展对支持能源结构绿色低碳转型、应对气候变化问题具有直接作用,据 Sun 等基于 STIRPAT 模型的估计,中国可再生能源消费每提高 1%,预计二氧化碳排放下降 0.103%③。其次,可再生能源资源具有区域分布不均衡、波动性强等特征,可再生能源的大规模开发和利用还有赖于新型能源体系的能源互联网、储能等基础设施的建设。Guo 等指出当前全球可再生能源仍然主要在本地消纳,如果有计划地利用特高压直流输电网络在区域间进行可再生能源交易,能够大幅度提升可再生能源电力生产,实现

---

① 谢克昌:《新型能源体系发展思考与建议》,《中国工程科学》2024 年第 4 期。
② 常纪文、洪涛:《加快规划建设新型能源体系》,《经济日报》2023 年第 4 期。
③ Sun, Y., Bao, Q., Taghizadeh-Hesary, F., "Green Finance, Renewable Energy Development, and Climate Change: Evidence from Regions of China," *Humanities and Social Sciences Communications* 10 (2023).

2020～2100 年全球发电领域累计碳减排 9.8%、显著降低能源进口地空气污染，而跨区域输电设施的投资也会在长期内被减少的核电、储能设施需求所抵消[1]。Hu 等的研究表明建立共享储能站能够大幅提升节能和减碳效率，据估计，通过共享储能站为能源系统规划储能服务，相比于为每个能源系统单独规划储能，碳减排率能够上升 166.53%、系统运营成本下降 33.48%[2]。

此外，新型能源体系下清洁能源技术的发展和应用也对能源结构绿色低碳转型具有重要意义[3]。Ma 等基于专利数据研究了中国水力、风力、太阳能、地热能、海洋能、生物质能等可再生能源技术创新的空间分布特征及其影响因素，发现中国可再生能源技术创新具有显著的空间锁定和路径依赖趋势、空间正相关性明显，主要集中在东部和南部地区，而西部和北部地区分布较少，研发投入主要激励本地可再生能源技术创新，而经济发展水平对可再生能源技术创新的影响具有空间溢出性[4]。从更为微观的角度来看，清洁能源技术在开发应用难度和成本方面具有显著差异，需要根据能源转型的阶段选择恰当的技术类型。以生物质能技术为例，Yang 等认为附带碳捕捉和封存的生物质能技术（BECCS）当前成熟度较低、应用成本高，而生物介质热分解多联发电技术（BIPP）则能够在没有补贴的情况下实现盈利，如果将中国 2020～2030 年 73% 的农作物残余充分利用，预计 2050 年前累计温室气体减排将达到 8620Mt 二氧化碳当量[5]。最后，数智化转型对能源系统绿色低碳转型、促进可再生能源高比例应用、减少温室气体排放具有重要意

[1] Guo, F., van Ruijven, B. J., Zakeri, B. et al., "Implications of Intercontinental Renewable Electricity Trade for Energy Systems and Emissions," *Nature Energy* 7 (2022).

[2] Hu, J., Wang, Y., Dong, L., "Low Carbon-oriented Planning of Shared Energy Storage Station for Multiple Integrated Energy Systems Considering Energy-carbon Flow and Carbon Emission Reduction," *Energy* 290 (2024).

[3] 范越、李永莱、舒印彪等：《新型电力系统平衡构建与安全稳定关键技术初探》，《中国电机工程学报》（网络首发）2024 年 10 月 9 日。

[4] Ma, L., Wang, Q., Shi, D. et al., "Spatiotemporal Patterns and Determinants of Renewable Energy Innovation: Evidence from a Province-level Analysis in China," *Humanities and Social Sciences Communications* 10 (2023).

[5] Yang, Q., Zhou, H., Bartocci, P. et al., "Prospective Contributions of Biomass Pyrolysis to China's 2050 Carbon Reduction and Renewable Energy Goals," *Nature Communications* 12 (2021).

义，数智化转型影响到能源体系供给、消费、市场化机制的方方面面。Zhang 等的研究指出数智化转型通过物联网和大数据检测能耗模式、AI 算法预测设备性能减少故障率、数字化手段集成间歇性可再生能源、数据驱动部署企业低碳解决方案、智能家居设备提升消费者能源利用效率等途径推进节能减排①。

二　新型能源体系下上海能源低碳转型现状及面临的挑战

"十四五"以来上海在能源结构绿色低碳转型方面采取多方面政策措施，推进能源供给结构清洁化、能源消费效率提升、能源低碳技术创新发展。上海新型能源体系发展面临着能源资源对外依赖程度高的双刃剑，能源系统灵活性建设进一步保障可再生能源消纳，能源低碳技术创新成果为新能源产业化发展奠定了坚实基础，能源市场化改革趋于具体化、深入化，然而上海能源低碳转型仍然面临着新型电力系统建设对能源技术设施、清洁能源技术创新应用、能源体系体制机制建设提出的新挑战。

（一）新型能源体系下上海能源低碳转型现状

"十四五"时期，上海能源结构绿色低碳转型措施涵盖了可再生能源规模扩张、煤电"三改联动"、工业设备更新、绿色建筑标准规范化、氢能和燃料电池技术发展和应用支持、电力现货市场和绿电市场规则完善等多方面内容，对能源供给和消费结构产生显著影响。

1. 上海能源结构绿色低碳转型的已有措施

"十四五"以来，上海在能源结构绿色低碳转型方面采取了多项积极措施，持续完善和推进可再生能源支持政策、煤炭清洁高效利用、工业交通建

---

① Zhang, C., Zhang, Y., Zhang, H., "The Impact of Digital Economy on Energy Conservation and Emission Reduction: Evidence from Prefecture-level Cities in China," *Sustainable Futures* 8 (2024).

筑能效提升、能源绿色低碳创新、能源市场化改革。

在可再生能源支持政策方面，上海市设立可再生能源和新能源发展专项资金，给予常规光伏、光伏建筑一体化、海上风电等可再生能源项目提供差异化的奖励资金支持。2024 年，《上海市加快推进绿色低碳转型行动方案（2024-2027 年）》（以下简称《转型行动方案》）提出通过"光伏+"工程实现 2027 年市内光伏装机容量达到 450 万千瓦的目标，同时推动杭州湾近海风电和首批深远海风电的建设。在煤炭清洁高效利用和灵活性改造方面，《上海市能源发展"十四五"规划》中提出优化煤电结构、推动煤电向清洁高效灵活兼顾的方向转变的总体要求，并积极推进煤电机组"三改联动"，以等容量大机组替代低效小机组、关停或以燃机替代传统自备电厂，提升煤电机组效率和环保性能；2022 年，《上海市能源电力领域碳达峰实施方案》则部署燃气调峰电厂建设，并提出实施"三改联动"和升级替代的燃煤机组调峰深度达七成以上的目标，为高比例可再生能源接入提供备用基础。在工业交通建筑等用能领域，2024 年发布《上海市推动工业领域大规模设备更新和创新产品扩大应用的专项行动》，提出对一定规模以上工业技术改造项目提供贷款贴息、融资租赁补贴等金融支持，打造绿色工厂、绿色园区标杆，全面推动工业用能设备绿色低碳改造；推动公共交通全面电动化、公共领域新增或更换车辆全面电动化，鼓励社会乘用车电动化，更新老旧飞机和船舶等交通工具，持续提升交通工具能效和电气化水平；2024 年通过《上海绿色建筑条例》，旨在全面推进超低能耗、零碳建筑的规模化发展，提升建筑终端用能效率、减少污染和碳排放。此外，"十四五"期间上海积极推进能源绿色低碳技术创新发展，相继出台《上海市氢能产业发展中长期规划（2022-2035 年）》《关于支持本市燃料电池汽车产业发展若干政策》等政策文件，给予燃料电池、氢能等绿色低碳技术创新研发和推广支持。在能源市场化改革方面，"十四五"期间上海修订并完善《上海电力现货市场实施细则》，发布《上海市绿色电力交易实施方案》，不断深化电力市场化改革、建立市场化能源价格形成机制，推动绿色能源市场化交易。

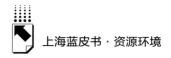

2. 上海能源供给与消费结构特征

从能源供给结构角度来看，"十三五"以来上海持续提升本地能源供给能力，但对外依赖程度仍然较高；能源供给结构趋于清洁化，本地可再生能源电源规模不断增长、输配电容量和效率提升、天然气供给能力持续增强。从能源消费结构角度来看，外省市调入水电等可再生能源，上海风光可再生能源消费持续提升，共同支持上海能源消费结构趋于清洁化；能源消费集中的工业和交通部门能源结构均趋于清洁化、电气化水平提升和能源效率提升。

（1）上海能源供给结构特征

从能源供给结构来看，上海本地能源资源匮乏、总体对外依存度高，但本地能源供给能力持续增长。上海本地一次能源供给以少量原油、天然气为主，本地发电也主要依靠外省市调入煤炭等资源。"十四五"以来，上海年均能源供给总量超过1亿吨标准煤，其中本地一次能源生产量仅占5%左右，外省市净调入量占比达一半左右、国外净进口量占比超过40%；2023年度，可供本市消费电力总量达到1849亿千瓦时，其中外省市净调入占比达到45.1%。2015~2023年，上海本地能源供给能力持续增长：本地一次能源产量从2015年的118.80万吨标准煤增长至2022年的559.76万吨标准煤；发电装机容量从2015年的2343.68万千瓦增长至2023年的2953.73万千瓦，相应的年度发电总量也从821.19亿千瓦时增长至1015.04亿千瓦时①。

近年来，上海能源供给结构趋于清洁化，可再生能源供给能力持续提升；能源基础设施建设力度大。在可再生能源发电方面，2023年，上海风电和太阳能发电装机容量达410万千瓦，相对于2022年增长108万千瓦，占2023年上海总发电装机容量的13.88%②。2023年，上海风力发电、太阳能发电总量分别达到23.2亿千瓦时、5.1亿千瓦时，同比分别增长-2.5%、

① 资料来源：2016~2023年《上海统计年鉴》；Wind数据库；国网上海市电力公司、上海市经济和信息化委员会公开年度指标信息。
② 资料来源：上海市经济和信息化委员会公开年度指标信息。

9.4%[1]。在电网基础设施方面，上海输配电能力不断增强，2023 年，上海公用变电容量达到 2 万千伏安左右，相对于 2015 年提高 25% 以上，其中 2018 年投运的 1000 千伏练塘站承担了全市约 1/3 用电负荷；新增输配电线以电缆为主，2023 年上海电缆长度达到 17000 公里左右，相对于 2015 年提高近 60%，线损下降 3.35 个百分点。在天然气输送基础设施方面，2023 年，上海天然气管线长度达 3 万公里以上，相对于 2015 年上升近 20%，相应的天然气销售总量上升近 30%，而液化石油气销售总量下降近 50%，能源供给趋于清洁化。

（2）上海能源消费结构特征

上海能源消费结构趋于清洁化，能源利用效率持续提升。从总体来看，尽管上海本地可再生能源供给相对于能源消费总量仍然较小，但通过利用外来可再生能源电力，2023 年，上海可再生能源用电量已经达到 560 亿千瓦时，占全市当年用电量的 30.3%[2]。据《上海报告 2022》统计，2020 年，上海非化石能源消费占比已达到 18.3%，相对于 2015 年提高了 3.7 个百分点。电力在上海能源消费中占据越来越重要的地位，电力需求侧管理能力显著提升、智能电表推广实现全面覆盖，电网部门通过技术、经济、管理、服务等措施，2023 年实现电量、电力分别节约 0.46%、0.43%。此外，上海能源强度持续下降、用能效率不断上升，2023 年单位生产总值能耗相对于 2015 年下降超过 40%[3]。

从终端能源消费的部门结构来看，上海能源消费主要集中于工业和交通部门。2022 年，上海工业、交通部门终端能源消费分别占总量的 47.86%、17.42%；2015~2022 年，上海工业、交通部门终端能源消费量均呈现下降趋势，占终端能源消费总量的比重分别降低 5.58 个、0.93 个百分点。上海工业和交通部门能源结构均趋于清洁化、电气化水平提升和

---

① 资料来源：北极星电力网。

② 《上海电力供应环境可持续性关键绩效指标报告 2023 年度》，上海市经济和信息化委员会，2024。

③ 资料来源：《上海统计年鉴》。

能源效率提升。其中,工业部门 2022 年终端能源消费总量为 5300.24 万吨标准煤,单位增加值能耗 0.49 吨标准煤/万元,相对于 2015 年下降 38.13%。2022 年,上海工业部门终端用能电力占比 17.63%,比 2015 年提高 2.80 个百分点。与此同时,2022 年工业部门原煤、焦炭、燃料油、汽油、柴油等化石燃料使用比 2015 年分别下降 40.80%、2.66%、36.17%、81.15%、75.55%。交通部门 2022 年终端能源消费总量为 1928.81 万吨标准煤,单位增加值能耗 1.01 吨标准煤/万元,相对于 2015 年下降 43.58%。2022 年,上海交通部门终端用能电力占比 3.65%,比 2015 年提高 1.09 个百分点。与此同时,2022 年交通部门汽油、煤油、柴油等化石燃料使用比 2015 年分别下降 49.35%、27.02%、13.62%。

(二)新型能源体系支持上海能源结构绿色低碳转型面临的挑战

在新型能源体系建设背景下,上海能源消费对外依赖度高对上海能源绿色低碳转型既是有利因素,又带来不确定性,而能源系统的灵活性建设、已有技术创新成果、市场化改革成效均对上海能源绿色低碳转型形成支持。然而新型能源体系下,高比例可再生能源、多能互补、多元主体参与的能源系统对上海能源基础设施、清洁能源技术创新应用、能源体系体制机制建设均提出了新的挑战。

1. 上海新型能源体系建设现状特征

新型能源体系以高比例可再生能源、多能互补、数字化、智能化为特征,当前上海新型能源体系建设相对于矿产资源型城市具有一定优势,但能源资源禀赋不足增加了能源转型的不确定性因素。上海在能源系统灵活性建设、能源技术创新、能源体制改革等方面已取得显著进展,但面对未来新型能源体系发展的需求,仍有很大发展空间。

(1)能源消费对外依赖度高形成低碳转型双刃剑

上海能源消费对外来资源有较高依赖度,这是一把双刃剑。上海位于矿产资源相对匮乏的东南部地区,能源资源供给主要依赖"西电东送""西气东输""北煤南运"等跨区域能源输送工程。一方面,上海传统化石能源产业规模较小、对经济贡献度小，能源产业的低碳转型对经济和社会的影响程度较小，相比西北能源输出型城市需要经历传统化石能源产业退化和转型的阵痛，上海能源结构绿色低碳转型具有一定优势。另一方面，上海不仅化石能源稀缺，本地可开发利用的风能、光伏等可再生资源相对于本地能源需求也非常有限，新型能源体系下上海未来可再生能源供给高度依赖外省市输入，造成能源结构转型的不确定性因素。上海地势低平、气候温和，太阳能、风能资源与中国西北部地区比较相对不足。2023 年，上海 70 米、100米高度年平均风速分别为 4.26 米/秒、4.63 米/秒，在全国 31 个省份中分别位列第 28、第 27 名，风能资源较为匮乏；水平面总辐照量平均值为1240.4 千瓦时/米²，较水平面总辐照量最高的西藏低 31.07%，仅优于江西、湖北、湖南、广西、重庆、贵州等南部省份，属于太阳总辐射年辐照量划分四个等级中的第三类地区①。目前，上海是可再生能源受电地区，能够消纳大量外省市调入可再生能源，2024 年上海年度可再生能源消纳责任权重为 31.30%，2025 年预期目标增加至 32.36%，在全国 31 个省份中处于较高水平。在未来新型能源体系高比例可再生能源消费场景下，上海对外省市绿电输入依赖程度可能进一步增强。

（2）系统灵活性建设保障可再生能源消纳

上海电力系统灵活性建设已经取得显著成效，充分保障了当前上海本地和外来新能源消费。"十四五"期间，上海积极推动煤电厂灵活性改造、增建调峰燃气机组，以提升火力发电机组负荷调节能力、支持可再生能源消纳，推动石洞口一厂、外高桥一厂、吴泾煤机、吴泾八期累计 498 万千瓦超临界燃煤机组等量替代项目，新增闵行发电厂、重型燃气轮机试验电站、长兴岛电厂等燃气机组项目。根据《上海市推动大规模设备更新和消费品以旧换新行动计划（2024—2027 年）》，2024～2027 年，上海预期实现燃煤机组灵活性改造 700 万千瓦，约占上海燃煤机组总装机容量的 47% 左右。在储能产业发展和应用方面，上海积极推进氢储能的多场景试点应用，以支持电

---

① 资料来源：《中国风能太阳能资源年景公报 2023 年》。

网调峰、可再生能源消纳；上海特斯拉储能工厂 2025 年将投入量产，规划储能电池年产 1 万台，储能产业的发展为未来应用于新型电力系统灵活性提升提供保障。此外，上海积极发展虚拟电厂技术的推广应用，充分调动和整合分布式能源、储能、分散可控用电设备资源，降低电网波动、提升资源利用效率。2024 年 8 月用电高峰期间上海市虚拟电厂实现削峰 25 次、最大响应负荷突破 70 万千瓦，有效迎峰度夏。目前，上海虚拟电厂调峰能力已相当于一台大型火电机组，但其投资成本仅约为同等规模机组的 20%～30%。但在未来新型能源体系下高比例可再生能源接入对火力发电的备用能力有更高需求，电源灵活性建设仍有进一步加强的空间。

（3）技术创新成果奠定新能源产业化基础

上海在能源装备、燃料电池、新能源和智能网联汽车技术等领域自主创新能力不断提升，为新能源技术推广应用和产业化发展奠定了良好基础，为新型能源系统建设提供技术保障。在能源装备方面，"十四五"期间上海持续推进高效清洁煤电技术，自主研发重型燃气轮机装备，推进传统火力发电能效提升和排放降低；突破太阳能电池、大型直驱海上风机等可再生能源发电装备技术发展，支持可再生能源开发和利用；推进支持新能源接入的智能电网核心器件、大规模储能电池的研发和应用，支持新型能源体系下的智能电网建设①。此外，近年来上海已在燃料电池领域形成创新优势，以上海电气、重塑科技、捷氢科技为代表的企业在氢能等燃料电池技术自主创新研发和推广应用方面取得了突出成就。在新能源汽车领域，上海推动电动和燃料电池汽车、智能网联汽车技术和装备研发，并同步引导电池回收和共享出行等新能源汽车配套服务发展，旨在打造新能源汽车第一城②。上海新能源汽车产业不仅具备了技术优势，还实现了规模化量产，不仅培育了上汽集团、蔚来汽车、爱驰汽车等本土品牌，还成功吸引了特斯拉超级工厂入驻，新能源汽车产业的规模化发展赋予上海经济增长新动能，向可再生能源发电、智

---

① 《上海市战略性新兴产业和先导产业发展"十四五"规划》，上海市人民政府办公厅，2021。
② 《"新能源汽车第一城"对上海意味着什么？》，澎湃新闻，https：//baijiahao. baidu. com/s？id＝1788795563140520313&wfr＝spider&for＝pc。

能电网等相关领域产生积极辐射效应，支持新型电力系统建设。

（4）能源市场化改革支持新型能源系统构建

上海通过推进以电力现货市场建设为核心的电力体制改革、以市场化价格为核心的天然气市场改革，为新型能源系统建设提供了制度基础。一方面，电力和天然气市场化改革优化能源要素配置，提升能源使用效率。另一方面，电力现货和中长期市场、天然气市场的建设也推进了上海可再生能源和天然气消费规模提升，助力能源结构绿色低碳转型。在电力体制改革方面，自2017年上海作为电力现货市场建设试点开启相关工作以来，电力现货市场规则从初步制定，到多次模拟试运行、进一步完善，2024年已进入结算试运行版本修订阶段，适应新型电力系统建设的要求新增虚拟电厂、独立储能两类新兴经营主体参与市场。在绿电交易方面，2024年10月，华东能源监管局发布的《上海电力中长期交易规则—绿色电力交易专章》为风力、太阳能、水力、生物质能等可再生能源发电的中长期交易提供指导和保障，给予绿电交易量较高的发电企业优先兑付补贴的权益，激励企业参与绿电交易、支持能源结构绿色低碳转型。在天然气市场改革方面，自2015年上海石油天然气交易中心成立、天然气市场改革进入深化阶段以来，交易中心已形成中长期合同、非居年度合同、月度合同、短期调峰合同交易等多层次多周期的市场化天然气保供产品，并通过大数据、人工智能技术赋能智能管网建设与维护，保障天然气供给、支撑新型能源系统建设[①]。

2. 上海新型能源体系支持能源转型面临的挑战

上海新型能源体系支持能源转型面临的挑战主要在基础设施建设、能源技术创新应用、能源体制机制改革深化等方面。本地资源相对不足与日益增长的可再生能源需求之间的矛盾凸显，多能互补的能源体系对各领域低碳技术提出更高要求，新业态新模式对能源市场规则设计不断提出新的挑战。

（1）高比例可再生能源对能源基础设施提出挑战

上海本地能源资源匮乏，新型能源体系建设将大幅提升上海对外来清洁

---

① 李玲：《交易模式创新激发天然气市场活力》，《中国能源报》2024年10月21日。

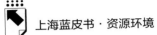

能源的需求，清洁能源电力的跨区域调度对能源基础设施提出新的挑战。目前，上海主要通过向家坝—上海、淮南—浙北（皖南）—上海、淮南—南京—上海三条特高压线路将西部水电、北部煤电，以及其他地区的非水可再生能源电力输入本地，其中向家坝—上海特高压线路额定输送功率达到640万千瓦，每年能够向上海输入约320亿千瓦时清洁水电，据统计约占上海年度电力消费总量的16%①，此外上海每年消纳非水可再生能源扣除本地发电部分，来自外省市的非水可再生能源电力约占上海总电力消费的6%左右。未来碳达峰碳中和情景下上海消纳外省市可再生能源电力规模存在进一步提升的可能性，能源供给的波动性和不确定性进一步提升，将对远距离特高压输电线路和设施建设、本地电网、调峰机组和储能设施建设提出新的挑战。

（2）多能互补的能源体系对清洁能源技术创新应用提出挑战

新型能源体系建设以构建多能互补的能源体系为发展目标，上海能源结构绿色低碳转型面临风光等可再生能源替代传统化石能源、煤炭清洁高效利用、氢能大规模发展的趋势，对新能源和替代能源技术、碳密集行业能源技术、能源存储等相关技术提出要求：一是推进传统化石能源清洁高效利用技术，如超临界发电技术、热电联产技术；二是风、光、生物质等可再生能源利用技术，如离岸风电技术、智能太阳能系统技术；三是支持新能源消纳和系统灵活性提升的技术，如长时储能、智能电网技术；四是支持钢铁、水泥等碳密集型产业能源高效利用的技术，如碳捕集技术、氢能技术等。根据欧洲专利局统计，截至2024年11月，在中国注册的离岸风电专利数量已达到2840项，"十三五"以来注册专利数量占80%以上，离岸风电技术的发展为上海新型电力系统建设奠定了一定基础②。

（3）多元主体参与对能源体系体制机制建设提出挑战

新型能源体系建设催生了新业态新模式的发展，分布式能源、微电网、负荷聚合商、储能、虚拟电厂等新型主体参与能源市场对能源体系的体制机

---

① 《水电大省的"电"去哪儿了？》，澎湃新闻，https：//m.thepaper.cn/baijiahao_ 19411026。

② 资料来源：欧洲专利局，https：//www.epo.org/en。

制建设提出挑战。目前，上海市针对新型主体参与能源市场，在修订的电力现货市场设计规则中新增了储能和虚拟电厂主体及其参与市场的权利和义务，并在辅助服务管理细则的征求意见稿中界定了储能和虚拟电厂等新型主体参与市场的规则，但随着新型能源体系的不断发展与完善，将对相关市场设计规则提出新的挑战。一方面，当前电力现货市场规则设计处于初步阶段，地区间对新型主体参与市场的准入标准尚不统一，对其参与市场的角色定位仍缺乏清晰界定，将对相关主体参与跨区域市场交易造成阻碍；另一方面，当前对新型主体、新业态新模式的支持政策和法律保障仍相对缺乏，不利于相关主体参与市场；此外，储能、虚拟电厂等项目投资的盈利模式尚不明确，相关收益保障机制缺乏，不利于新型主体发展[①]。

三 新型能源体系支持上海能源绿色低碳转型的路径与保障机制

在新型能源体系建设背景下，上海能源结构绿色低碳转型将面临市外调入清洁能源比例提升、可再生能源广泛应用、储能技术发展、数智化技术融入智能电网、氢能产业发展和推广、传统能源清洁化改造等趋势，这将带来能源系统结构、技术、运营和管理模式的系统性变革，需要充分发挥新型能源体系在清洁能源供给、化石能源清洁利用或替代、能源消费绿色低碳化、能源系统效率提升等方面的支持作用，并通过完善能源市场机制、科技创新激励机制、区域合作机制等保障机制，确保新形势下能源系统的清洁、低碳、安全、高效运行。

（一）新型能源体系支持上海能源结构绿色低碳转型的路径机制

新型能源体系将带来能源结构、能源利用方式、能源业态和模式、能源

---

① 楼家树、李继红等：《储能型虚拟电厂参与国外电力市场的报价收益方式及对中国的启示思考》，《供用电》2023 年第 12 期。

技术的系统性变革，从多维度支持上海能源结构绿色低碳转型。在能源供给方面，新型能源体系的建设要求形成多能互补的能源供给结构，激励多渠道挖掘新能源供给渠道，推动传统化石能源的清洁高效利用，以及清洁能源对化石能源的替代。在能源消费方面，新型能源体系与交通、建筑等领域的结合催生能源新业态、新模式，激励能源消费效率提升、用能结构绿色低碳化发展。此外，新型能源体系建设支持数字化、智能化赋能能源系统，将从能源供给、转换、消费的全产业链环节提升系统效率。

1. 市内外资源挖掘促进清洁能源供给多元化

基于上海市能源资源禀赋相对匮乏、能源供给结构仍以化石能源为主的现状，新型能源体系建设支持上海能源结构绿色低碳转型的路径之一是通过充分挖掘市内外清洁资源，拓宽清洁能源供给渠道和类型。在市内清洁能源多元化供给方面，上海需要深入挖掘陆上、近远海、深远海风电资源，拓展光伏建筑一体化等分布式能源项目，扩大基于生活垃圾焚烧的生物质发电规模，推进海洋能源等新资源的开发利用。在市外清洁能源多元化供给方面，上海需要加强特高压输电基础设施建设，开发并推广长时储能技术的应用，通过机组改造升级提升电源灵活性，建立区域清洁能源电力合作机制、完善跨省市绿电交易机制，从而充分利用三峡、葛洲坝、金沙江水电站等西部地区水电，进一步拓展对西部、北部地区可再生能源的引进和利用。根据2024年3月发布的《上海市2024年度海上风电项目竞争配置工作方案》，上海预计在横沙东部、崇明东部、深远海建成580万千瓦风力发电装置，项目建成后将助力上海平衡市内外能源资源结构、推进能源结构绿色低碳转型。

2. 技术改造推进化石能源清洁利用或替代

新型能源体系的发展一方面在于推进电气化和清洁能源发电，另一方面则在于推进无法电气化的领域通过技术改造实现化石能源的清洁利用或清洁能源替代。在拓展清洁能源供给渠道之外，新型能源体系支持上海能源绿色低碳转型的路径之二是通过生产过程绿色低碳转型、末端治理和回收利用等技术措施推进化石能源的清洁利用。新型能源体系下，通过技术改造推进化石能源清洁利用或替代包括两方面：第一，在生产过程中，通过清洁能源替代、节能设备替代、高效燃烧技术、清洁煤技术、智能化和自动化监控技术提升资源利用效率、降低污染物排放；第二，在生产过程末端，通过碳捕捉、脱硫脱硝除尘技术减少二氧化碳和污染物排放，以及促进废弃物的资源化利用等方式，实现绿色低碳转型。以上海主要能源供应企业之一申能集团为例，企业在投资新能源发电装机容量扩张之外，持续致力于打造低煤耗电厂、布局氢能产业链，引领行业能源绿色低碳转型①。

3. 新模式新业态推动能源消费绿色低碳化

新型能源体系助力上海能源绿色低碳转型的路径之三在于通过创新的业态和模式推动能源消费侧加大对新能源的消纳、提升能源利用效率。新型能源体系背景下，上海涌现出能源消费利用的多种创新模式，能源清洁利用与建筑、交通等领域的结合产生了不同领域的新业态新模式。例如，新型能源系统与绿色建筑结合催生了建筑光伏一体化的创新模式，该模式能够缓解上海发展光伏分布式能源面临的土地和空间紧缺问题，建筑光伏一体化项目将光伏发电设施融入建筑本身，不仅增加了可再生能源供给，也在一定程度上节约了建筑材料，显著提升绿色建筑的能源利用效率。目前，上海已经成功地开展了上海虹桥铁路客站太阳能光伏发电项目、上海市自贸区临港新片区幕墙、奉贤数字江海"垂直工厂"等建筑光伏一体化项目，并于2023年底出台《关于促进新建居住建筑光伏高质量发展的若干意见》，提出打造"居住光伏示范"的目标。新型能源系统与低碳交通的结合则催生了综合交通枢纽场站智慧能源体系的创新模式，该模式将传统交通枢纽电动车充电设施，与分布式能源系统、储能系统、能源综合管理系统相结合，支持清洁能源的高效利用、提升交通枢纽的总体效率。目前，上海已在浦东国际机场、虹桥综合交通枢纽等国际级枢纽，以及上海站、上海南站等区域级枢纽拓展智慧能源体系建设②，持续提升综合交通枢纽能源利用效率、支持交通用能

---

① 《超大型城市如何兼顾能源保供与减碳发展？上海能源国企多元化探路》，澎湃新闻，https：//www.thepaper.cn/newsDetail_ forward_ 23454034。
② 《上海如何全面打造智慧交通和绿色交通体系？未来市民出行会有哪些新体验？今天的发布会详解》，澎湃新闻，https：//m.thepaper.cn/baijiahao_ 20282863。

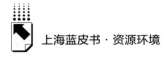

绿色低碳转型。

4. 数智化转型提升能源系统效率

数字化、智能化是新型能源体系的主要特征之一，新型能源体系的数智化转型通过运用"云大物智移"的数字技术和智能技术构建更加高效、可靠、可持续的能源系统，不仅能够提高能源系统的灵活性和韧性，还能促进清洁能源的大规模应用，进而推动全产业链的能源效率提升、支持上海能源绿色低碳转型。数智化转型贯穿新型能源体系的方方面面，不仅影响供给侧可再生能源的开发与利用、化石能源的清洁高效利用，也对工业、交通、建筑等部门的能源效率产生影响。能源体系的数智化转型支持上海能源绿色低碳转型的路径包括以下方面：第一，能源大数据分析为能源消费需求规律分析和预测提供支持，提高能源系统优化调度效率；第二，能源互联网为用户提供综合能源服务、提高终端用能效率、推进清洁能源替代，包括微电网、储能、分布式能源的推广和应用；第三，智能终端设备提升用户终端用能效率，如智能恒温器、智能插座、车联网技术等。当前，数智化转型已逐步渗透上海能源体系的方方面面，从发电集团到电网公司、从交通枢纽到绿色建筑、从能源供给到终端消费，未来能源体系的数智化转型将是上海能源绿色低碳转型不可或缺的支持因素之一。

（二）新型能源体系支持上海能源结构绿色低碳转型的保障机制

新型能源体系支持上海能源绿色低碳转型仍需要能源体系市场化机制、创新激励机制、区域合作机制的保障。能源市场化体制建设包括电力市场、碳市场、绿证和绿电市场机制的动态优化与相互耦合；能源体系的创新激励机制则需要通过财政金融支持、产学研合作交流、创新示范项目引领等方式引导新型能源系统支持技术创新的发展路径、培育和孵化产业优势；能源体系的区域合作机制需要能源基础设施、能源互联网技术、能源合作项目的支持。

1. 完善能源体系市场化机制

新型能源体系建设是一场能源系统广泛而深刻的变革，新型能源体系支持上海能源结构绿色低碳转型需要电力市场、绿证市场、绿电市场、碳市场等多重市场机制的相互耦合与支持。当前碳市场已覆盖全国的电力行业，绿证市场、绿电市场也已基本覆盖全国范围，电力现货市场则已经覆盖了全国大部分电力需求量较高的地区，不同市场在覆盖区域、覆盖行业、建设程度方面存在差异。上海是碳市场、电力现货市场建设的试点城市，同时也已经参与绿证、绿电市场交易，多重市场机制的完善与耦合是上海能源价格传导机制优化、可再生能源推广、碳减排目标实现的关键。上海能源体系市场化机制的完善，一方面有赖于市场交易规则的动态优化，随着新型能源体系的发展，新业态和新模式滋生新型市场主体、技术革新引发能源成本和价格变化、区域间能源交易趋于频繁，各类市场的功能定位也可能随之改变，需要在实践中不断调整和优化市场规则、确保市场的有效性；另一方面有赖于市场之间的相互耦合，碳市场、绿证市场、绿电市场从不同的角度体现能源的环境属性，电力现货市场则是化石能源、新能源电力交易的基础，不同类型市场之间亟须建立信息联通机制，以避免新能源获得重复补贴、化石能源遇到重复征税的现象。

2. 构建能源体系创新激励机制

当前，上海已在风力光伏等可再生能源发电、新能源汽车、燃料电池等领域取得显著进展、占据技术创新高地，然而当前本地可再生能源供给规模仍然较小，与高比例可再生能源场景下相匹配的高效风力和光伏发电组件、长时储能、柔性输电、智能电网、能源管理与调度等相关技术尚未实现规模化发展和利用，相应的技术创新投资回报机制尚不明确，给能源企业的投资造成较大风险和不确定性，亟待建立基于新型能源体系的相关技术创新保障机制，支持上海能源绿色低碳转型。一是建立、完善和细化绿色低碳能源产业指导目录，通过财政补贴、绿色金融等方式引导公共和私人部门资金流入相关产业，激励能源领域技术创新；二是建立能源企业与高等院校、科研机构的合作研究与人才培养机制，推进企业与高校、科研机构的技术创新合作，开设新兴能源技术领域的专业教学和实践，培养相关专业的理论和应用型人才；三是打造新型能源体系相关新兴技术应用的创新示范项目，基于其

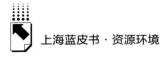

运行和盈利模式进行推广。

3. 建立能源体系区域合作机制

上海本地能源资源匮乏，但能源需求量大，主要依赖外省市调入，与此同时上海在新能源汽车、燃料电池、可再生能源发电技术等方面具有领先优势，上海与周边地区开展能源合作具有现实基础。"能源互济互保"是长三角一体化发展七大重点之一，新型能源体系下，上海要实现能源结构绿色低碳转型目标需要与周边长三角省市建立区域合作机制、推进区域协同低碳发展。一是打造长三角区域一体化能源互联网，实现能源基础设施的互联互通，从区域角度统筹调度能源资源，提升能源利用效率。二是奠定能源体系区域合作机制的技术基础，探索并推广智慧能源系统在长三角区域的应用，打通省市间能源供给与消费信息壁垒，促进绿色低碳能源技术的区域间转移和扩散，提升生产侧能源供给效率、优化需求侧能源系统服务。三是推进跨区域能源项目投资与合作，优化整合长三角区域能源资源、技术、资本、人才要素，提升区域能源系统效率。目前，上海已经在安徽淮北、淮南等地区投资建设公用燃煤发电厂，旨在发挥安徽当地的煤炭资源优势、拉动当地就业与经济发展，同时保障上海市能源供给稳定和安全性，未来上海有望结合自身在可再生能源技术、资本、人才方面的优势，进一步加强与具有可再生能源资源禀赋地区的能源合作。

B.3
新型租赁经济助力上海消费模式
绿色转型研究

王琳琳 杜 航*

摘 要: 新型租赁经济对消费模式的绿色转型具有重要意义,它不仅促进了资源的高效利用和环保理念的实践,还推动了绿色生活方式的普及和绿色产品的供给,为实现可持续发展提供了新的动力。上海新型租赁经济正在迅速发展,其业务范围已经从传统的交通和住宿行业迅速拓展到企业服务、教育和医疗等新兴领域,并且这种趋势正在逐步向制造业等更广泛的消费市场扩散。但在发展过程中,仍面临市场环境待优化、风险管理合规压力、运营成本问题凸显、信用体系仍需构建、服务水平亟待提升等挑战,建议进一步明确行业标准、完善市场服务、突破运行瓶颈、推进诚信体系建设和培育绿色消费文化促进新型租赁经济发展。

关键词: 新型租赁经济 绿色消费模式 上海

随着共享经济的兴起和消费观念的转变,人们对于物品的使用权越来越重视,而不再执着于对物品的拥有权。从传统的租房、租车,扩展到手机数码、生活家电、美妆个护、母婴健康、手表配饰、旅游出行等各个行业。同时,共享厂房、共享机器、共享技术、共享办公室等快速发展,共享渐渐深入生产各个环节,"万物皆可租"的理念正在推动生产生活方式向更加灵

---

* 王琳琳,上海社会科学院生态与可持续发展研究所助理研究员,研究方向为低碳政策、城市治理;杜航,上海社会科学院生态与可持续发展研究所助理研究员,研究方向为绿色供应链管理、再制造管理。

活、高效、环保的方向发展。共享经济下的租赁经济已成为新的风口，展现出强劲的增长势头和广阔的发展前景。

一 消费模式绿色转型对租赁经济提出新要求

习近平总书记指出："要增强全民族生态环保意识，鼓励绿色生产和消费，推动形成健康文明生产生活方式。"① 在当前中国城市化进程中，既要着眼于增量规划，也要注重库存规划，以最低的"物质拥有"实现最高的"使用效用"②。在绿色消费的推动下，循环经济、共享经济等新型消费模式蓬勃发展。

（一）消费者行为的个性化与多元化

随着居民收入稳步提高、消费观念逐步改变，消费者对于自我表达和价值认同的需求越来越强烈，更加青睐个性化、特色化以及多元化的产品和服务。尤其是对年轻一代消费者来说，租赁不再仅仅是一种经济选择，更是一种生活态度的体现。他们更倾向于体验和使用最新的产品和服务，而不必承担完全拥有的高昂成本和为残值买单。这种"愿租万物"的心态，反映了当代消费者对灵活性、便利性和可持续性的追求。消费者对"即时"和"按需"服务的需求增长，也促使租赁市场向更加细分化和个性化的方向发展。例如，魔法衣橱、女神派、托特衣箱等服装租赁平台通过提供多样化的服装选择，让消费者可以根据自己的需求和场合选择合适的服装，无须为了一次性穿着而花费大量金钱。

（二）科技与互联网的深度融合

移动互联网、大数据、云计算、人工智能、区块链等新技术广泛嫁接各

---

① 习近平：《国家中长期经济社会发展战略若干重大问题》，《中国民政》2020 年第 12 期。
② 诸大建、佘依爽：《从所有到所用的共享未来———诸大建谈共享经济与共享城市》，《景观设计学》2017 年第 6 期。

种商业平台，推动了分散资源的集中化，使信息的匹配更加精准。依托数字化技术，实现线上自营或者第三方整合模式连接上游商家和下游租户，使用户以信用免押的方式获得租赁物使用权的销售营销方式，大幅降低了用户的交易门槛、时间门槛、抵押门槛，降低消费者和企业的交易成本，从而推动整个行业的发展。例如，芝麻信用的启动为个人信用评分提供了基础，促进了无押金租赁模式的普及。随后，人人租平台和来电科技等的上线，加上国家政策的支持，如 2017 年的分享经济发展指导意见和 2018 年的"信易租"项目，进一步推广了新型租赁模式。2020 年微信支付的引入和 2021 年中国互联网用户数突破 10 亿，为租赁市场提供了庞大的用户基础。随着信用体系的进一步完善，免押金租赁模式在酒店、短租房、民宿、汽车租赁、共享单车、日常用品、农业机械租赁等多个领域得到广泛应用。

（三）可持续消费的兴起

随着环保意识的提高，消费者对环保低碳相关概念的认知程度较高，绝大多数消费者对于"低碳生活""'双碳'目标""气候变化"等环保低碳相关的概念具有一定的了解，可持续消费成为新的时尚潮流。消费者越来越倾向于选择环保、可再生或低碳的产品，以减少对环境的负担。"以租代购"模式减少了物品的闲置浪费，尤其是那些使用频率较低的物品。共享使用已有的物品，可以最大限度地发挥物品的利用价值，减少资源消耗和环境负担。"使用权替代所有权"的可持续消费是未来一代的消费趋势，更快消费迭代、尝鲜、低碳、环保的使用理念，只为使用权付费，不为残值、折旧买单将会得到更多"90 后""00 后"的认可和选择。

（四）消费升级与消费降级并存

在新消费趋势中，消费升级与消费降级并存的现象值得关注。一方面，随着居民收入水平的提高和消费观念的转变，部分消费者追求更高品质、更高档次的产品和服务；另一方面，受经济环境不确定性和个人财务安全考虑的影响，部分消费者则更加注重性价比和实用性。同时，消费分层现象加

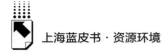

剧，不同消费类别中价格敏感度提高。"以租代购"既能满足消费者对生活品质的高要求，又大大降低了单次使用的成本。对企业而言，随着其对于设备、资产等资源的优化配置和成本控制的需求增加，以及对于轻资产运营的追求，企业业务逐渐成为新型租赁行业的重要增长点。特别是在中小微企业蓬勃发展的背景下，"以租代购"的模式降低了企业运营的门槛，使中小微企业能够更轻松地获取所需设备和资源，从而加速业务的发展。

新型租赁经济主要是指以"万物皆可租"为核心理念，通过平台化、数字化的方式，为消费者提供灵活多变的租赁服务，使用户以信用免押的方式获得租赁物使用权的消费方式。与传统租赁经济相比，新型租赁这一模式推动了新质生产力的发展。首先，新型租赁的模式降低了消费门槛，尤其是在高科技产品领域。租赁的方式可以助力品牌方快速覆盖用户，帮助厂家拓展市场平台。其次，新型租赁的模式助力品牌实现快速反馈和迭代。品牌方通过租赁模式进行产品推广，可以实时获得用户反馈，了解产品的实际表现和市场需求，为产品改进和技术创新提供便利，从而缩短研发周期。此外，品牌商能够通过持续的租金获得稳定、可预测的收入，这有助于企业进行长期的财务规划并稳定资金链。最后，新型租赁模式帮助品牌方快速建立用户信任，树立良好的品牌形象。新产品在推广导入市场阶段难以获得市场的信任，品牌方通过租赁模式让用户先体验，快速建立用户信任。另外，租赁也减少了社会资源的浪费和环境影响，更有助于提升品牌形象。

二 上海新型租赁经济发展的现状与挑战

随着绿色发展理念的普及，人们越来越倾向于选择环保、低碳的生产生活方式和消费模式。新型租赁经济作为一种绿色的生产生活方式，倡导社会大众互帮互助，提高资源利用率，这与绿色消费的理念不谋而合。

（一）上海新型租赁经济发展的背景与现状

上海作为中国最大的商业中心，经济规模和国际影响力较大，而且其以开放包容的城市精神和创新驱动的发展战略，注重提升城市生活品质。这座城市以其高度的城市化水平、先进的基础设施、丰富的文化氛围和活跃的消费市场，与共享经济有着密切的关联。

1. 背景

上海作为中国的经济中心和国际大都市，拥有庞大的人口基数和旺盛的消费需求，为新型租赁经济提供了广阔的市场空间和无限的发展潜力。一方面，上海产业发展基础雄厚，配套服务体系形成完整生态。互联网、移动通信和大数据技术的发展为新型租赁经济发展提供了坚实的技术基础。根据上海市统计局的数据，2024 年前三季度，上海信息传输、软件和信息技术服务业的营业收入达到 3661.95 亿元，同比增长 11.8%。上海在新型租赁经济领域已经形成了完整的产业链和生态圈，包括技术研发、生产制造、市场推广等各个环节，应用场景丰富，又具有金融和资本市场发达等优势条件，为新型租赁经济发展提供了良好的基础，契合了 B 端和 C 端融合的经济发展新趋势。

另一方面，上海为新型租赁经济的发展营造了一个政策支持、人才集聚、市场规范、服务创新的良好软环境。2020 年，上海出台《上海市促进在线新经济发展行动方案（2020－2022 年）》，促进在线新经济的发展。2021 年在《全面推进城市数字化转型"十四五"规划》中再提"打响在线新经济服务品牌"。2024 年，上海印发了《上海市促进在线新经济健康发展的若干政策措施》，旨在促进数字技术与实体经济深度融合，全面激发各类主体数字化转型动力。这一系列的发展标志着新型租赁行业在提供灵活消费选项和促进经济循环方面扮演了关键角色，预示着未来的市场规模有望突破千亿，成为人们消费模式的重要组成部分。

与此同时，随着年轻消费群体崛起并日益占据市场主流，一场消费观念的深刻变革正悄然发生，其核心在于"以租代购"新型消费模式的崛起，这一模式正逐步成为企业市场地位的有力体现。新型租赁经济凭借其对当代年轻人追求灵活、高效与可持续生活方式的精准契合，迅速赢得市场青睐，不仅巩固了企业的市场地位，更成为其市场地位证明的鲜活案例。企业通过

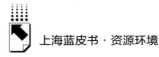

巧妙融合区块链、大数据、人工智能等前沿科技，创新推出信用免押机制，彻底颠覆了传统租赁行业的运作模式。线上化、智能化的全租赁流程，从商品选择到售后咨询，无一不展现出企业的高效运营与卓越服务，为市场地位的稳固提供了坚实的支撑。

2. 现状

上海新型租赁经济发展较早，如2015年上海市交通委向滴滴颁发全国首张网络约租车平台经营资格许可；2016年摩拜单车在上海市率先推出智能共享单车服务。目前，上海在共享出行、共享制造、共享教育、共享办公等典型领域培育了众多卓越企业，这些企业在满足居民消费需求等方面发挥了重要作用（见表1）。

表1　上海本土代表性新型租赁经济企业

类别	产品	业务模式
交通出行类	滴滴顺风车	顺风车平台采用C2C模式，即运力归属于私家车主，车主有固定或计划性出行目的地，与乘客共同分担能源费用，价格相较网约车平台更便宜
	环球车享EVCARD	业务涵盖网约车平台、政企、租赁平台商家的车辆长租，个人用户的车辆短租，车辆贸易以及车辆处置等，为汽车产业的可持续发展奠定了坚实基础
生活服务类	怪兽充电	主要业务包括移动设备充电服务、移动电源销售及广告业务等。其中，移动设备充电服务收入即向用户租借充电宝所收租金，也包括用户一定时间内未归还所扣押金（被动买宝），该业务收入占比超过95%
	租着用	国内首批实现"租赁-回收"全闭环的信用免押租赁服务品牌。依托"共享经济"模式作为商业载体，与众多知名品牌商合作，专注于打造覆盖3C数码、家电家居等产品全生命周期的闭环生态链
	"聚家家"家居共享	主要面向C端客户（包括房东和租客）提供家具共享租赁服务。消费者通过平台租用家具，"聚家家"负责上门送货安装。除了租金之外，共享家具用户还需支付给平台一定额度的服务费用

类别	产品	业务模式
共享办公类	印掌门共享打印机	主要产品是共享打印机,主要服务于学校、社区、政务单位、众创空间、便利店等人员高频打印场所。用户可通过微信扫一扫,完成相关操作即可打印照片、证件照、文档等,给消费者打印带来了即时便利
共享制造类	制汇云	"科创中国"先进制造共享服务平台,业务范围包括产品策划、研发服务、样机制造、测试验证、生产制造、市场销售、在役运维等

目前,上海已经成为新型租赁经济新业态、新领域、新模式的"试验场",为整个经济注入新的活力。

(二)上海新型租赁经济助力消费模式绿色转型的挑战

上海新型租赁经济由单纯资源衔接发展为区域协调有力杠杆,推动了经济的创新发展和结构优化。但在发展过程中,仍面临诸多挑战。

1. 市场环境待优化

新型租赁经济作为一种新兴的共享经济形态,其立法主要涉及对新型租赁经济平台的规范、用户权益的保障等方面。我国新型租赁经济领域尚未出台相应的专门法律,主要依赖于现行的《中华人民共和国网络安全法》《中华人民共和国反不当竞争法》等对经济平台、用户权益进行保障。法律政策的缺失导致新型租赁经济政策在落地实施的过程中存在困难,市场监管部门在监管过程中无法可依,不仅难以有效地激励消费者进行绿色消费,也难以为用户数据和隐私提供有效的安全保障。例如,部分租赁平台以物品租借和回收为名放高利贷,在低价宣传中藏高价陷阱,收"砍头息",部分借款者借贷年化利息最高可达400%[①]。

[①] 《小心"蒙面"高利贷! 手机、黄金、购物卡都可成"马甲"》,光明网,https://m.gmw.cn/2024-08/30/content_1303834940.htm。

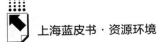

2. 风险管理合规压力

对于租赁产品，目前市场上还没有一个官方认可的残值定价标准，很多平台选择自建定价体系。一方面，根据回收数据进行价格预测；另一方面，租赁收入需覆盖折旧成本、资金成本、运营成本及坏账成本等，且要维持一定的利润率。此外，新型租赁平台需要通过不断积累用户行为数据、交易记录、支付历史、偿还能力等多维度关键信息，建立庞大的数据库，这些数据可能涉及隐私和安全的风险。如，截至 2024 年 10 月 18 日，黑猫投诉平台上，怪兽充电的投诉量超 2.2 万条，2024 年 9 月 18 日至 10 月 18 日投诉量达到 421 条，主要集中在收费不合理、扣款不规范、押金不退还、充电功率低、售后服务差等问题①。

3. 运营成本问题凸显

新型租赁经济面临消费者信用良莠不齐，租赁订单问题层出不穷的运营难题。有平台数据显示，经营性商户租赁订单的坏账率高达 20%，逾期订单持续存在②。市场中一些消费者在租赁过程中存在违约行为，如物品损坏拒不赔偿、订单逾期不归还、租赁手机后玩"消失"等，均给商家带来巨大的经济损失。运营成本高昂，商家投入产出不成正比。受市场需求变化、互联网技术创新的影响，电子产品更新迭代加速，为了更好满足人们多样化、品质化消费需求，电子产品的迅速贬值使商家库存储备投入不断加大。信用租赁交易涉及物品采购、租赁管理和承租用户风险控制等方面，为了确保租赁交易安全和服务品质保障，经营性商户不得不投入大量的人力、物力、财力进行维护运营。

4. 信用体系仍需构建

建立严密的风控体系，准确评估租户的信用状况，是推动信用租赁生态持续性健康发展的关键。在新租赁经济市场中，信用租赁正逐渐取代传统的

① 《共享充电宝，越走路越窄》，澎湃新闻，https：//www.thepaper.cn/newsDetail_ forward_ 28505835。
② 《"以租代买"价格高？信用体系亟待完善 共建良性生态》，中国发展网，http：// www.chinadevelopment.com.cn/zxsd/2024/0207/1882235.shtml。

线下租赁交易方式，消费者和商户之间的互信成本需由权威信用体系背书，成为互信互利的交易基石。信用租赁生态发展的核心驱动技术已经向云计算、大数据转变，有效提高信用租赁交易数据的处理和分析能力需借助先进的大数据、人工智能等技术手段，进而帮助商户更准确地评估消费者的信用状况，推动商户快速决策，提升租赁服务质量和用户体验，使"冷资源"持续释放"热效应"，以资源分享的方式实现资源最大化利用，让追求品质生活和产品新颖性的年轻人在预算有限的情况下拥有良好的服务体验。

5.服务水平亟待提升

随着信用租赁市场的扩张，一些租赁平台上的商家面临产品品质差异、价格过高、夸大宣传和合同陷阱等问题。为了提升消费者满意度并增强其忠诚度，商家必须提供优质服务，包括确保租赁流程的顺畅和物品的安全，同时关注消费者在租赁过程中的细节，从挑选、使用到归还，都提供优质的体验，让更多人享受到便捷和高质量的租赁服务。租赁企业面临 ESG 和绿色发展的挑战。首先，ESG 审查的专业性不足，将 ESG 融入租赁业务时，除了传统的财务和业务指标，还需关注企业的 ESG 表现，包括租赁物品、实际控制人和担保方的 ESG 指标。此外，针对不同行业，需要制定包含特定行业指标的 ESG 审查清单，这对业务人员的综合能力提出了更高的要求。其次，ESG 管理能力有待加强，租赁公司要发展绿色金融，必须完善 ESG 制度，将 ESG 全面融入业务和风险管理的各个环节，并加强碳排放的计算与管理。

三 上海进一步推进新型租赁经济发展的政策建议

新型租赁经济作为一种更灵活、更符合个性化需求的生产生活方式，使租赁流程更加便捷，从在线选择到支付再到物流服务，所有环节都在追求高效和便利。欧盟利用理念宣传、战略定位、经济激励等方式促进新型租赁经济发展，为上海提供了重要借鉴。

（一）欧盟推进新型租赁经济发展的主要举措

欧盟将新型租赁经济列为欧盟单一市场计划的重要组成部分，是欧盟内部资本要素、人员要素等自由流动的重要一环。欧盟新型租赁经济涉足衣、食、住、行、娱乐、购物、服务和交通等多个领域,主要推广措施可以分为以下5个方面。

1. 普及共享经济理念

消费观念的转变对新型租赁经济的发展至关重要。传统的消费观念强调物品的拥有权,而共享经济模式下,消费者更注重商品或服务的使用权而非所有权。这种观念的转变使共享经济模式更易被接受,因为它满足了人们对便利性和灵活性的需求。2013年起,欧盟核心机构,如欧洲议会、欧盟委员会相继通过《协作消费:21世纪可持续性商业模式》关键性文件对共享经济的发展进行部署。欧盟委员会在《协作经济指南》中提出,将通过教育逐步普及共享经济的概念,提升消费者参与共享经济的意识。共享经济的理念和运作方式被融入初级、中级、高等、成人以及职业教育教学内容,让学生从小就了解和认识共享经济。

2. 破除行业准入壁垒

就市场准入而言,欧盟采取"底线"策略将共享经济的准入环节打通。其一,将参与共享经济的企业划入平台企业的范畴。例如,在共享出行劳动关系方面,依据个体与平台之间是否具有从属关系、工作的性质以及酬劳等标准,明确专车公司与司机是否属于雇佣关系,解决了困扰共享经济发展的法律争议。2016年出台的《欧洲分享经济议程》强调,服务提供者除非符合非歧视性、必要性和与明确识别的公共利益目标相称的要求,否则不应受到市场准入或其他要求(如授权计划和许可要求)的限制。这有助于减少对共享经济运营商的不必要监管负担,并避免单一市场的分裂。同年,欧盟委员会提出了对不公平商业行为指令的修订,进一步明确了共享经济中消费者权利指令和不公平条款指令的适用性。其二,通过全面贯彻《欧盟服务业指令》(*EU Services Directive*),打破各国设置的行业准入壁垒并简化行政手续。例如,爱沙尼亚与共享经济企业合作,推出了自动简化税务申报的测试服务。这种合作有助于降低共享经济企业的合规成本,并确保税收的合规性。伦敦要求共享出行平台在行程开始前提供费用估算,这样的规定提高了服务的透明度，并保护了消费者免受潜在的不公平定价。除此之外，欧盟借助监管平台中介的条例指引，鼓励共享经济保险的发展，确保了共享经济活动的最低安全和质量标准，增强了消费者对 P2P 分享活动的信任和参与度。

3. 试点共享经济城市

由于全球对共享经济的认知尚不完善，除了采取理论探讨，实践也是获取有关共享经济知识的重要渠道。因此各国都采取划分"试验田"的方式，对共享经济的运作以及监管等其他事项进行实验。欧盟鼓励各国对共享经济展开试验，并愿意在各国试验的基础上进一步推广。例如，2016 年 2 月，荷兰阿姆斯特丹加入共享城市的行列，陆续推出了许多促进本地分享未充分利用资源或服务的倡议，如 Peerby 提供物品租赁服务、SnappCar 提供汽车共享服务、Thuisafgehaald 为邻居提供烹饪服务，开展从知识、资产到技能的分享活动。此外，为鼓励地方政府总结和交流共享经济的经验，欧盟借助欧盟市长之约或欧洲智慧城市创新合作伙伴等城市之间的平台机制，促进欧洲工业和创新中小企业的发展，有助于实现欧洲能源和气候目标，支持欧洲城市在社会、环境和经济可持续性方面的发展。

4. 服务支持和资金扶持

欧盟借助"2014～2020 多年度财政框架"（EU Multiannual Financial Framework Program 2014-2020）等政府财政和其他基金项目，为共享经济平台企业提供资金支持。例如，由法国圣昆廷市牵头，在欧盟 Interreg North Sea 资助下，法国、比利时、德国、荷兰、瑞典、丹麦和挪威 7 个国家共同创建了 22 个 Digital Kiosks 共享驿站，使公民能够参与共享经济。Digital Kiosks 共享驿站是一个联网的储物柜，可以在住宅楼、公共场所、企业等地存放供共享的物品，方便人们在需要的地方取用物品。与共享单车系统类似，用户在手机上选择和预订商品，领取并将使用后的商品放回站点。这些物品的使用权由多个用户共享，他们只有在需要时才能租用这些物品。同时，通过欧盟电商增值税改革法案等，欧盟将行业准入、融资和纳税等服务加以整合，有效降低了企业的运营成本，促进了共享经济的健康发展。

5. 多元化供给主体

欧盟新型租赁经济的供给主体不仅包括个人，还涵盖了各种规模的企业，从小型工作室到大型房地产公司，以及专业的租赁服务提供商。这种多元化的供给主体特征使新型租赁经济能够更好地适应不同市场和消费者的需求，同时也促进了共享经济模式的创新和发展。例如，在共享出行领域，Uber 和 Lyft 是两个代表性的公司，Uber 提供私家车搭乘服务，而 Lyft 则强调社交文化，鼓励乘客与司机建立友好关系。这两个平台都依赖个人司机提供服务，但同时也有专业的租赁公司和车队参与其中，增加了供给主体的多样性。GoMore 是一个丹麦共享出行平台，提供多种业务模式，包括拼车、P2P 汽车租赁和 B2C 租赁服务。这种业务模式的多样化使得 GoMore 能够提供"一站式"的共享出行解决方案，并且通过共享和重新部署关键资源和能力，优化了供给主体的多样性。又如，在共享制造领域，荷兰 Floow2 是全球首个 B2B 资源共享平台，用户可以分享机器、办公用品等涵盖建筑、运输、农林业等多个行业的两万多项设备、产品。

（二）上海进一步推进新型租赁经济发展的政策建议

上海为更好应对新型租赁经济发展面临的挑战，需要借鉴欧盟经验，从以下 5 个方面促进新型租赁经济的发展。

1. 明确行业标准

随着新租赁经济的快速发展，行业对统一标准的需求日益迫切，以规范市场行为和提高透明度。这些标准覆盖租赁价格、服务质量、残值回收、产品维护、回收流程和用户风险评估等，对推动行业的可持续发展至关重要。行业的领先企业已开始主导制定这些标准，以引导行业的健康发展。例如，明确和透明的费用结构帮助消费者和企业作出明智的决策，并促进市场的公平竞争。2017 年，法国立法规定将拥有一定收入的网约车和共享住房的从业者纳入自由职业者范畴，标志着对共享经济的监管从以往的松散状态转变为系统化、规范化的管理，这有助于解决共享经济在快速发展中出现的问题，如服务质量、安全保障、劳动权益保护等。同时，统一的产品回收和残值处理标准确保了资源的有效利用和可持续性，包括清晰的回收流程、质量检查和残值评估。这些努力有助于共同塑造一个更健康、更可持续的新型租赁市场环境。

2. 完善市场服务

新型租赁平台助力商家提升信用风险控制，减少风险，解决租金收取问题，提供全面服务。新型租赁平台采用多种手段为租赁双方提供信用担保，缓解信息不平等，减少交易费用，激发租赁市场的需求。该平台使用全面的风险评估系统，包括个人基础资料、信用记录及支付能力的审核，保障用户信息的准确性和可信度，大幅降低信息不平等带来的风险。满足条件的用户能够享受无押金服务，降低租赁的门槛，解决了传统租赁的信任难题。平台通过线上化和标准化流程，使租赁信息变得透明，清晰界定了租金、租赁期限和条件等关键要素，提高了交易的效率和透明度。借助大数据和人工智能技术，平台智能地将用户需求与商家供给进行匹配，减少搜索和交易成本，同时自动化的运营方式降低了运营成本，使租赁价格更加优惠，进而刺激了消费需求并提升了市场潜力。

3. 突破运营瓶颈

科技创新是推动新型租赁经济发展的关键。通过技术创新路径共享闲置产品与资源，如网络运营商应用搭建的网络运营平台承接共享汽车租赁业务，并应用 GPS 定位器与摄像头等技术设施实时监控车辆与车内设施设备①。鼓励企业家与大企业成立专门的科技研发部门，通过知识创新路径研发新的科学知识，通过技术创新路径研发推动新型租赁经济信息互联互通、互动传播的新技术、新工艺、新原料、新产品与新的工业组织形式等。运用全链条数字化技术，显著提升租赁管理的效率和便利性，为商家提供从线上签订合同到收取租金、管理租期以及设备维护的全方位解决方案。

4. 推进诚信体系建设

新型租赁经济的稳步发展得益于信用体系的构建和完善。通过信用体系

---

① 唐权、杨书文：《科技创新推动共享经济发展的类型与应用》，《科技中国》2019 年第 7 期。

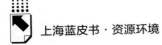

的建立，新型租赁经济从传统的依赖押金模式转变为信用免押模式，减轻了消费者的经济压力，加速了行业发展。相关部门需要主动促进各类信用数据的流畅整合，构建政府、企业以及第三方之间的信用信息共享与合作平台。同时，应加速完善诚信行为的联动激励及失信行为的联动惩戒机制，打造以信用为基础的共享经济健康发展框架。此外，商家的风险管理能力也应进一步加强，可以通过分析用户的信用历史和行为数据来准确评估履约能力和潜在风险，有效减少坏账的可能性，从而增强整个行业的稳定性和可持续发展的潜力。通过运用区块链、大数据和人工智能技术，平台对潜在客户进行全面的风险评估，包括客户的过往信用历史、支付能力和业务状况等多方面信息，确保商家能够挑选出信用优质的客户，降低租赁风险。同时，通过平台建设不断监控消费者的信用状况，在出现信用风险时，及时向商家发出预警，协助商家优化租赁策略，提高设备使用效率和盈利水平。

5. 培育绿色消费文化

年轻消费者群体的兴起，推动了信用免押租赁业务的蓬勃发展。这一群体更倾向于选择便捷、高效且个性化的服务，同时拥有较强的信用意识，愿意通过信用评分来享受便利，这与信用免押租赁的运营模式不谋而合。信用免押模式简化了租赁手续，减少了使用障碍，迎合了年轻人"租而不买"的灵活消费偏好，以及对商品品质和体验的重视。同时鼓励企业关注 ESG 表现，有助于企业降低发展中的长期风险，建立良好声誉。随着年轻消费群体的不断壮大和影响力的增强，新型租赁行业有望在未来迎来更迅猛和持续的发展。

B.4
上海森林碳汇资源管理与城市生态空间
建设协同增效研究

吴 蒙 杜红玉*

摘 要： 森林是重要的"水库""钱库""粮库""碳库"，兼具提供多种
生态系统服务、应对全球气候变化、维护国土生态安全、促进绿色低碳发展
等基础性、战略性作用。作为绿色新质生产力培育与生态空间建设的共同载
体，发展森林碳汇对统筹推进绿色低碳发展与生态空间建设协同增效，从人
与自然和谐共生的高度推动美丽上海建设显得尤为重要。因此，本报告首先
分析了新质生产力发展背景下上海森林碳汇与生态空间建设的关联机制和协
同增效潜力；其次，评估了2006~2023年上海市森林碳汇的时空格局演变
特征，并分析识别出森林碳汇发展助推生态空间建设存在的主要短板。研究
表明，过去近20年，上海城市森林碳汇整体呈持续增加态势，且空间分布
趋于稳定，在此过程中，城市生态空间建设在生态空间拓展、优化人居环
境、保障人群健康三个维度的协同改善趋势良好，而在环境质量与促进经济
增长两个维度仍需下大力气；最后，提出从强化生态空间分类精细管控、加
强森林碳汇技术研发推广、完善生态空间价值实现机制三个方面促进上海森
林碳汇发展与生态空间格局优化协同增效。

关键词： 森林碳汇 生态空间 新质生产力 上海市

---

* 吴蒙，博士，上海社会科学院生态与可持续发展研究所助理研究员，研究方向为环境规划与
管理；杜红玉，博士，上海社会科学院生态与可持续发展研究所副研究员，研究方向为景观
生态学。

一 森林碳汇是新质生产力培育与生态空间建设的共同载体

森林碳汇作为绿色新质生产力培育与生态空间建设的共同载体，不仅为撬动上海新质生产力发展提供新支点，也为美丽上海的生态空间建设提供了新动能，在当前要求从人与自然和谐共生的高度推动美丽上海建设的背景下，统筹发挥森林碳汇与生态空间建设协同增效具有巨大潜力。

（一）森林碳汇为撬动上海新质生产力发展提供新支点

"森林碳汇"涵盖了森林植被本身的固碳能力、土壤碳库、林下植被以及森林经营管理活动的碳汇贡献[①]。作为全球陆地生态系统的主体，森林碳汇对全球陆地生态系统碳汇贡献超过80%[②]，中国森林生态系统碳汇占整个陆地生态系统碳汇的比重也高达66%[③]，因此，"双碳"战略目标下，国家和地方层面在推动绿色低碳发展进程中，均高度重视对森林碳汇潜能的深入挖掘。以上海为例，以生态之城建设目标为引领，通过促进多样化绿地生态空间的融合发展与合理布局，持续提升生态环境品质，增强生态系统碳汇能力，计划到2030年，实现森林覆盖率与森林蓄积量的显著提升，让城市森林碳汇成为撬动绿色低碳转型的重要支点。

"绿色发展是高质量发展的底色，新质生产力本身就是绿色生产力"，这一科学论断深刻阐释了新质生产力和绿色生产力之间的一体两面关系，也为依托城市森林碳汇发展积极培育绿色新质生产力提供了根本理论遵循。落在实践层面，森林碳汇作为当前国内外高度重视的绿色发展新赛道，迫切需

---

① 毛江涛、徐文婷、谢宗强：《森林碳汇研究热点与趋势——基于知识图谱分析》，《生态学报》2023年第19期。
② 朱教君、高添、于立忠等：《森林生态系统碳汇：概念、时间效应与提升途径》，《应用生态学报》2024年第9期。
③ 参见国家林业和草原局《森林生态系统碳储量计量指南》（LY/T 2988—2018）。

要依托技术创新和经营创新，促进动力变革和效率变革，实现固碳水平、增汇效能和生态产品价值转化的协同提升①，为绿色新质生产力发展提供重要契机。聚焦上海，一方面，森林碳汇有经营创新和技术创新方面的内在要求，将激发新质生产力培育实践需求。例如，上海积极通过良种良法应用来提高单位面积森林的蓄积量和生长量，以大幅提升森林资源经营管理水平。这些经营创新和技术创新举措，都将有助于拓展上海林业新质生产力发展的重要内涵；另一方面，城市森林碳汇资源管理效率提升，迫切需要通过路径创新和数据创新来实现，将从高科技、高效能、高质量的"三高"方面，积极培育林业的新质生产力。例如，上海为了巩固提升城市森林碳汇能力，通过加强探索多元化的城市林业发展方式、积极发展立体绿化、采用节约型园林绿化管理模式等，有效促进了林业经营管理模式的绿色创新。在崇明横沙岛，上海通过成立"长江口碳中和实验室"、启动森林碳汇计量试点重点实践工程，为地面碳汇监测做好数据质量保障，推动智能监测手段与地面监测方案的互补完善，有效促进了数据创新。此外，上海在推进城市森林碳汇发展的过程中，也为森林旅游、碳汇交易、绿色金融、绿色技术创新等新业态发展提供了重要支持，丰富了新质生产力发展的表现形式。

（二）森林碳汇为美丽上海生态空间建设提供了新动能

发展城市森林碳汇不仅有利于推进上海"双碳"目标实现，还能通过促进区域生态空间格局优化与生态系统功能提升，更好地统筹服务于人居环境优化、人群健康保障、环境质量改善、林业经济发展等维度的协同增效，为实现美丽、健康、韧性、宜居的美丽上海建设提供新动能和新机遇。

首先，发展城市森林碳汇将带动上海生态空间功能与品质的提升。森林碳汇资源作为城市绿色基础设施的重要组成部分，能够有效调节城市灰绿空间的比例，优化"三生空间"的组成结构，从而有助于提升城市生态系统

---

① 黄衍、汪佳伟：《新质生产力赋能森林碳汇高质量发展》，《中国绿色时报》2024 年 4 月 24 日。

多样化生态功能与应对气候风险的韧性[1]。此外，通过增加城市公园绿地面积，优化绿地系统结构，还能有效降低 $PM_{2.5}$、氮氧化物、臭氧等空气污染物的浓度[2]，削减地表径流污染，发挥水源涵养功能，缓解城市热岛效应[3]，改善超大城市生态环境质量，并为市民提供更多高品质的生态休闲游憩空间。其次，发展森林碳汇有助于拓宽上海生态空间建设的投融资渠道。通过林业碳汇项目，可以吸引更多的国际资金和技术投入上海城市生态空间建设。例如，可以在《京都议定书》的 CDM 机制支持下，为发展中国家林业生态工程建设、湿地空间生态修复等多方面提供投融资渠道。最后，森林碳汇为上海推动城市生态空间价值变现提供了关键途径。森林碳汇通过技术创新和经营创新，不仅可以提高上海城市森林生态系统的固碳水平和增汇效能，还能依托发展"碳汇林""生物多样性+林业""森林旅游+林业"等增汇模式，丰富林地生态空间的价值变现途径，持续推动城市生态空间向绿色、低碳、高效、可持续的发展方向转型。

（三）森林碳汇与生态空间建设协同增效具有突出潜力

党的十八大以来，美丽上海建设目标下的城市生态空间建设取得长足进展，也带动城市生态环境持续改善。然而，当前上海生态空间建设面临的挑战依然严峻。因此，在注重从人与自然和谐共生的高度推动美丽上海建设的要求下，更应统筹加强森林碳汇与生态空间建设的协同增效，通过促进二者有机结合，协同推进降碳、减污、扩绿、增长等多维目标实现，以满足经济社会全面绿色转型的迫切需求。目前，国内外已有诸多实践表明，探索森林碳汇与城市生态空间建设协同增效具有突出潜力。

从国外典型案例来看，加强对城市森林的投资和培育一直是纽约市采取

---

① 徐来仙、何友均、艾训儒等：《基于森林生态系统服务权衡与协同的森林可持续管理》，《生态学报》2024 年第 4 期。
② 李家馨、韩立建、张志明等：《中国主要城市森林对大气 $PM_{2.5}$ 的削减量及其占大气 $PM_{2.5}$ 总量比例》，《生态学报》2023 年第 7 期。
③ 李晓婷、李彤、仇宽彪等：《城市森林林木斑块特征与降温效应的关系——以北京市城区为例》，《林业科学》2021 年第 4 期。

的减缓气候变化的重要战略。自 20 世纪 90 年代以来，纽约市就开始实施全市树木普查，并依托城市森林数据库建设，助推城市森林碳汇效益的科学监测评估，辅助高效的森林碳汇资源管理。在此过程中，通过成立 NYCParks 联盟，具体负责城市森林项目建设、许可管理和建设标准等，打造生物多样性丰富、健康、韧性的城市森林，并在此基础上协同优化城市生态空间格局。此外，在城市森林规划和管理当中注重考虑社会公平正义，通过优先考虑获得公共卫生和安全、城市热岛、水质、休闲游憩空间等城市森林服务不足的地区，注重加强其建设资金来源保障，协同促进城市生态空间建设的公平正义与碳汇效益分配的社会公平。

聚焦国内典型案例，福建省三明市林业碳汇助推绿色发展成效显著，最具代表性。三明市作为全国集体林权制度改革的策源地之一，通过积极推进集体林权制度改革、率先探索实施"林票"制度、创新林业碳汇产品交易，成功设立了福建全省首个碳汇专项基金，建成了福建省内首家专业碳汇服务机构，并完成了省内首单森林碳汇交易。当前，三明市每年生产固碳增量高达 1170 万吨，自 2018 年以来，林业碳汇交易金额约为 2534 万元，创造了显著的环境经济效益。与此同时，"十三五"时期，林业碳汇发展带动三明市实现了 109.1 万亩的绿地面积增长，森林覆盖率达到 78.88%，显著促进了全市范围内的增绿扩绿，带动城市生态空间功能与品质的显著提升①。

除上述案例外，在国际上，还有其他许多城市也都展现出了城市森林碳汇与生态空间建设协同增效的重要潜力与发展活力，为上海推动森林碳汇与生态空间建设协同增效提供了先行经验。

二 上海森林碳汇持续攀升伴随生态空间不均衡不充分发展

党的十八大以来，随着生态文明建设持续深入推进，上海城市森林碳

① 《生态产品价值实现案例丨福建省三明市林权改革和碳汇交易》，城市学研究网，http://www.urbanchina.org/content/content_ 8337011. html。

汇持续攀升，进入"十四五"时期，上海城市森林碳汇发展进入服务国家"双碳"战略目标、实施高质量发展的新阶段，整体发展趋势稳中向好。在此过程中，城市生态空间建设在促进生态空间规模拓展、优化城市人居环境以及保障城市人群健康等三个重要维度的协同改善趋势良好。然而，在协同改善环境质量与促进经济增长两个维度上，未来仍需下大力气。

（一）上海城市森林碳汇持续攀升且分布格局趋于稳定

为了掌握上海城市森林碳汇发展现状与未来趋势，本报告尝试使用来源于国家青藏高原数据中心的 250 米分辨率逐月归一化植被指数（NDVI）栅格数据，进行城市森林碳储量的估算。首先，将 2006~2023 年逐月的归一化植被指数栅格，依据行政边界（行政区边界、镇界），进行行政边界内求平均值处理和年内取逐月最大值处理，得到 2006~2023 年上海市各区和各镇的逐年归一化植被指数。在此基础上，综合参考殷炜达等[1]、于洋等[2]和方精云等[3]的研究，利用城市林地 NDVI 和对应碳储量之间的回归拟合关系，构建城市林地碳储量遥感估算模型，初步测算 2006~2023 年上海森林生态系统的碳储量（见图 1）。

2006~2023 年，上海城市森林碳汇整体呈增加态势且分布结构趋于稳定。"十一五"至"十四五"时期，森林生态系统碳汇平均值由 80.29 万吨增加至 88.86 万吨，增幅为 10.67%。具体来看，"十一五"至"十二五"期间，增加了 0.54 万吨，增速较为缓慢；"十二五"至"十三五"期间，增加了 6.67 万吨，增幅为 8.25%，森林碳汇快速跃升；"十三五"至"十四五"期间，增加了 1.36 万吨，增幅约为 1.55%，虽然增速重新放

---

① 殷炜达、苏俊伊、许卓亚等：《基于遥感技术的城市绿地碳储量估算应用》，《风景园林》2022 年第 5 期。

② 于洋、王昕歌：《面向生态系统服务功能的城市绿地碳汇量估算研究》，《西安建筑科技大学学报》（自然科学版）2021 年第 1 期。

③ 方精云、郭兆迪、朴世龙等：《1981-2000 年中国陆地植被碳汇的估算》，《中国科学》2007 年第 6 期。

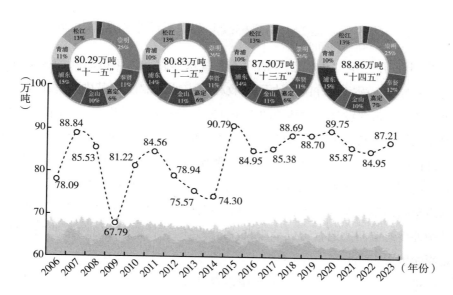

图1 2006~2023年上海城市森林生态系统固碳量估算结果及分布结构

缓，但整体上升趋势较为明显。从森林类型来看，上海市的森林资源以乔木林为主，特殊灌木林次之，竹林面积相对较小，这些森林资源在全市范围内广泛分布，但主要集中在郊区。从各行政区森林碳汇占全市森林碳汇的比重情况来看，虽然各区资源分布均不断丰富，但整体空间格局趋于稳定，呈现出中部较低、东西部较高的分布态势。具体来看，各行政区森林碳汇资源占比从高到低排序依次为：崇明区（25%~26%）、浦东新区（14%~15%）、松江区（13%）、奉贤区（11%~12%）、青浦区和金山区（10%~11%）、嘉定区（6%~7%），中心城区合计占8%~9%，占比较小。这一空间分布特征与区域土地利用模式与强度、城市森林资源本底条件、区域森林资源管理能力与经营水平等多重因素都密切相关。在此背景下，目前上海市东部和西部地区的森林覆盖率和生物量较高，而中部地区由于城市化程度较高，森林覆盖相对较低，未来需要通过加强监测评估来实施森林碳汇资源空间分区，以合理制定上海市森林碳汇发展规划和相关生态补偿政策。

（二）历经三阶段的上海森林碳汇迎来高质量发展新机遇

"十一五"至"十二五"期间，上海森林碳汇各年份之间的波动性较大。一方面，国家允许的"占用征收林地定额"制度在其中发挥了重要作用，各类城市建设项目对林地的占用征收与补充建设过程存在周期性，由此引发森林碳汇长期出现较大的波动。另一方面，这一时期上海绿地生态空间建设正处于向"建管并举"转型的过渡阶段，在《上海市基本生态网络规划》的引导下，重在创新探索建设面向全域多空间尺度、功能复合的生态网络空间体系，在城市生态空间格局形成演化的动态过程中，不断实施重点结构性生态空间改造，这也是造成各年份之间森林碳汇呈现较强波动性的重要影响因素。

进入"十三五"时期，上海城市森林碳汇呈现较为稳定的快速增加趋势。究其原因，一方面，生态文明建设的持续深入推进，倒逼生态环境监管制度趋严，现代化数字监管技术手段不断升级，违规占用林地资源和补林、造林弄虚作假等现象逐步得到严格管控。另一方面，"十三五"时期，在《上海市城市总体规划（2017—2035年）》、"上海市生态空间专项规划"的引导下，上海高度重视挖掘造林潜力，明显加大了造林力度，并且严格管控对林地资源的占用，聚焦重点生态廊道、长江两岸和世界级生态岛建设，带动了全市林地和森林面积的快速增长，森林资源面积由2015年的162万亩增加至2020年的206万亩；森林面积较2015年增加了33万亩，于2020年达到176万亩；森林覆盖率较2015年提升了3.46个百分点，于2020年达到18.49%；森林生态系统服务价值增加了48.07亿元，于2020年达到165.50亿元。不仅快速巩固提升了全市森林生态系统碳汇能力，也为后续上海森林碳汇高质量发展奠定了基础。

"十四五"时期，上海城市森林碳汇发展进入服务国家"双碳"战略目标，实施高质量发展的新阶段，整体发展趋势稳中向好。随着2020年9月中国"双碳"战略目标的明确提出，增强林业碳汇能力迅速成为国家和地方共同关注的重点。国家不仅通过修订《森林法》来夯实保护和合理利用森林资源的法律保障，还陆续出台了一系列涵盖温室气体减排交易管理办法、造林碳汇等方面的政策文件，积极采取启动实施森林生态碳汇重大工程、搭建森林碳汇智慧管理平台、建立林业碳汇交易体系等重要措施，为加快我国森林碳汇发展奠定基础。在此背景下，《上海市森林和林地保护利用规划（2023-2035 年）》顺利出台，从人与自然和谐共生的高度，聚焦基本建设成为卓越的全球"生态之城"，直接明确了"增强林业碳汇能力，服务国家总体战略""提高森林服务质量，满足市民生态需求"等总体发展要求，推动上海森林碳汇发展进入服务国家"双碳"战略目标、实施高质量发展的新阶段。

（三）上海森林碳汇发展助推生态空间建设仍存在短板

为了深入分析上海城市森林碳汇发展助推生态空间建设的成效，并揭示在城市层面二者协同发展当前存在的主要短板，本报告聚焦城市生态空间建设在人居环境优化、人群健康保障、环境质量改善、促进经济增长等重要维度的协同改善情况，通过分析上海城市森林碳汇发展与上述生态空间建设维度特征指标之间的关联变化趋势，明确今后在城市森林碳汇发展过程中应当统筹兼顾的重点领域及其管理优化方向。具体在人群健康保障方面以 $PM_{2.5}$ 年平均浓度表征。$PM_{2.5}$ 暴露程度与人群发病率直接相关，森林生态系统对降低 $PM_{2.5}$ 浓度具有显著影响，因此，$PM_{2.5}$ 年平均浓度是评估生态空间建设人群健康保障效应的代表性评价指标之一。具体通过计算上海 $PM_{2.5}$ 年平均浓度超 WHO 限值的倍数来表征，超标倍数越高，人群健康保障评价得分越低。关于其他维度指标，如人居环境优化用人均公园绿地面积指标来表征；环境质量改善用全年环境空气质量优良率指标来表征；促进经济增长方面用单位森林面积林业生产总值来表征；生态空间拓展方面用城市森林覆盖率指标来表征。分析 2006~2023 年上述各维度指标增幅与森林碳汇增幅的协同演变趋势，可以直观反映随着上海城市森林碳汇的持续发展，在助推生态空间建设的过程中，有哪些重要维度迫切需要协同改善（见表 1）。

表1　上海城市生态空间建设成效多维度评价指标情况

年份	PM₂.₅年均浓度(μg/m³)	全年环境空气质量优良率(%)	单位森林面积林业生产总值(亿元)	人均公园绿地面积(m²)	城市森林覆盖率(%)	森林碳汇(万t)
2006	50.42	88.80	10.43	11.50	11.60	78.09
2007	58.67	89.90	10.05	12.01	11.60	88.84
2008	51.46	89.60	9.13	12.51	11.60	85.53
2009	58.97	91.50	9.02	12.80	11.60	67.79
2010	48.60	92.10	7.58	13.00	12.60	81.22
2011	52.70	92.30	7.73	13.10	12.60	84.56
2012	49.92	93.70	9.77	13.29	12.60	78.94
2013	47.18	66.00	9.80	13.38	13.10	75.57
2014	49.66	77.00	8.83	13.79	14.00	74.30
2015	51.81	70.70	12.30	7.60	15.00	90.79
2016	42.89	75.40	13.21	7.80	15.60	84.95
2017	39.00	75.30	15.31	8.10	16.20	85.38
2018	35.73	81.10	15.80	8.20	16.90	88.69
2019	35.00	84.70	18.27	8.40	17.60	88.70
2020	32.00	87.20	15.16	8.50	18.50	89.75
2021	27.00	91.80	8.68	8.70	18.50	85.87
2022	25.00	87.10	8.32	9.00	19.40	84.95
2023	28.00	87.70	7.20	9.50	18.50	87.21

资料来源：2007~2024年《上海统计年鉴》。

从2006~2023年各维度指标增幅与森林碳汇增幅的协同演变趋势来看，随着上海城市森林碳汇的持续增加，城市生态空间建设在生态空间拓展、优化人居环境、保障人群健康三个维度呈现正向协同变化趋势。然而，改善环境质量与促进经济增长两个维度则长期呈现负向关联变化趋势，其中，改善环境质量维度在进入"十三五"时期以后，逐渐由负向关联趋往正向关联演变。促进经济增长维度则始终呈负向关联，并且"十四五"时期的曲线变化更加背离协同演化方向。这也表明当前上海城市森林碳汇亟须协同促进林业经济发展，以实现城市森林碳汇减污、降碳、扩绿、增长多个维度协同增效（见图2）。

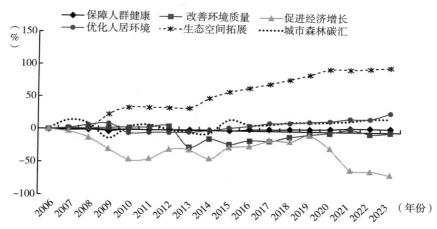

图 2　2006～2023 年上海城市森林碳汇与生态空间建设成效多维指标增幅的协同演变趋势

进一步详细分析生态空间建设成效各维度指标增幅的具体演变特征。

城市生态空间拓展维度的改善幅度最大，并呈现出明显的阶段性变化特征。相对于 2006 年，"十一五"期间改善幅度较小；"十二五"期间改善幅度明显增大，并且基本稳定在 34% 左右；"十三五"期间改善幅度呈快速上升态势，2020 年相对于 2006 年增幅高达 97%；进入"十四五"开始增速放缓，基本维持在 98% 左右。这与前文分析的上海城市森林碳汇的发展演变规律保持高度一致，也表明上海森林碳汇发展在扩绿增汇协同增效方面成绩斐然。

优化人居环境维度的改善幅度次之，由 2015 年之前的负向关联，转变为 2015 年之后的正向关联，2023 年相对于 2006 年优化人居环境维度的增幅约为 30%。进入"十三五"以后，该指标与城市森林碳汇增长总体保持高度一致，主要得益于"十三五"时期新建绿地超过 6000 公顷、森林覆盖率提高了 3.46 个百分点、上海郊区森林资源面积均大幅提升等因素。上海城市森林碳汇发展不仅丰富了整体生态空间格局，近年来，还通过建成一批特色明显的开放休闲林地，为满足人民日益增长的城市美好宜居环境提供绿色生态空间。

保障人群健康维度在研究时段内增幅约为5%，随着城市森林碳汇的增加，也是由2015年之前的负向关联，转变为2015年之后的正向关联，城市$PM_{2.5}$年均浓度由2006年的50.42$\mu g/m^3$下降至2023年的28.00$\mu g/m^3$。但目前按照WHO 2022年最新空气污染指南中$PM_{2.5}$年平均浓度限值为5$\mu g/m^3$的标准来看，与国际标准之间仍然存在较大的差距，未来仍需进一步促进城市森林生态系统在降碳的过程中，更好地发挥减污作用，以助力卓越的全球"生态之城"建设。

改善环境质量维度在研究时段内虽然一直处于负向关联趋势，但在2015年之后，出现明显好转，开始呈现由负向关联往正向关联演变的良好趋势。由2015年的-20.38%逐渐上升至2023年的-1.24%，预计在"十四五"末期改善环境质量维度的增幅将会由负转正。

促进经济增长维度在研究时段内始终与森林碳汇处于负向关联。分析其原因，一方面，产业结构调整是导致林业生产总值下降的重要因素。近年来，上海市积极进行产业结构调整，将更多的资源和精力投入高附加值的产业中，而林业作为传统产业，其产值在整体经济结构中的比重逐渐下降。并且消费者对林业产品的需求不断发生变化，对环保和可持续发展的要求提高，使传统林业产品的市场需求减少。另一方面，目前上海在森林碳汇的计量、监测和评估技术方面仍需进一步完善，这影响了碳汇价值的准确评估。上海市林业碳汇交易市场整体仍处于起步阶段，交易规则、价格机制等尚不完善，限制了碳汇价值的市场转化。

三　上海森林碳汇发展与生态空间格局优化协同增效的对策

聚焦当前上海推进森林碳汇与生态空间协同发展面临的诸多现实挑战，本报告从聚焦森林碳汇效率提升，强化生态空间分类精细管控；聚焦森林碳汇动力变革，加强森林碳汇技术研发推广；聚焦森林碳汇质量跃迁，完善生态空间价值实现机制三个方面，提出二者协同增效的相关对策建议。

（一）聚焦森林碳汇效率提升，强化生态空间分类精细管控

在推进森林碳汇与生态空间协同发展的过程中，创新生态空间规划与管理机制是关键一环。在推进美丽上海建设与实现"双碳"目标的双重压力下，上海市必须采取创新性的规划与管理措施，以推动森林碳汇和生态空间的协同发展。

一是加强生态空间分类管控和精细化管理。上海市应根据不同生态空间的特点和功能，制定差异化的管控措施。例如，对于森林生态系统，应重点加强林地资源的保护和生态恢复，通过加强常态化监测评估、优质碳汇林抚育等措施，促进森林生态系统整体碳汇能力的大幅提升；在湿地生态系统碳汇能力提升方面，应重点保护湿地资源和生物多样性，通过湿地生态修复和恢复重建，提高杭州湾北岸、长江口地区的湿地碳汇能力。在精细化管理方面，上海市可以引入先进的数字信息技术手段，如遥感技术、地理信息系统（GIS）、低空无人机监测技术等，对生态空间进行实时监测和动态管理，并完善数据库和信息系统建设，实现对生态空间资源的全面掌握和有效管理，为科学规划决策提供依据。

二是完善生态空间治理技术体系和管理标准。上海市应集成创新生态空间治理关键技术，制定相关领域的管理规范与技术标准。这些标准应涵盖生态空间规划管理全过程的各个环节，形成完整的技术标准体系。例如，在森林碳汇方面，可以制定森林碳汇计量与监测技术规范，明确森林碳汇的核算方法和评估标准；在湿地碳汇方面，可以制定湿地碳储量调查和评估技术规程，为湿地碳汇的计量和监测提供科学依据。同时，还应加强技术研发和应用，推动生态空间治理技术的不断创新和升级。

三是创新生态空间治理模式和公众参与机制。上海市可以深入探索生态环境导向的城市开发模式，加强基于自然的解决方案的推广与应用，创新促进生态环境治理与基础设施建设、城市更新、能源转型等领域的融合发展，在不同领域打造标杆示范项目。同时，应充分发挥公众在生态空间治理中的积极作用，建立并完善公众参与机制，鼓励公众积极参与生态监督和保护工

作。此外，还可以利用碳汇交易、生态补偿等手段，激励企业和个人参与生态空间治理保护。

（二）聚焦森林碳汇动力变革，加强森林碳汇技术研发推广

在推进森林碳汇与生态空间协同发展的过程中，加强技术研发与推广是提升碳汇能力、优化生态空间布局的关键环节。上海市作为全国经济、科技和生态发展的重要引擎，应在森林碳汇技术研发与推广方面发挥引领作用，推动科技创新与生态保护深度融合，为实现碳中和目标提供坚实的技术支撑。

一是要构建森林碳汇技术研发体系。上海市应依托高校、科研院所和企业等多元主体，组建跨学科的森林碳汇技术研发团队，共同开展森林碳汇基础理论研究、关键技术攻关和集成示范应用。积极通过产学研深度合作，推进一系列具有自主知识产权的森林碳汇核心技术和创新成果的研发与应用。与此同时，政府应设立森林碳汇技术研发专项基金，用于支持重点科研项目、人才引进和培养、技术成果转化等，并积极引导社会资本投入森林碳汇技术研发领域，形成多元化的投入机制。此外，上海市应积极参与国际森林碳汇技术研发合作项目，借鉴国外先进经验和技术，提升本土研发水平。

二是推广森林碳汇监测与评估技术。依托现有的环境监测网络和遥感技术，上海市应加快构建覆盖全市的森林碳汇监测网络。通过地面监测站、无人机遥感、卫星遥感等多种手段，实现对森林碳汇的动态监测和精准评估。同时，加强多部门合作，实现多源数据的融合与共享。与此同时，上海应积极参与国家森林碳汇监测标准的制定工作，加快研究制定具有本土特色的森林碳汇监测标准和规范。通过标准化、规范化的监测流程和方法，确保监测数据的准确性和可比性。此外，亟须依托专业的评估机构和认证体系，对上海市的森林碳汇进行定期评估与认证。通过评估结果的发布和公示，增强社会对森林碳汇价值的认识和认可度，为森林碳汇交易和生态补偿提供科学依据。

三是分区分类实施森林碳汇增汇项目。上海市的森林生态系统未来还具

有显著的碳汇增长潜力与广阔的发展空间。为充分挖掘这一潜力，应依托高固碳能力林木新品种的研发以及森林固碳与碳汇提升技术的创新，实施分区管理、分类经营的森林碳汇增汇项目，显著提升区域森林碳密度、固碳效率及碳汇增长能力，增强森林土壤的碳储存能力、碳固定速率及其稳定性。同时，应创新制定市级、区级及经营单位的森林碳汇提升可持续经营规划方案，通过积极推广森林碳资源的有效利用、促进木质产品库向碳汇转化，并延长其使用周期与存续时间，以期达成森林碳汇倍增的发展目标。

四是推动森林碳汇技术成果转化与应用。首先，上海应在崇明区、奉贤区等具有代表性的森林区域，建立森林碳汇技术示范点。通过示范点的建设和运营，展示森林碳汇技术的实际效果和经济效益，为技术推广提供生动案例和成功经验。其次，通过政府引导、市场推动的方式，加快森林碳汇技术成果的推广应用，并引入社会多元主体参与森林碳汇项目建设运营，形成共建共享共赢氛围。最后，针对森林碳汇技术的特点和需求，通过举办培训班、讲座、展览等活动，开展针对性的技术培训和宣传活动，提高社会各界对森林碳汇技术的认知度和应用水平。

（三）聚焦森林碳汇质量跃迁，完善生态空间价值实现机制

一是要完善森林碳汇市场交易机制。包括建立统一、标准化的森林碳汇交易平台，依托上海建设碳排放权交易市场的成功经验，打造专门的森林碳汇交易平台，实现碳汇交易的信息透明化和交易便捷化；明确森林碳汇的交易规则、计量方法和核算标准，确保交易的公平性和准确性。同时，加强对交易过程的监管，防止市场操纵和欺诈行为；积极引入市场机制来激励引导企业广泛参与森林碳汇交易，例如，采取碳汇交易补贴、税收优惠政策等措施，提高企业参与的积极性和收益率；加强国际合作，借鉴国际森林碳汇交易的成功经验，加强与国际碳市场的合作与交流，推动上海森林碳汇交易与国际市场接轨，提高国际竞争力。

二是要创新森林碳汇金融产品和金融服务。为促进上海森林碳汇价值的转化，应积极推动森林碳汇金融产品和服务的创新。一方面，可以借鉴国内

外先进的绿色金融经验，设计并推出以森林碳汇为基础的金融产品，如碳汇期货、碳汇期权等，通过提供更加多样化的投资选择来推进森林碳汇价值转化，如湖北省建立的"林—碳—金融"协同机制。另一方面，金融机构可以创新服务模式，为森林碳汇项目提供全方位的金融支持，包括融资咨询、项目评估、风险管理等，降低项目运营成本，提高项目成功率，如丽水探索实施的"森林险+碳汇贷"绿色金融新模式、浙江龙游林业碳汇共富贷模式等。上述创新举措，不仅可以丰富绿色金融产品和服务体系，提升上海在全球绿色金融领域的竞争力和影响力，还能为上海乃至全国的生态文明建设贡献重要力量。未来，随着森林碳汇金融产品和服务的不断创新，上海将在应对全球气候变化挑战中扮演更加重要的角色。

三是提升公众对森林碳汇的认知与参与度。提升公众对森林碳汇的认知与参与度是推进其价值转化的关键一环。为此，建议采取多样化宣传手段，如利用社交媒体、公共讲座和学校教育等渠道，普及森林生态系统碳储存的相关知识，增强民众对森林在应对气候变化中突出作用的认识。同时，开展森林体验活动，让公众亲身体验森林的生态功能，感受碳汇效益，从而激发其保护森林的自觉性和积极性。此外，鼓励公众参与植树造林、森林管理等公益活动，形成全社会共同参与的良好氛围。这些措施不仅能够提升公众对森林碳汇的认知水平，还能有效提高公众参与度，为上海森林碳汇价值转化奠定坚实的群众基础。这将有助于上海在应对气候变化方面取得更大成效。

参考文献

赵敏、孙力：《城市郊区森林资源发展特点及碳汇功能评估——以上海市崇明区为例》，《环境保护科学》2019 年第 5 期。

蒋丽秀：《上海市"十三五"期间森林资源动态变化分析》，《林草政策研究》2023 年第 1 期。

颜文涛、赵筠蔚、任婕、沈子艺：《居民健康导向下的城市生态空间规划研究——

以上海市为例》，《风景园林》2023 年第 12 期。

王彬、金忠民、陈圆圆：《"上海 2035" 总规指引下上海市生态空间专项规划编制研究》，《上海城市规划》2023 年第 2 期。

陈琳、杜凤姣：《生态文明视角下上海市国土空间规划的实践与探索》，《上海城市规划》2019 年第 4 期。

B.5

区域协同转型背景下长三角绿色低碳产业集群研究

罗理恒　王文琪*

摘　要：　协同打造长三角世界级绿色低碳产业集群，是共建美丽长三角、推动长三角一体化高质量发展的重要环节，是长三角新质生产力空间集聚的最显性特征。长三角区域协同创新能级高、生产要素集聚、产业链供应链完整，为长三角绿色低碳产业的集聚发展创造了条件。目前，长三角绿色低碳产业集群已初步呈现出以新能源汽车产业集群为主导、多种集聚模式共存、产学研融合发展的特点，但在制度环境、产业结构、要素配置、技术创新等方面仍然面临诸多挑战。为此，本报告从打破长三角三省一市制度行政壁垒、统筹长三角绿色低碳全产业链布局、建立长三角资源环境要素统一市场、加强长三角绿色低碳技术共享创新四个方面，提出区域协同转型背景下打造长三角世界级绿色低碳产业集群的对策建议。

关键词：　美丽长三角　绿色低碳产业集群　全面绿色转型

目前，全球产业链供应链深度调整，世界级绿色低碳产业集群是全球产业分工深化、向更高质量集聚发展的高级产业空间组织形态。绿色低碳产业集群以绿色低碳理念为导向，通过绿色低碳技术和产业制度创新融合，使同类型产品生产企业在一定空间内大规模集聚，并产生规模经济效应，从而推

---

* 罗理恒，经济学博士，上海社会科学院生态与可持续发展研究所助理研究员，研究方向为环境政策与经济增长；王文琪，管理学博士，上海社会科学院生态与可持续发展研究所助理研究员，研究方向为环境治理与生态文明。

动产业链各环节企业绿色化、低碳化发展，实现能源结构清洁低碳化、能源利用效率高效化。2024 年 7 月，中共中央、国务院印发《关于加快经济社会发展全面绿色转型的意见》，明确指出"打造长三角世界级绿色低碳产业集群"。协同建设长三角世界级绿色低碳产业集群，是实现长三角一体化高质量发展的重要环节，是促进长三角区域向新质态转变、打造长三角世界级新质流域圈的核心驱动力。

一 长三角绿色低碳产业集群发展的背景

习近平总书记指出，绿色发展是高质量发展的底色，新质生产力本身就是绿色生产力①。当前新一轮科技革命和产业变革深入发展，以国内大循环为主体、国内国际双循环相互促进的新发展格局加速形成，"新质生产力"概念提出，为持续深入实施区域重大战略提供了理论遵循。新发展格局下纵深推进长三角一体化发展，本质是新质生产力空间集聚，根本前提是区域协同转型，核心载体是打造长三角世界级绿色低碳产业集群。

（一）长三角区域科技创新催生新产业、新模式、新动能

党的十九大报告指出，促进我国产业迈向全球价值链中高端，培育若干世界级先进制造业集群②。科技创新能够催生新产业、新模式、新动能，是发展新质生产力的核心要素③，是建设世界级产业集群的重要动能。近年

---

① 《习近平在中共中央政治局第十一次集体学习时强调：加快发展新质生产力 扎实推进高质量发展》，中国政府网，https：//www.gov.cn/yaowen/liebiao/202402/content_ 6929446. htm。
② 《习近平：决胜全面建成小康社会 夺取新时代中国特色社会主义伟大胜利——在中国共产党第十九次全国代表大会上的报告》，中国政府网，https：//www.gov.cn/zhuanti/2017-10/27/content_ 5234876. htm。
③ 《习近平在中共中央政治局第十一次集体学习时强调：加快发展新质生产力 扎实推进高质量发展》，中国政府网，https：//www.gov.cn/yaowen/liebiao/202402/content_ 6929446. htm。

来，依托强大的资源禀赋优势，长三角三省一市不断加大科学技术研发支持力度，加速推动科技创新成果转化和应用，通过科技创新促进长三角区域先进制造业空间集聚。分地区来看，"十二五"时期以来，上海、江苏、浙江、安徽在科技创新领域不断发展，且不同地区技术交易市场活跃度表现出明显的差异性。就技术市场成交额相对规模而言，上海市技术市场交易活跃度在长三角区域表现最为突出，显著高于长三角其他省份，截至2023年末，上海技术市场成交额占地区生产总值比重高达9.83%，其余省份按数值高低排序依次安徽（7.65%）、浙江（5.24%）、江苏（2.6%）（见图1）。

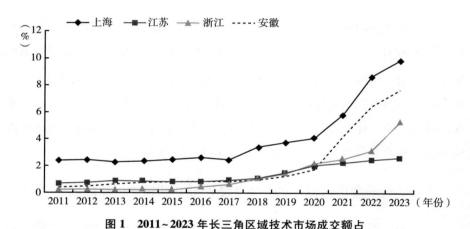

**图1　2011~2023年长三角区域技术市场成交额占
地区生产总值比重**

资料来源：中经网统计数据库。

从区域协同创新视角来看，近年来长三角区域协同创新程度显著增强。《2024长三角区域协同创新指数》报告显示，以2011年为基年指数，2011~2023年长三角协同创新指数由2011年的100增加至2023年的267.57，涨幅高达167.57%，年均增速达到8.55%，在创新合作、成果共用、产业联动等方面取得显著成效，为长三角区域绿色科技创新和先进绿色技术推广应用催生高效生态绿色低碳产业集群创造了条件（见图2）。在技术流动性方面，图3为2019~2023年长三角主要城市技术转移热点图，反映了长三角区域主要城市技术流动的方向和特点。不难看出，上海、杭州、苏州是长三角城市群中的技术枢纽，技术转移活动频繁；上海、杭州、宁波、合肥等城市技术输出显著高于技术流入，属于技术源泉型城市；嘉兴、南通等城市则属于技术洼地城市，技术流入较多。

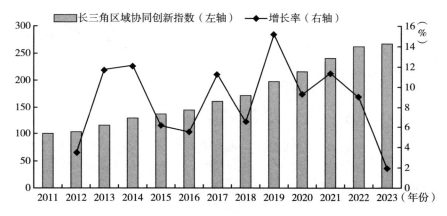

图2 2011~2023年长三角区域协同创新指数变化趋势

资料来源：《2024长三角区域协同创新指数》。

科技协同创新极大促进了长三角区域新产业新业态的形成和发展。数据显示，2018~2023年，长三角区域高新技术企业数量占全国比重增加了约4个百分点，战略性新兴产业增加值占GDP比重增加了约3.5个百分点，科创板上市企业数量在全国占比超20%①。大量高新技术产业的生成集聚，为长三角区域绿色低碳技术策源创新、绿色低碳产业集群孵化演变提供了"动力源"。

（二）长三角区域要素集聚为产业集聚创造必要条件

要素是企业生产的基础，要素流动、集聚、配置则是产业集群孵化形

---

① 《攻坚"硬科技"共建"智造极"——长三角打造科技创新共同体》，中国政府网，https：//www.gov.cn/lianbo/difang/202401/content_ 6925368. htm。

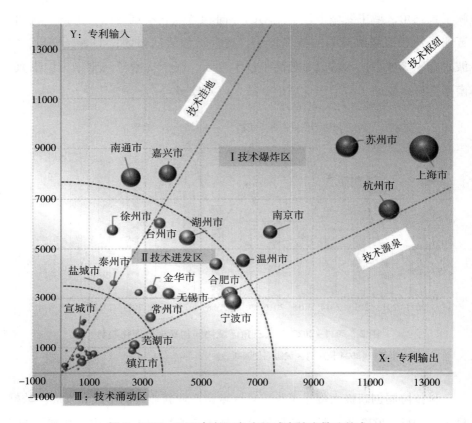

图 3 2019~2023 年长三角主要城市技术转移热点

资料来源：《2024 长三角区域协同创新指数》。

成的必要条件。长江三角洲地区是我国经济发展最活跃、开放程度最高、创新能力最强的区域之一①，长期以来，技术、资本、劳动力等各类资源要素大量涌入长三角区域，产生巨大的集聚效应，带动长三角区域产业集聚发展。

图 4 给出 2011~2023 年长三角要素集聚效应变化趋势。从要素集聚程度来看，"十二五"时期以来，长三角技术（规模以上工业企业 R&D 经费

---

① 《长江三角洲区域一体化发展规划纲要》，中国政府网，https://www.gov.cn/zhengce/2019-12/01/content_ 5457442. htm。

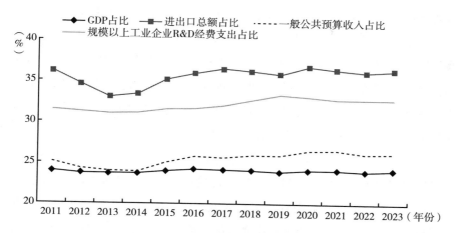

图4　2011~2023年长三角要素集聚效应变化趋势

资料来源：历年《中国统计年鉴》《中国劳动统计年鉴》，国家统计局网站。

支出）要素占全国比重总体呈上升趋势。数据显示，截至2023年末，长三角区域规模以上工业企业R&D经费支出占全国比重达到32.75%，说明长三角区域是全国技术要素极其重要的集聚地。从要素集聚效应来看，截至2023年末，长三角区域对全国经济发展的贡献率达到24.2%，即地区生产总值接近国内生产总值（GDP）的1/4，长三角区域进出口总额占全国比重为36.32%，长三角区域一般公共预算收入占地方一般公共预算总收入比重达到26.26%。可以看出，"十二五"以来，长三角区域的经济增长、对外贸易、财政收入一直在全国占据重要地位，要素集聚带动制造业企业大量涌入长三角区域，为该区域绿色低碳产业集聚、绿色低碳产业集群的形成提供了有利条件。

（三）长三角区域产业转型升级加速绿色低碳产业发展

2010年，国家发展改革委印发《长江三角洲地区区域规划》，明确提出长三角区域"打造若干规模和水平居国际前列的先进制造产业集群、推进产业结构优化升级、建设全球重要的现代服务业中心和先进制造业基地"

等战略定位①；2018 年，在上海举行的首届中国国际进口博览会开幕式上，习近平总书记郑重宣布"支持长江三角洲区域一体化发展并上升为国家战略"②，长三角区域产业转型升级进一步提速；2019 年，中共中央、国务院印发《长江三角洲区域一体化发展规划纲要》，明确提出"到 2025 年，优势产业领域竞争力进一步增强，形成若干世界级产业集群。创新链与产业链深度融合，产业迈向中高端"的产业集群发展战略目标③。

图 5 为 2011~2023 年长三角三省一市产业结构变化趋势。可以看出，"十二五"时期以来，长三角区域产业结构加速由第一二产业向第三产业转型升级，其中，上海第三产业引领长三角区域产业结构加速调整的步伐。数据显示，2011~2023 年，上海第一产业增加值占地区生产总值比重不足 1%，第二产业增加值占地区生产总值比重大幅下降，第三产业增加值占地区生产总值比重持续上涨，截至 2023 年末，上海第三产业增加值占地区生产总值比重高达 75.2%，远超长三角其他地区，与第二产业增加值占地区生产总值比重之和达到 99.8%，这意味着上海在全市范围内基本实现向具有更高附加值的产业链转型升级。就长三角其他地区而言，2011~2023 年，江苏、浙江、安徽均在不同程度上呈现第一二产业占比下降、第三产业占比上升的产业结构变化态势，以上三省分别在 2015 年、2015 年、2016 年实现第三产业增加值占地区生产总值比重对第二产业增加值占地区生产总值比重的反超，截至 2023 年末，江苏、浙江、安徽的第三产业增加值占地区生产总值比重分别达到 51.66%、56%、52.46%。

上述数据表明，以上海为龙头，长三角区域产业结构正加速向以先进制造业、现代服务业为主体的现代产业体系迈进，这为长三角区域绿色低碳产业的集聚发展创造了有利条件。以新能源汽车产业集群为例，目前长三角区域新能源汽车产量约占全国总产量的四成以上，已经形成长三角新能源汽车

① 《国家发展改革委关于印发长江三角洲地区区域规划的通知》，国家发展改革委，https://www.ndrc.gov.cn/xxgk/zcfb/tz/201006/t20100622_964657.html。
② 《习近平总书记谋划推动长三角一体化发展纪事》，中国政府网，https://www.gov.cn/yaowen/liebiao/202312/content_6918100.htm。
③ 《长江三角洲区域一体化发展规划纲要》，中国政府网，https://www.gov.cn/zhengce/2019-12/01/content_5457442.htm。

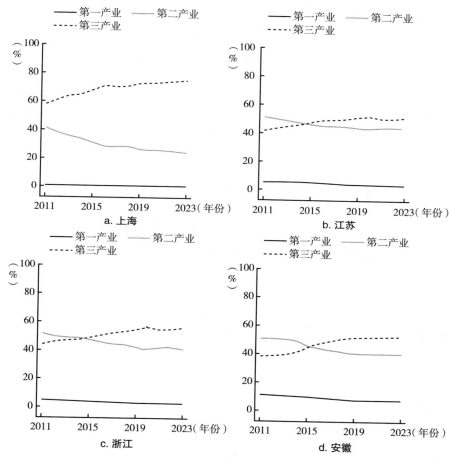

图5 2011~2023年长三角各省市产业结构变化趋势

资料来源：国家统计局网站。

"4小时产业圈"，实现上海芯片—江苏动力电池—浙江一体化压铸机等全产业链集群布局①，成为长三角绿色低碳产业集群的典型代表。

---

① 《上海带动，长三角越来越像同一个"省"》，上观新闻，https：//mp. weixin. qq. com/s？
_ _ biz = MjM5ODI2NDMwMw = = &mid = 2653198324&idx = 2&sn = eb93e72676b92f0773f1dd31
8a7467a7&chksm = bc9328f37f94647ec437ef3ce8bde743ddd974dba5d8ec0ab76381a10d7e65d0e97
5b9a230f6&scene = 27。

二 区域协同转型背景下长三角绿色低碳产业集群发展现状与挑战

在区域协同转型背景下，长三角地区科技创新、要素配置、产业转型升级等新质生产力关键变量的加速发展，促进了长三角绿色低碳产业集群的加速孵化演变，有利于共同打造世界级绿色低碳产业集群的新图景。但如何推动绿色低碳产业结构优化升级、塑造绿色低碳产业竞争优势、推动绿色低碳产业国际化发展也成为区域协同培育绿色增长新动能、壮大绿色生产力的关键问题。

（一）长三角绿色低碳产业集群发展现状分析

作为我国经济发展的龙头区域，长三角地区近年来乘着区域一体化政策的"东风"，蓬勃发展绿色低碳产业集群，加快打造绿色低碳产业创新高地，在优势互补、合作共赢的同时，展现出了区域协同转型的独特魅力。

1. 成立多个绿色联盟，共同打造产业园区

近年来，长三角地区成立了多个绿色联盟，共同打造产业园区，以此在区域协同转型背景下，促进绿色低碳产业集群的发展。上海长三角商业创新研究院联合其他机构共同发起长三角国际绿色发展联盟，旨在搭建产学研融合平台，为绿色低碳经济发展注入新动能。该联盟还发布了《长三角绿色发展宣言》，聚焦建设绿色低碳发展的规范标准体系，促进产业技术创新与交流，协同推动长三角区域城市绿色低碳发展的全面合作。随后，为促进长三角地区绿色低碳产业的高质量发展，提升产业链整体竞争力，促进环保低碳、新型材料、新能源及其相关产业的紧密合作与共同进步，长三角绿色低碳产业链联盟成立。联盟旨在通过整合区域资源，优化产业链结构，提高资源利用效率，增强产业链的整体竞争力，进而更好地促进产业协同发展。此外，长三角新能源产业链联盟、长三角区域技术市场联盟、长三角技术转移联盟等联盟的成立，也推动了绿色低碳产业集群的发展及技术转移。

在共同打造建设产业园区方面，长三角（嘉兴）氢能产业园和长三角

（昆山）国际低碳产业创新园区是其中的典型代表。嘉兴依托中国特种设备检测研究院、清华大学、同济大学、浙江大学，组建了嘉兴长三角氢能研究中心、长三角氢安全中心，重点打造长三角（嘉兴）氢能产业园。通过汇聚氢能产业的上下游公司，吸引国内外氢能领域的领军企业入驻，嘉兴将构建集产学研用于一体的、面向未来的产业生态园区，在长三角地区发挥示范引领作用，并进一步影响全国。为加快构建绿色低碳现代化产业体系，长三角（昆山）国际低碳产业创新园区聚焦成为中国低碳发展国际合作的先导区域、长三角地区绿色低碳产业的新增长极，以及零碳园区高质量发展的示范样板区三大核心目标，瞄准绿色能源、节能环保、低碳服务三个方向，构建"3+N"产业体系，打造"1+X"空间布局。

2. 新能源汽车产业集群占据集群主导地位

根据《中共中央　国务院关于加快经济社会发展全面绿色转型的意见》，要加快培育有竞争力的绿色低碳企业，打造一批领军企业和专精特新中小企业。2022年起，工信部每年末公布年度中小企业特色产业集群。同时，长三角三省一市在2023年和2024年也进行了省级中小企业特色产业集群的评定。根据《绿色低碳转型产业指导目录（2024年版）》，本报告筛选出其中的绿色低碳产业集群，长三角中小企业绿色低碳特色产业集群的类型分布如表1所示。

表1　长三角中小企业绿色低碳特色产业集群的类型分布

地区	绿色低碳产业集群类型
上海市	新能源电力装备、氢燃料电池、绿色低碳循环利用
江苏省	动力电池、新能源汽车及零部件、新能源电力装备零部件、新能源装备能源管理系统零部件、风力发电及装备制造、船用水处理专用设备、烟气处理环保装备、环保能源装备、环保滤料、低碳烯烃延伸功能性材料、新型绿色建筑材料
浙江省	棉织绿色制造、节能交流电机
安徽省	环境智能监测技术与装备制造、新能源汽车动力及安全系统零部件、绿色功能高分子、动力电池制造及综合回收利用、绿色包装

资料来源：作者整理所得。

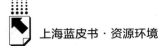

长三角绿色低碳产业集群的类型分布呈现明显的分异特征，总体来看，新能源汽车及其零部件产业集群在长三角绿色低碳产业集群中占比较高，有望成为长三角地区未来发展的重点和亮点，具体表现为以下几点。

一是产业集聚度高，在新能源汽车产业方面形成了明显的集聚效应。依据《2024 胡润中国新能源产业集聚度城市榜》，上海、常州、苏州分列第一、第三、第四位。江苏有 10 个城市上榜，是新能源产业集聚度最高的省份①。2023 年全年，长三角三省一市新能源汽车产量为 341.78 万辆，占全国总产量的 36.2%②。

二是产业链较为完整，包括整车制造、关键零部件生产等。长三角地区拥有上汽、特斯拉等整车龙头企业，也拥有博世、大陆、采埃孚、宁德时代、米其林等零部件企业，聚集着超过半数的全球汽车零部件巨头的总部及部分工厂，全球前十大零部件集团的中国总部有九家位于上海。

三是协同发展程度高。长三角 G60 科创走廊九个城市均有整车企业，产业链企业超 4000 家，产值超 7000 亿元③。依托地区发达完备的工业基础，长三角已经构建了较为完整的新能源汽车研发生产链条，上海完成新能源车的设计和样车制造，安徽桐城配上电池，江苏南京实现整车下线，浙江永康对车内智能软件进行测试④，充分体现了现代化产业体系的特征。

3. 企业多元化高质量，多种集聚模式共存

在长三角绿色低碳产业集群中，涵盖了初创企业到成熟企业的各个阶段，包括多个制造业单项冠军企业、专精特新"小巨人"企业、专精特新"冠军"企业以及独角兽企业。制造业单项冠军企业拥有强大的市场竞争力和品牌影响力；专注于细分市场的专精特新"小巨人"和专精特新"冠军"企业，具有强大的创新能力并掌握关键核心技术；独角兽企业在科技

---

① 胡润研究院：《2024 胡润中国新能源产业集聚度城市榜》，2024。
② 《九城经济总量超 7 万亿　协同布局未来产业开辟新赛道》，国家发改委，https：//www.ndrc.gov.cn/xwdt/ztzl/cjsjyth1/xwzx/202408/t20240801_ 1392111.html。
③ 中国电动汽车百人会：《新能源汽车为何偏爱长三角？》，2023。
④ 中国银行研究院：《四大城市群产业链创新链融合发展比较研究》，2024。

创新和商业模式上具有颠覆性。这些企业呈现出多元化和高质量的特点，共同推动了产业集群的发展和创新。但目前除新能源汽车产业集群外，长三角其他绿色低碳产业集群缺乏龙头企业和高水平研究机构，与瑞典环保设备产业集群、日本福岛可再生能源集群等世界先进绿色低碳产业集群存在一定差距。

目前，长三角绿色低碳特色产业集群的集聚模式涵盖以下几种类型。

机械件—部件系统集聚：包括各种零部件产业、组件产业和部件系统产业。如常州市新北区新能源汽车电气设备产业集群覆盖传感器、车规级功率半导体、连接器等元器件，转向系统、减震器、电机电控、车灯等部件系统，轻量化线速、新型材料、模具等上百种产品的产业链[①]。又如六安市金安区新能源汽车动力系统零部件产业集群覆盖车身零部件、动力电源系统、电驱系统等领域[②]。

产品上游—中游—下游集聚：产品上游指原材料和零部件的生产，中游涵盖整机制造和组装，下游则涉及产品的销售和承包。如常州市金坛区能源电子产业集群发挥光伏制造、新型储能应用的产业优势，形成涵盖膜、硅材料、正极材料、光伏结构件等上游，光伏组件、储能电池等中游，以及组件、EPC（工程总承包）等下游的较为完整的产业链条[③]。

技术研发—生产制造—服务集聚：可产生规模效应，有利于协同创新、供应链优化和市场响应速度提升，从而增强产业集群的竞争力。如合肥市蜀山区环境检测装备产业集群以环境监测、污染防治、环境修复等技术为主导，延伸发展环境保护、节能设备、环保产品等关联产业，形成了从环保技术研发到核心基础零部件生产，到环保装备制造，再到环境治理、环保工程

① 《工信局：新北区新能源汽车电气设备产业集群入选 2023 年度国家中小企业特色产业集群公示名单》，常州市人民政府，https：//www. changzhou. gov. cn/ns_ news/682169673571898。

② 《金安区发力新能源汽车动力系统零部件产业——龙头企业带动集群聚势》，六安市金安区人民政府，https：//www. ja. gov. cn/zxzx/jayw/25435336. html。

③ 《常州金坛能源电子产业集群入选全国中小企业特色产业集群》，常州市人民政府，https：//www. changzhou. gov. cn/ns_ news/738172575714346。

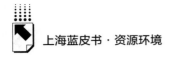

及环保服务的全产业链条①。

4. 自主创新产品研发，加快产学研的融合

近年来，长三角绿色低碳产业集群致力于自主创新产品研发，扩大品牌影响力。长三角地区的绿色低碳相关专利申请量接近 10 万件，远超珠三角、京津冀及成渝地区②。2011~2023 年，长三角节能环保产业专利转移数量为 12595 件，仅次于新材料产业③。作为长三角绿色低碳产业集群中的重要企业，蔚来汽车控股、埃夫特智能装备公司入选首批长三角国际品牌创新案例④。上海市松江区新能源电力装备产业集群的上海玫克生储能科技有限公司，自主研发了新型电力系统解决方案"绿电来"操作系统，获评联合国工业发展组织全球解决方案征集 2022 中国代表案例⑤。常州市金坛区能源电子产业集群吸引硕士以上专业人才近 900 人、各类专业工人近 2 万人，其中东方日升常州基地每年投入研发经费 1.5 亿元，拥有发明专利 17 项、实用新型专利 65 项⑥。

同时，长三角绿色低碳产业集群与高校、科研机构进行战略合作，加快产学研融合。截至 2024 年 8 月底，长三角绿色低碳产业集群通过建立创新平台，基本建成了跨地域的"政产学研用金"一体化机制⑦。涌现了众多优秀案例，如上海市松江区新能源电力装备产业集群内多家企业与上海交大、

---

① 《区经信局依托环境检测装备产业集群，打造环境领域产业集聚"新高地"》，合肥市人民政府，https://www.hefei.gov.cn/zwgk/public/18941/109332850.html。

② 张晔：《绿色技术专利：长三角大幅领先国内其他地区》，《科技日报》2021 年 12 月 7 日，第 006 版。

③ 上海市科学学研究所等：《2024 长三角协同创新指数》，2024。

④ 《首批长三角国际品牌创新案例在长宁发布》，人民网-上海频道，http://sh.people.com.cn/n2/2024/0509/c134768-40837878.html。

⑤ 《上海首批、松江唯一！松江这个集群入围国家级中小企业特色产业集群》，上海市松江区人民政府，https://www.songjiang.gov.cn/zjsj/002004/002004001/20230110/4caa272c-dcbd-4140-a5b8-73501d87d6fc.html。

⑥ 《金坛："以新提质"加快打造新能源之都示范区》，常州市科技局，https://kjj.changzhou.gov.cn/index.php? c=phone&a=show&id=44321&catid=4918。

⑦ 江聘、郭博昊：《打造世界级绿色低碳产业集群：大湾区与长三角为何行 其他区域该怎样跟》，《证券时报》2024 年 8 月 23 日，第 A002 版。

浙江大学、西安交大等知名高校及科研机构建立了长期稳定的战略合作与创新机制，深入开展先进技术研发和成果转化；再如安徽省桐城市绿色包装产业集群创建了包括江南大学与双港软包装的产学研合作基地、西安理工大学与双新印刷包装的技术创新基地在内的多个创新平台[①]。

（二）长三角绿色低碳产业集群建设面临的挑战

长三角绿色低碳产业从起步走向成熟，产业集群内部各要素不断完善，产业集群成员之间的网络联系不断加强，但部分绿色低碳产业集群仍面临制度、产业、要素、技术等方面的挑战。

1. 存在制度行政壁垒，导致资源要素错配

一是存在制度行政壁垒，政策协调度较低。作为联动发展的区域经济体，长三角三省一市之间，甚至省内各市之间，在市场准入、财政补贴、税费减免、资质认定、行业监管、信用评价等方面的政策尺度、规则程序、标准掌控上都有所不同，形成了行政壁垒，使企业难以在整个区域内实现自由流动，进而导致资源配置效率低下，限制了企业创新能力和生产效率的提升[②]，难以形成跨区域的产业集群。同时，绿色低碳产业集群缺乏类似美国环保署《环境技术创新集群计划》的专项计划，政策协调度较低，省市之间、条块之间需构建起协调的管理机制。长三角各省市对于自身的绿色低碳产业布局都进行强有力的引导，但未充分考虑到与外部环境的交互作用，导致三省一市内部资源联动效应不明显，缺乏行业内的产业链分工协作和地区间合作联动，产业梯次布局不明显，难以形成区域间的共同发展和集群效应。

二是过于重视政府扶持，缺乏市场机制。当前长三角绿色低碳产业集群普遍面临市场机制不健全的问题。许多地方政府倾向于通过行政手段"撮合"企业"半自愿"加入集群，或者直接利用手中的资源参与经济活动，

---

① 《桐城市：向"绿"而行 打造绿色包装中小企业产业集群典范》，人民网-安徽频道，http://ah.people.com.cn/n2/2024/1008/c374164-41000129.html。

② 陆岷峰、窦博闻：《在新质生产力背景下深化改革与推进长三角一体化战略——基于传统经典经济理论的分析》，《西南金融》2024年第6期。

导致市场机制难以正常运作，政策过度干预的情况较为严重。此外，长三角地区虽在大型科研仪器设备共享网络、G60科创走廊"一网通办"、技术市场联盟等大型平台建设方面取得了显著成就，但尚未真正形成共同建设、共同分享的市场机制①。多数公共服务平台为公益性机构，应引入更有活力的基金会，来承担跨区域合作平台的管理运营和公共事务，从而实现自我融资和可持续发展。

三是制度性缺陷可能造成生产要素配置效率不足和决策失误，进而导致信息错配、信息不对称、信息不完全的现象时有发生。如由于制度性缺陷，长三角三省一市的绿色低碳产业集群在分工协作过程中难以形成约束力强且易落地的决策，导致可能存在信息交流和获取不充分、信任关系破裂等问题，严重时还可能导致违反协议、不尽职责、破坏合作关系等行为发生。再如市场上不少绿色低碳产品，从全产业链及整个产品生命周期评估来看，不能达到节能环保目的，但可能会由于信息不完全而获得政府各种资金补贴和政策扶持；而个别产业的产品或产业链部分环节的绿色化效果较好，却未获得政府政策支持或无人问津。

2. 产业同质现象严重，空间分布布局固化

一是产业链条疏松，企业关联性弱。在长三角绿色低碳产业中，节能环保产业细分赛道众多且相互独立，企业与企业、企业与产业、产业与产业之间的联动较弱，产业内部互补性和关联性不足，尤其是产业下各企业的供应链关系及服务与配套的横向协作关系不够紧密，产业链延伸不长远、不牢固，范围经济和规模经济等集群化效应不明显，限制了绿色低碳产业的有序发展和壮大②。

二是产业结构雷同，同质现象严重。当前，长三角地区都将绿色低碳产业作为新兴产业进行重点培育，各地短时间内涌现出一大批绿色低碳产业集

① 浙江省发展规划研究院课题组：《长三角：携手打造世界级产业集群》，《浙江经济》2021年第9期。
② 任继球、盛朝迅、魏丽等：《战略性新兴产业集群化发展：进展、问题与推进策略》，《天津社会科学》2024年第2期。

群，其中，新能源汽车产业集群占据主导地位，新能源装备、动力电池、绿色材料等产业集群也分布较广。地方将大量资源投入少数热门绿色低碳产业中，造成区域内各地绿色低碳产业业态相似的现象。产业竞争在区域内将持续存在，这可能会导致一定程度的重复建设和资源浪费，甚至同业恶性竞争等问题①，进而很难实现区域产业链的整体联动和合理规划，削弱了产业集群的经济效益和规模经济效益，对产业集群的区域协同转型造成了不利影响。

三是产业分布密集，空间布局固化。长三角绿色低碳产业集群主要分布在上海市、无锡市、常州市、苏州市、泰州市、盐城市、合肥市、阜阳市、六安市等长三角地区中北部城市。较好的经济基础以及良好的生态环境共同造就了这种空间分布格局，但也导致了绿色低碳产业的空间布局固化。为防止引发产业空间统筹困境，根据发展经济学的梯度转移理论，随着发展阶段的演进以及要素禀赋条件的改变，产业在不同区域间进行梯度转移，才能实现更为均衡、更具帕累托改进特性的空间分布格局，进而实现区域协同、全产业链集聚高效发展②。

3. 要素配置尚未均衡，要素流动存在障碍

一是生产要素与产业转型升级需求不匹配。长三角作为世界第六大城市群，"世界制造业基地"，以及中国城镇分布密度最高、经济发展最具活力的地区之一，人口、资源、环境、基础设施等约束突出，尤其是土地资源和环境承载力的压力日益增大，能源供需和安全问题也变得尤为棘手，绿色低碳产业转型升级所需的生产要素在技术、资金、资源配置、市场需求和政策支持等方面都存在明显的供需矛盾。如江苏省的调研发现，地方的土地供给短缺直接影响产业转型升级，很多企业反映高级研发人才和技能型人才都比较缺乏，科技型中小企业发展仍然面临金融资源瓶颈③。

---

① 王定祥、李雪萍、李伶俐：《打造有国际竞争力的数字产业集群》，《上海经济研究》2024年第3期。

② 邵军：《新发展格局下的产业集群转型升级》，《人民论坛》2024年第2期。

③ 《关于我省推动产业链现代化情况的调研报告》，江苏省人民代表大会常务委员会，https：//www.jsrd.gov.cn/jgzy/cjw/yjybg/202110/t20211029_532808.shtml。

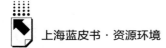

二是产业集群内部的要素资源配置不均衡。绿色低碳产业涉及节能降碳、环境保护、资源循环利用、生态保护修复和利用、基础设施绿色升级、绿色服务等多个领域，产业集群内部涉及多种规模的企业，存在要素资源配置不均衡的问题。资源配置不均，导致产业集群的赋能作用因缺乏有力的嵌入和交叉聚合而减缓，进而影响长三角一体化协作的效率。如在许多绿色低碳中小企业里，从事环境管理的人员，往往并非专职人员，而是行政或人事兼职，且任职时间短、更换频繁，而大型企业一般都设置 EHS 专员。又如部分绿色低碳产业集群优质公共服务资源下沉不到位，大、中、小型企业存在明显差别，公共服务的精准性和专业性需进一步提高。

三是营商环境欠完善，要素自由流动存在障碍。营商环境对产业集群的成本有重要影响。在产业集群发展初期，由于利润空间有限，迫切需要完善营商环境以减轻企业的负担。在行政审批、市场准入等方面的障碍，会增加企业的运营成本，降低生产效率，不利于企业在产业集群中的长期发展和生存，也使集群内的要素流动受阻。如部分绿色低碳产业集群的政企数据互通受阻，使得政政、政企、企企之间均存在不同程度的数据孤岛。如各地市场发育程度和监管水平的不均衡，使得绿色低碳产业集群商品、资本、劳动力等生产要素难以自由流动。再如地方保护主义导致人才、技术等创新要素的跨区域流动存在桎梏，严重阻碍了科技创新的自由流动。

4. 技术创新有待提高，协作转化亟须加强

一是技术创新有待提高，人才引育亟须加强。技术创新是绿色低碳产业发展的关键，缺乏核心技术是绿色低碳产业集群当前面临的挑战之一。在经济新常态下，绿色低碳产业集群缺乏向创新驱动转变的动力，关键核心技术、关键零部件、关键设备自给率不高、对外依存度偏高，加上美国及其盟友的持续遏制打压，面临较大的"卡脖子"风险①，产业链、供应链安全存在一定风险。而由中小企业组成的绿色低碳产业集群对高端管理和创新人才

---

① 《关于我省先进制造业集群建设和发展情况的调研报告》，江苏省人民代表大会常务委员会，https://www.jsrd.gov.cn/jgzy/cjw/yjybg/202212/t20221214_542491.shtml。

吸引力仍然有限，不能有效支撑产业创新发展。长三角地区一些科教资源相对薄弱的城市虽积极与高校和科研机构合作，弥补高端创新资源不足，但在吸引和培养人才方面仍然面临一些挑战。

二是技术协作有待加强，未能形成协同发展。囿于地方行政藩篱以及"为增长而竞争"等因素，长三角绿色低碳产业集群在技术层面尚未形成自愿、稳定、互惠、可持续的区域集群分工协作体系，致使区域产业链、创新链的融通协作尚未成熟。一方面，长三角国际绿色发展联盟、长三角绿色低碳产业链联盟等联盟虽已成立，但绿色低碳产业集群内部多个主体共同申请专利的多为集团内部公司，企业之间合作较少，且通常以具体项目合作为主，建设层面的合作较少。另一方面，在市域和县域层面，绿色低碳产业集群成立创新联合体或者行业技术创新机构的还较少，一些产业集群尚未成立区域性行业协会等实体性机构，或虽然成立，但开展活动较少，相较弗莱堡100%新能源经济协会（WEE 100%）等国外集群协会，未能有效发挥职能作用。

三是技术转化效率不高，科研成果难以落地。近年来，长三角绿色低碳产业集群在增加研发投入、改善知识产权保护环境等方面取得显著成效，但仍面临技术转化效率不高、科研成果难以落地的瓶颈，技术转化成产业竞争力需进一步优化，缺乏类似德国史太白技术转移中心（STC）、日本新能源产业技术综合开发机构（NEDO）、法国技术转移加速办公室（SATT）的创新功能平台[1]。部分企业对技术的转化效率较低，直接影响科技成果从"工厂实验室"到"市场"的转化效率，进而阻碍了技术成熟度的提升、产业链与供应链的适配以及市场接受度的评估。该问题的存在不利于从科研到产业的转换，阻碍了科研成果的商品化和产业化，导致科研成果难以高效落地，与市场生产脱节，最终不利于核心技术优势的形成与巩固。

---

① 《长三角节能环保产业集群发展的瓶颈与建议》，澎湃新闻，https：//m. thepaper. cn/kuaibao_ detail. jsp？ contid＝9213490&from＝kuaibao。

三 区域协同转型背景下打造长三角世界级绿色低碳产业集群的对策建议

协同建设长三角世界级产业集群是长三角一体化发展国家战略的重要内容[①]。长三角区域技术、金融、高端人才等要素集聚，经济发达、市场活跃，产业集聚度高，目前已经形成以新能源汽车产业集群为主导、多种集聚模式共存的多个绿色低碳产业集群，但与世界级产业集群相比仍然存在差距，亟须突破制度行政壁垒、产业同质化竞争、资源要素错配、技术创新协同不足等瓶颈。为此，本报告提出以下对策建议。

（一）打破长三角三省一市制度行政壁垒

一是打造长三角区域绿色公平公正的营商环境。推进长三角一体化法治化营商环境建设，探索建立长三角区域协同的绿色低碳产业准入、退出、运营监管机制，针对阻碍长三角区域绿色低碳产业跨区流动的隐性政策壁垒展开专项梳理、排查、修订，同时对绿色新业态、新产业、新服务实行包容审慎监管，如上海出台《上海市司法局关于优化法治化营商环境的若干举措》，探索创新长三角区域政府立法协同模式，助力打破行政分割和市场壁垒[②]。对标新西兰、新加坡、中国香港等营商环境全球领先地区[③]，探索建立长三角区域绿色低碳产业市场准入、行业监管、资质认定、信用评价、税费减免、财政补贴、环境信息披露、绿色金融服务等统筹一体化政策标准体系和服务细则。二是建立健全成本分担和利益共享机制。加快出台长三角跨区合作成本分担和利益共享相关办法，建立绿色低碳产业跨区协作重要经济

---

① 《长三角地区一体化发展三年行动计划发布 涵盖九个方面一百六十五项重点任务》，中国政府网，https://www.gov.cn/lianbo/difang/202407/content_6965154.htm。

② 《上海市司法局关于优化法治化营商环境的若干举措》，上海市政府，https://www.shanghai.gov.cn/ysflfw2/20240807/bf57bd418c9e4c0db82356fcfe0da21e.html。

③ 马骏：《长三角建设世界级产业集群的思路与对策》，《科学发展》2020年第10期。

指标核算、归属协商机制和标准指南，通过合理的财税分享制度设计消除"税收洼地""政策洼地"带来的产业布局和资源配置的扭曲①，并在重点战略区域进行试点示范。例如，率先在长三角生态绿色一体化发展示范区绿色低碳产业园区试点建立跨区域投入共担、利益共享的财税分享机制，探索财政资金的跨区域统筹使用②，针对跨区共建的绿色低碳产业园区新建企业，产生的税收增量实行分地区按比例共享。

（二）统筹长三角绿色低碳全产业链布局

一是加强长三角区域绿色低碳产业集群顶层设计。欧盟是全球最典型的跨区域产业集群共建区，可参照《绿色协议产业计划》（*Green Deal Industrial Plan*），从监管环境简化、投融资激励、绿色科技人才培养、强化供应链韧性的开放贸易四个方面，推动三省一市联合制定长三角绿色低碳产业集群发展的一揽子规划计划。针对长三角新能源汽车、氢能等重点绿色低碳产业集群出台专项计划，如美国环保署出台《环境技术创新集群计划》、加拿大联邦政府出台《创新超级集群计划》，极大推动了本国清洁技术产业集群和高新技术产业集群发展。二是优化长三角绿色低碳产业链空间布局。加快在上海市、苏州市等经济发达城市布局具有更高附加值的绿色科技产业集群和未来绿色高端产业集群，同时推动绿色低碳产业链由长三角经济发达地区向各区域发散、梯度转移。可参照《上海市产业地图（2022）》等编制方法，联合编制数字化、可视化的长三角绿色低碳产业地图，明确长三角不同区域绿色低碳产业发展战略规划、集群类别、产业链特征等功能属性定位，增强长三角绿色低碳产业集群的多层次性和协同互补性，从源头上解决长三角各区域产业结构趋同、同质化竞争的困境。三是推动长三角跨区域绿色低碳产业合作、园区共建。率先在长三角生态绿色一体化发展示范区试点示范，跨

---

① 郝身永、段昆雨：《长三角地区打造产业发展共同体：核心要义、主要进展与提升路径》，《兰州财经大学学报》2024 年第 2 期。

② 《上海市促进长三角生态绿色一体化发展示范区高质量发展条例》，上海市人民代表大会常务委员会，http：//www.shqp.gov.cn/env/gzdt/20240403/1165413.html。

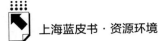

区域共同培育一批绿色低碳重点产业集群，共同孵化一批绿色低碳产业集群领军企业，共同孕育重点产业绿色低碳产业链，共建绿色低碳产业重点项目库①。

（三）建立长三角资源环境要素统一市场

一是构建长三角区域碳排放权交易市场。以上海碳排放权交易市场为基础引领，探索建立长三角区域碳排放权交易一体化市场，协同制定长三角区域统一的碳核算方法、碳数据统计口径、碳定价机制、碳交易细则、碳配额分配方案，可参照全国碳市场行业扩容方案②，率先将电力、水泥、钢铁、电解铝行业纳入长三角区域碳市场交易行业覆盖范围，通过更活跃的碳交易，盘活长三角区域碳资产，推动长三角区域产业链向绿色低碳转型、集聚。二是健全长三角区域排污权交易市场。以长三角区域排污权交易平台为依托，加快建成从数据采集到监测再到智能分析与信息共享等多种功能于一体的跨域交易平台，打通长三角数据壁垒③，持续完善长三角区域排污权确权规范化标准体系、初始排污权定价机制、确权协同机制，推动挥发性有机物（VOCs）排放权交易尽快实现长三角区域全覆盖，加快将长三角区域氮氧化物、化学需氧量、氨氮等主要污染物种类纳入排污权交易试点范围，进一步推动长三角区域资源环境要素在产业链间实现优化配置。三是推动长三角区域绿色金融市场一体化发展。加快制定区域统一的绿色银行、绿色企业、绿色项目评价标准和认证体系④，打造长三角区域集成绿色项目库，明确绿色金融支持产业或项目范围，健全联合授信机制，鼓励跨区域开展绿色

① 《九个方面，共 165 项重点任务！长三角地区一体化发展三年行动计划（2024—2026 年）发布！》，浙江省政府，https://www.zj.gov.cn/art/2024/8/8/art_ 1229278451_ 60224540. html。

② 《关于公开征求〈全国碳排放权交易市场覆盖水泥、钢铁、电解铝行业工作方案（征求意见稿）〉意见的函》，生态环境部，https://www.mee.gov.cn/xxgk2018/xxgk/xxgk06/202409/t20240909_ 1085452. html。

③ 顾骅珊、陈晨、史留青等：《进一步推进长三角跨区域排污权交易的难点与建议》，《长三角与长江经济带观察》2024 年第 3 期。

④ 蒋巍：《支持长三角作为绿色金融创新试点地区》，《前进论坛》2024 年第 3 期。

金融业务，进一步完善长三角绿色金融数字化交易平台，加强长三角区域绿色金融要素互联互通，引导更多绿色资金支持长三角绿色低碳产业集群发展。

（四）加强长三角绿色低碳技术共享创新

一是强化长三角绿色低碳技术创新交流合作。以长三角国际绿色发展联盟、长三角绿色低碳产业链联盟等产业组织为依托，可参照德国图特林根 MedicalMountains、瑞典西斯塔科技园 Electrum 基金会等第三方机构组织模式，定期开展绿色低碳产业集群跨区域、跨领域、跨集群技术交流合作、学术研讨及圆桌对话，可参照欧洲数字创新中心（EDIHs）、美国国家技术转移中心（NTTC）、美国联邦实验室技术转移联盟（FLC）、德国工业研究联合会（AiF）等技术创新平台和中介机构合作模式[1]，在长三角国家技术创新中心平台基础上，设立长三角绿色低碳技术创新研发专项板块，促进长三角绿色低碳技术产学研一体化合作创新。二是推进长三角绿色低碳关键技术联合攻关。以上海打造国际科技创新中心为引领，依据新能源汽车产业、氢能产业、绿色新材料产业等重点绿色低碳产业集群类别和绿色低碳产业集群空间分布特征，在上海、杭州、苏州等长三角区域技术枢纽城市打造若干绿色低碳技术领域创新联合体，解决绿色低碳技术创新链与绿色低碳产业链空间分离的潜在矛盾，实现创新链和产业链区域协同发展，进而加快实现对高效节能技术、新能源技术、零碳负碳技术、绿智数字技术等颠覆性绿色低碳前沿技术的联合突破。三是加强长三角绿色低碳技术创新成果转移转化。以《上海市促进科技成果转移转化行动方案（2024—2027 年）》为参照，加紧制定长三角绿色低碳技术成果转移转化行动方案，加快建立长三角区域性绿色低碳技术交易市场，通过薪资报酬、人才公寓、租房补贴、子女入学等配套激励政策，加大对技术攻关、技术成果转移转化的高端人才引进和培养力度。

---

① 全国先进制造业集群 50 人论坛、工业和信息化部工业和文化发展中心：《全球先进制造业集群发展趋势报告（2023 年）》，2023。

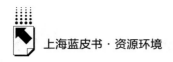

参考文献

陈晓峰、张其松：《在区域一体化进程中共建长三角世界级先进制造业集群》，《区域经济评论》2023 年第 6 期。

冯德连、周丽华、韩梦：《长三角城市群 FDI、技术创新与先进制造业集群发展》，《华东经济管理》2024 年第 2 期。

胡慧源、李叶：《长三角文化产业集群一体化发展：现实瓶颈、动力机制与推进路径》，《现代经济探讨》2022 年第 9 期。

罗红艳、张姣玉：《新质生产力赋能现代化产业体系：内在逻辑与实践进路》，《财会研究》2024 年第 9 期。

尚勇敏、王振、宓泽锋等：《长三角绿色技术创新网络结构特征与优化策略》，《长江流域资源与环境》2021 年第 9 期。

王振：《长三角地区共建世界级产业集群的推进路径研究》，《安徽大学学报》（哲学社会科学版）2020 年第 3 期。

魏振香、杜雅爽：《山东省低碳产业集群聚类发展模式研究》，《生态经济》2020 年第 7 期。

肖汉雄、杨丹辉：《基于产品生命周期的环境影响评价方法及应用》，《城市与环境研究》2018 年第 1 期。

B.6
资源环境要素配置促进上海产业
绿色低碳转型研究

张希栋*

摘　要： 健全资源环境要素市场化配置体系是充分发挥市场在资源环境要素配置中起决定性作用的一项重要制度改革，有助于形成各类市场主体内在激励和约束机制，对于促进上海产业结构绿色低碳转型具有重要意义。本报告从上海资源环境要素利用效率、需求水平、全要素生产率等角度分析了上海产业结构绿色低碳转型为何需要健全资源环境要素配置。资源环境要素配置通过加强产业内竞争、加快产业间替代、加快要素间替代以及促进绿色技术升级四个方面促进上海产业结构绿色低碳转型。建议从扩大交易主体行业范围、破除要素市场交易壁垒、优化要素配额管理方式、丰富交易主体交易产品等方面健全资源环境要素配置，以促进上海产业结构绿色低碳转型。

关键词： 资源环境要素　产业结构　绿色低碳转型　上海

新质生产力是包含新质态生产要素的生产力①。资源环境要素正是新质态生产要素的重要一类，具有时效性、无形性、空间性等特征。健全资源环境要素市场化配置体系建设，可以提高经济系统对资源环境要素的利用效率，推动新质生产力发展。当前，上海对经济发展绿色化、低碳化的要求更

---

* 张希栋，博士，上海社会科学院生态与可持续发展研究所助理研究员，研究方向为资源环境经济学。

① 白雪洁：《优化要素资源配置加快形成新质生产力》，《天津日报》2024年5月20日。

高，必须要转变以往依靠能源资源要素来驱动经济增长的模式，从而转向依靠科技创新来推动经济绿色低碳转型发展。党的二十大报告指出："发展绿色低碳产业，健全资源环境要素市场化配置体系。"2024年7月，中共中央、国务院印发《关于加快经济社会发展全面绿色转型的意见》（以下简称《意见》），明确提出加快产业结构绿色低碳转型的具体任务要求，并将健全资源环境要素市场化配置体系列为完善绿色转型政策体系的重要政策工具之一。由此可见，国家高度重视健全资源环境要素市场化配置体系对调整优化产业结构的重要作用。基于此，本报告以上海为例，研究资源环境要素配置如何促进产业绿色低碳转型发展，提出进一步完善资源环境要素市场化配置体系的对策建议。

一 资源环境要素配置促进上海产业绿色低碳转型的理论机制

资源环境要素配置主要从四个方面促进上海产业绿色低碳转型，包括加强产业内竞争、产业间替代、要素间替代以及绿色技术升级四个方面。更进一步，资源环境要素配置主要通过价格效应和收入效应两大机制实现加强产业内竞争、产业间替代、要素间替代以及绿色技术升级。价格效应是指资源环境要素市场化配置体系建设过程中，通过改变不同生产投入要素的相对价格，促使产业内企业不同生产投入要素的相互替代，进而抵消由于资源环境要素价格上升而带来的成本上涨压力，对那些难以实现要素替代的企业而言，生产成本将会出现一定程度上升，最终反映在其产品销售价格上，降低了其产品竞争力，进而推动产业转型。收入效应是指资源环境要素市场化配置体系会对居民收入产生影响，进而使居民在各类产品的预算安排上发生变化，降低高资源环境要素投入商品的消费从而增加绿色低碳商品的消费，从需求侧推动产业转型升级。资源环境要素配置促进上海产业绿色低碳转型的理论框架如图1所示。

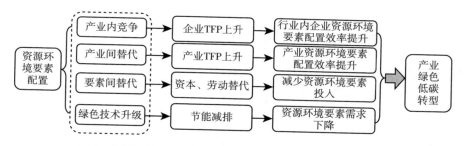

图1　资源环境要素促进上海产业绿色低碳转型的理论框架

（一）通过加强产业内竞争推动产业绿色低碳转型

从产业内部而言，不同企业生产的产品具有高度可替代性。企业要素配置效率的高低对企业产品竞争力具有较大影响。资源环境要素市场通过将资源环境要素配置给那些对资源环境要素支付意愿最高的企业优化资源环境要素配置，进而激励企业生产技术进步，促进行业内企业资源环境要素配置效率提升。产业内某一企业的资源环境要素配置效率提升，意味着该企业全要素生产率的改善，企业资源环境要素使用量减少，企业可将多余资源环境要素指标在市场中变现，企业的生产成本下降、盈利能力提升。这就意味着企业在产业内会形成竞争优势。此外，从地区之间贸易以及国际贸易角度来看，该企业在产业内的竞争优势增强，进而增加了对国内其他地区以及国外产品的替代，提升了企业的市场份额。该企业在地区产业内的生产规模占比上升，对地区产业而言，产业内资源环境要素配置效率高的企业产出份额上升，产业内资源环境要素配置效率低的企业产出份额下降，产业整体的资源环境要素配置效率提升，产业内部形成绿色低碳发展的长效机制。

（二）通过加快产业间替代推动产业绿色低碳转型

从产业之间而言，尽管较产业内企业生产的产品替代性较小，但不同产业之间生产的产品也具有一定程度的替代性。与通过加强产业内竞争类似，某一产业的资源环境要素配置效率提升，意味着该产业的全要素生产率提高，产业内企业生产成本和产品的生产价格降低。在全球和全国绿色低碳发展的总体导向下，产业生产的产品清洁程度越高，意味着产品越具有市场竞争力。这情况下，在地区之内，该产业会形成对其他产业的竞争优势，在一定程度上替代其余产业产品；在地区之外，该产业在省际贸易与国际贸易过程中会获取竞争优势，会扩大其在同类产业中的市场份额，同时又会对其余产业形成一定程度的替代。因此，资源环境利用效率更高的产业会获得竞争优势，进而通过扩大其市场占有率、激励其余产业技术进步等方式推动产业绿色低碳转型。

（三）通过加快要素间替代推动产业绿色低碳转型

在资源环境要素市场构建之前，直接排放污染物的企业使用了更多的资源环境要素，但使用成本更低，其对资源环境要素的使用效率更高①。因此，那些高污染高排放企业反而具有资源环境要素使用效率高的特点，但是企业未能承担其资源环境要素使用的外部成本，将其外部成本转嫁给社会，导致资源环境的大量破坏。可以认为，未对资源环境要素投入有明确的价格约束之前，企业投入资源环境要素成本极低，企业未能形成节能减排的内生动力。在资源环境要素市场构建后，资源环境要素数量供给外生给定，企业使用资源环境要素需要支付一定的价格。在这一市场体系下，企业会根据要素投入结构及其相对价格调整资源环境要素投入。健全资源环境要素市场化配置体系，降低资源环境要素在不同企业、产业之间的流动成本和进出壁垒，使资源环境要素流入对其支付意愿较高的企业或产业，从而提高经济体系的资源环境要素配置效率。资源环境要素流出企业或产业意味着其对资源环境要素的需求下降，采用资本、劳动或其余生产要素替代资源环境要素，要素之间的替代弹性越高，越有利于其余要素对资源环境要素的替代。当资源环境要素供给下降或要素价格上升时，经济体系内的企业或产业均面临采

---

① 马本、刘侗一、马中：《环境要素的环境收益、数量测算与受益归宿》，《中国环境科学》2021 年第 6 期。

用其余生产要素对资源环境要素的替代压力，从而推动产业结构绿色低碳转型升级。

（四）通过促进绿色技术升级推动产业绿色低碳转型

完善资源环境要素配置，能够凸显产业投入资源环境要素的成本，使资源环境要素流向对其支付意愿较高的产业，体现资源环境要素的投入成本，进而促使企业比较促进绿色技术升级与加大资源环境要素使用之间的成本，激励那些绿色技术升级成本较低的企业，通过加大节能减排技术研发、加快技术改造和设备更新，显著提升企业清洁生产技术，降低资源环境要素的投入需求。此外，技术创新具有扩散效应。绿色技术领先的企业会通过示范效应向全行业展示，而绿色技术落后的企业会通过模仿效应向领先企业学习。通过加强企业之间的交流、合作、人力资本的流动等，绿色技术会在全行业内不断扩散，从而提高全行业的绿色技术水平。因此，应完善资源环境要素配置，使资源环境要素价格能够反映其真实价值，进而促进企业绿色技术升级，推动产业绿色低碳转型。

二　资源环境要素配置促进上海产业绿色低碳转型面临的挑战与问题

上海市高度重视资源环境要素市场建设，在国家相关政策的指导下，上海积极开展全国碳市场、上海碳市场、排污权市场以及其余资源环境要素市场建设。在资源环境要素配置方面，上海取得了一定的成效，但依然面临挑战，表现为资源环境要素利用效率较低、资源环境要素需求刚性上升、全要素生产率存在上升空间等。在资源环境要素市场建设方面还存在问题，如资源环境要素价格偏低、市场配额总量供给较大、市场覆盖范围不足等。

（一）上海资源环境要素配置面临的挑战

2024 年 8 月，上海市十六届人大常委会第十五次会议（扩大）指出，

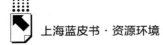

发展新质生产力是上海实现高质量发展的关键所在，着力提升产业高端化、智能化、绿色化、融合化水平。资源环境要素市场是实现产业绿色低碳转型的重要市场型政策工具之一。在资源环境要素市场化配置体系尚未完善时，上海市资源环境要素配置面临诸多挑战。

1. 资源环境要素利用效率较低

从国家层面来看，中国资源环境要素利用效率整体偏低。近十年来，中国经济增长速度有所放缓，经济发展方式更加清洁、低碳、高效。但是中国工业发展尚未摆脱以往的发展模式，粗放型发展模式普遍存在，工业经济发展与环境质量之间的矛盾仍然突出①。上海不仅是中国经济社会发展水平较高的地区之一，也是全球城市中极具竞争力的现代化城市。但受发展阶段、产业结构、工艺技术水平等因素影响，上海资源环境要素利用效率较全球城市还存在差距。上海市万元生产总值综合能耗仍为新加坡和纽约的4倍、香港的6倍、伦敦的6.5倍；单位生产总值水耗是纽约的10倍、新加坡的19倍、北京的2.5倍、深圳的3.8倍；单位土地产出仅为纽约的1/12、东京的1/5，单位建设用地产出仅为东京的2/9、香港的1/8、新加坡的2/7②。因此，对标全球城市，上海资源环境要素利用效率依然偏低。

2. 资源环境要素需求刚性上升

从上海市近年来经济发展水平来看，2024年上海市GDP同比增长5%③，且在未来一段时间经济增速均将保持在5%上下。上海市经济发展对资源环境要素需求仍然保持一定规模，而资源环境要素利用效率难以在短期内大幅改善，经济增长对资源环境要素的需求将会刚性上升④。从具体产业来看，主要是工业、建筑业、交通运输业对资源环境要素的需求较大。一是

① 方志斌：《经济新常态下中国产业发展研究——"中国工业经济学会2015年学术年会"观点综述》，《中国工业经济》2016年第2期。
② 胡静、汤庆合、周冯琦等：《上海"生态之城"建设的国际对标分析及对策建议》，载周冯琦、胡静主编《上海资源环境发展报告（2021）》，社会科学文献出版社，2021。
③ 资料来源：上海市统计局，https://tjj.sh.gov.cn/index.html。
④ 王丹、彭颖、柴慧等：《上海实现碳达峰须关注的重大问题及对策建议》，《科学发展》2022年第6期。

工业将持续发展。2024 年，全市实现工业增加值 11085 亿元，较上年同期增长 2.2 个百分点①。近年来，工业项目投资额仍呈现较快增长态势，且包含诸多高耗能项目，对资源环境要素需求较高。二是交通运输业将持续发展。"航运中心"是上海的重要功能定位之一。随着上海交通运输体系的不断完善，国际航运中心深入推进，上海将成为连通江海、水陆空铁等一体化的综合交通节点城市。上海集装箱吞吐量、航空旅客年吞吐量、货邮年吞吐量、日均公共交通客运量等均将持续增长，由此引发的资源环境要素需求也将快速增长。三是建筑业将持续增长。近年来，上海不断推动城市更新，上海市区内老旧小区项目改造远未完成。加之上海着力发展五大新城以及加强对重点地块的规划与开发，上海城市建设还将继续深化。建筑业需求导致钢铁、水泥、能源等需求均将有所增加，进而引起资源环境要素需求上升。

3. 全要素生产率存在上升空间

在 GaWC 等全球城市排名中，上海的全球城市排名正在快速提升。上海产业发展应从以往的要素投入驱动阶段进入创新发展驱动阶段。但是从经济增长动力来看，上海仍然维持以生产要素投入为驱动的经济增长模式。研究显示，上海经济增长过程中，资本要素投入仍是重要驱动力，1979~2016 年资本贡献率为 51.8%，要高于反映技术进步因子的全要素生产率贡献率（40%）②。这表明在上海经济增长的主要驱动因素中，要素驱动依然是上海经济增长的主要驱动力，创新驱动仍然需要进一步加强。此外，根据相关研究，发达国家全要素生产率对生产总值的贡献率为 60% 以上，远高于上海，上海在效率提升和创新驱动方面仍存在显著差距③。因此，从上海产业发展情况来看，全要素生产率还有较大提升空间。上海要转变以要素投入为主要驱动的经济增长模式，加强要素市场建设。相对于资本、劳动市场，资源环

---

① 资料来源：上海市统计局，https：//tjj. sh. gov. cn/index. html。
② 杨波：《上海迈进高质量发展阶段面临的五个问题》，上海市发展改革研究院，https：//mp. weixin. qq. com/s/xOas-v5kzkn9ayLYbThS-A。
③ 胡静、汤庆合、周冯琦等：《上海"生态之城"建设的国际对标分析及对策建议》，载周冯琦、胡静主编《上海资源环境发展报告（2021）》，社会科学文献出版社，2021。

境要素市场化配置体系还处于起步阶段，还有较大提升空间。健全各类资源环境要素市场化建设，能够充分反映产业各类生产投入要素的使用成本，进而一方面优化生产要素投入结构，另一方面提升全要素生产率，从而降低生产要素投入水平。

4. 工业对资源环境要素需求高

上海产业结构偏重，高耗能行业占比较大，导致产业对资源环境要素的需求较高，资源环境要素市场化配置体系建设凸显其对上海产业绿色低碳转型的"倒逼"作用。重工业在上海市工业中占比近 80%[①]。2022 年，上海市钢铁、化工、石化三大行业产值占本市工业总产值的 15.7%，而其综合能源消费量占制造业的 83.6%[②]。其中，钢铁、石化两大行业 SO_2、NO_x 的排放量分别占全市工业领域总排放量的 55% 和 72%[③]。2024 年，上海市钢铁、化工、石化三大行业产值占本市工业总产值的 15%[④]。由此可见，上海市产业结构偏重，并且在短期内难以产生根本性改变。较重的产业结构导致经济发展对能源资源环境要素需求较高，且部分重工业占用了绝大部分资源环境要素，在可预见的未来仍需投入大量的资源环境要素。在这一背景下，需要加快构建完善资源环境要素市场化配置体系，反映资源环境要素相对于其余要素的真实价格，促进资源环境要素的市场化配置。

（二）资源环境要素市场促进上海产业绿色低碳转型存在的问题

完善资源环境要素配置能够有效促进产业绿色低碳转型发展。当前，上海在完善资源环境要素配置方面面临挑战，在建设资源环境要素市场方面还存在问题。厘清上海建设资源环境要素市场存在的问题，对于下一步完善资源环境要素市场化配置体系具有重要意义。上海资源环境要素市场的问题主

---

① 胡静、汤庆合、周冯琦等：《上海"生态之城"建设的国际对标分析及对策建议》，载周冯琦、胡静主编《上海资源环境发展报告（2021）》，社会科学文献出版社，2021。

② 资料来源：2023 年《上海统计年鉴》。

③ 胡静、汤庆合、周冯琦等：《上海"生态之城"建设的国际对标分析及对策建议》，载周冯琦、胡静主编《上海资源环境发展报告（2021）》，社会科学文献出版社，2021。

④ 资料来源：上海市统计局，https：//tjj. sh. gov. cn/index. html。

要表现为资源环境要素市场机制不完善，资源环境要素市场化配置的作用没有充分发挥，难以起到促进资源环境要素优化配置的作用，对产业绿色低碳转型的促进作用不足。具体而言，主要表现在以下几个方面。

1. 资源环境要素市场建设不充分

上海并未将所有资源环境要素纳入市场化交易，部分资源环境要素尚未能进行市场化交易。上海已经构建全国碳排放权交易市场以及上海碳排放权交易市场，在碳交易市场建设方面走在全国前列。目前，上海在着手构建排污权交易市场，但在用水权、用能权交易市场方面进展缓慢，尚未形成各类资源环境要素市场均衡发展的局面。由于资源环境要素市场建设进展的差异，部分资源环境要素市场交易受限，如用能权、排污权、用水权等资源环境要素，也就难以对企业形成约束。

2. 资源环境要素价格仍然偏低

上海资源环境要素市场还处于培育阶段，资源环境要素价格并不能真正反映资源环境要素的稀缺性。以碳排放权市场为例，上海的碳排放权市场配额为免费和有偿两种分配方式。配额分配基本上以免费分配为主，有偿分配为辅。而从发达经济体碳市场建设经验来看，在碳市场成立早期阶段，碳排放权配额以免费分配为主且有偿拍卖比例逐步提高，而在成熟阶段则以有偿拍卖为主、免费分配为辅。在上海交易的碳市场包括全国碳市场和上海碳市场，均处于培育阶段，碳排放配额以免费分配为主，碳排放权价格相对偏低，较低的碳排放权价格无法反映企业使用环境的真实价值。纳入碳交易的企业由于需要履约，对碳排放权存在刚需，价格过高容易对企业产生较大负面影响。因此，碳排放权如何定价，才能既有效激励企业节能减排又避免对企业生产经营产生较大负面影响，是未来完善资源环境要素市场化配置体系的重要内容。

3. 市场配额总量供给约束性不足

上海资源环境要素市场配额总量供给较大，资源环境要素的约束性不足。上海资源环境要素市场在制定资源环境要素配额总量方面，为了避免对企业产生过大压力，制定的资源环境要素总量相对较大，对企业资源环境要素使用的约束性不足。如上海市碳排放配额分配，2020 年、2021 年、2022 年、2023 年度碳排放交易体系配额总量分别为 1.05 亿吨、1.09 亿吨、1 亿吨、1.05 亿吨（含直接发放配额和储备配额）。2023 年，上海市碳排放配额较 2022 年碳排放配额增长 5%。从近年来上海市碳排放配额的发放来看，上海碳排放交易市场提供的碳排放配额总量充分且并未有明显的缩减趋势，这对企业缓解碳减排压力有一定作用，但也导致企业碳减排的动力不足。

4. 资源环境要素市场覆盖范围较窄

资源环境要素市场的覆盖范围有待拓宽，尚未覆盖至全部企业以及行业。上海围绕资源环境要素市场建设制定了一系列标准。如上海碳市场规定新增企业纳入门槛，工业企业和交通（航空运输）企业为年能耗量 1 万吨标煤以上或二氧化碳排放量 2 万吨以上，交通（水上运输）企业为年能耗量 5 万吨标煤以上或二氧化碳排放量 10 万吨以上，数据中心企业为单体数据中心年二氧化碳排放量 2 万吨以上等。不符合标准的企业将不被纳入碳市场交易，也就是说通过设定碳排放交易准入标准，排放量较低的企业将不用为碳排放支付相应的成本。此外，上海已纳入工业、建筑、交通等领域的企业，工业领域基本实现全覆盖，也纳入了航空、港口、水运等交通领域以及商业、宾馆等建筑领域企业，但依然有部分企业，如畜禽养殖企业并未纳入碳排放市场。

5. 资源环境要素市场活跃度不足

资源环境要素市场交易以履约为主，活跃度不足。上海资源环境要素市场还处于起步阶段，目前仅碳市场相对比较完善。对上海碳市场历年交易情况进行梳理可以发现，每年碳市场交易主要集中在第四季度，前三季度碳市场成交量较小，碳市场交易以履约为主，活跃度较低。碳市场活跃度较低的原因主要包括两方面：一是碳市场交易品种较少；二是碳市场交易主体较少。在碳市场交易品种方面，碳远期、碳期权、碳回购等碳金融产品相对不足，还有较大的发展空间。在碳市场交易主体方面，碳市场交易主体以履约企业为主，缺乏券商、投资公司以及其他经济主体的参与。

三 资源环境要素配置促进上海产业绿色低碳转型的对策建议

资源环境要素配置能够在一定程度上促进上海产业结构绿色低碳转型，而目前上海资源环境要素市场化配置体系还不完善，资源环境要素仍然存在一定程度的错配现象，资源环境要素配置效率有待进一步提升。为了提升资源环境要素配置效率，促进上海产业结构绿色低碳转型，本报告认为应从以下几个方面开展工作。

（一）扩大交易主体行业范围

一是扩大行业内资源环境要素市场覆盖范围。目前，上海资源环境要素市场在行业内仅覆盖了规模以上企业，而众多的中小企业未能纳入资源环境要素市场体系中。这就导致中小企业资源环境要素的使用成本难以反映在企业的生产成本之中，且恰恰是中小企业污染治理能力较差、单位产品资源环境要素投入较多。因而，应该将全行业内的企业均纳入资源环境要素市场体系之中。二是扩大行业间资源环境要素市场覆盖范围。目前，上海资源环境要素市场仅纳入了部分行业。如碳市场，2013年上海市碳交易试点启动初期，共纳入了钢铁、电力、化工、航空等16个工业及非工业行业的191家企业。未来，应将航空、港口、建筑等行业领域的企业纳入资源环境要素市场中。扩大资源环境要素市场交易主体行业覆盖范围，不仅有助于增加资源环境要素交易主体，也有助于将行业资源环境要素使用的外部成本内部化，真正形成经济发展对资源环境要素使用的约束机制。

（二）破除要素市场交易壁垒

一是构建全要素的资源环境要素市场。在上海能源资源环境交易所体系下，打通碳排放权、排污权、用能权、用水权等资源环境要素的交易壁垒，构建不同资源环境要素之间的交易机制，便利企业在不同资源环境要素之间进行选择，促进资源环境要素之间的相互替代，从而进一步提升企业资源环境要素配置效率。二是上海与周边地区构建区域资源环境要素交易市场。以上海为中心，将浙江、江苏、安徽纳入统一的资源环境要素市场，构建长三角资源环境要素区域市场，改变地区之间资源环境要素市场割裂的现状，提高资源环境要素的地区流动性，从而带动长三角地区的产业结构绿色低碳转型。以长三角区域排污权市场建设为试点，逐步扩展至全国其余地区资源环境要素市场，打破地区之间的资源环境要素交易壁垒。

（三）优化要素配额管理方式

一是采用"自上而下"与"自下而上"的方式，确定资源环境要素市场供给总额。明确资源环境要素供给总量上限，显示资源环境要素稀缺性，形成合理的资源环境要素价格，有效刺激企业优化生产要素配置的积极性。二是采用预期管理的方式对资源环境要素总量进行宏观管理。公开资源环境要素在各年份的供给总量核算体系，对未来资源环境要素总量进行预期管理，凸显资源环境要素的稀缺性，倒逼企业绿色低碳发展转型。三是构建更加科学合理的要素配额分配方法。部分企业由于在污染治理、资源节约等方面的突出效果，减少了资源环境要素的投入需求，相应地减少了其资源环境要素的配额，加大了其未来资源环境要素的需求缺口，增加了资源环境要素的使用成本。因此，在资源环境要素配额分配时，应进一步优化要素配额的分配机制，适度增加对污染治理、资源节约成效突出企业的资源环境要素配额，减少高污染、高排放企业的资源环境要素配额。

（四）丰富交易主体交易产品

一是在资源环境要素市场中引入多元的市场交易主体。现有的资源环境要素市场交易主体多为履约企业，资源环境要素市场的金融属性未能充分挖掘。为此，可适度引入券商、私募以及其他投资公司等交易主体，增加资源环境要素市场的交易主体，提高资源环境要素交易的活跃性。二是增加资源环境要素市场中的交易产品。应增加交易产品的丰富程度，并不局限于单一品类的资源环境要素产品，可设计更加灵活多样的产品，如碳排放市场应重新部署国家核证减排量（CCER），引导产业结构绿色低碳转型。三是针对特定绿色低碳产业设计资源环境要素产品。部分产品在本身生产过程中消耗大量的能源，但能够显著降低上下游领域的能源消耗。如碳纤维，作为新材料的重要成员之一，尽管其在生产过程中能源消耗量较大，但其作为车身材料能够显著降低车辆的能源消耗。因此，在资源环境要素产品设计过程中，需要体现产品全产业链的减污降碳属性，制定有利于全产业链绿色低碳发展的资源环境要素产品。

参考文献

Lopez, R., "The Environment as a Factor of Production: the Effects of Economic Growth and Trade Liberalization," *Journal of Environmental Economics and Management* 27 (1994).

Qi Y., Yuan M., Bai T., "Where will Corporate Capital Flow to? Revisiting the Impact of China's Pilot Carbon Emission Trading System on Investment," *Journal of Environmental Management* 33 (2023).

Sun, H., Yang, Z., "Carbon Emission Reduction and Green Marketing Decisions in a Two-echelon Low-carbon Supply Chain Considering Fairness Concern," *Journal of Business & Industrial Marketing* 38 (2023).

Xue, J., Yang, Y., Zhao, L., et al., "Emission Rights Futures Trading Model for Synergetic Control of Regional Air Pollution and Adverse Health Effects," *Journal of Cleaner Production* 311 (2021).

Yu, Z., Cao, Y., Liu, M., "Does Carbon Emission Trading Policy Affect Bank Loans of Firms? Evidence from China," *Applied Economics Letters* 29 (2022).

段玉婉、蔡龙飞、陈一文：《全球化背景下中国碳市场的减排和福利效应》，《经济研究》2023 年第 7 期。

李磊、卢现祥：《中国碳市场的政策效应：综述与展望》，《中国人口·资源与环境》2023 年第 10 期。

林伯强、谭睿鹏：《中国经济集聚与绿色经济效率》，《经济研究》2019 年第 2 期。

马中、蒋姝睿、马本、刘敏：《中国环境保护相关电价政策效应与资金机制》，《中国环境科学》2020 年第 6 期。

杨继生、徐娟：《环境收益分配的不公平性及其转移机制》，《经济研究》2016 年第

1 期。

林伯强、苏彤：《中国绿色债券发展的国际比较：评估与动因探索》，《中国管理科学》2024 年第 10 期。

张铎、李文军、崔国行：《进一步健全资源环境要素市场化配置体系的思考》，《价格理论与实践》2023 年第 8 期。

生态环境治理篇

B.7
生态环境治理数字化转型促进
新质生产力发展研究

张文博　林菲*

摘　要： 数字化绿色化代表了新质生产力发展的重要趋势，生态环境治理领域的数字化转型，一方面通过提升环境治理效能，加速生产力进步和绿色化转型的进程，另一方面通过绿色技术创新的溢出效应，孕育绿色低碳新赛道产业，形成新发展动能。上海在推动环境治理数字化转型，促进新质生产力发展方面进行了大量探索，在数字化监管体系建设、管理体系数字化再造等方面都取得了显著成效，但目前仍面临政策传导机制待优化、产业转型引导能力待提升、环境成本待评估和潜在风险防控待强化等挑战。未来需要强化环境监管的数字技术赋能，提升数据质量，推进制度适配和基础设施配套，并完善绿色数字技术创新的投入和转化机制、加强生态环境治理数字化

---

* 张文博，经济学博士，上海社会科学院生态与可持续发展研究所副研究员，研究方向为资源环境经济、生态文明政策；林菲，经济学博士，上海社会科学院生态与可持续发展研究所助理研究员，研究方向为环境税制、绿色财税政策。

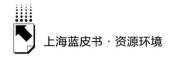

转型风险管控。

关键词： 新质生产力　环境治理　数字化转型

　　新质生产力是创新起主导作用，摆脱传统经济增长方式和生产力发展路径，具有高科技、高效能、高质量特征，符合新发展理念的先进生产力质态。新质生产力主要通过科技创新来提升生产效率和质量，强调发挥数据乘数效应。发展新质生产力为创新生态环境治理模式、实现治理手段智能化提供数据和技术支持，从多个维度全方位影响着生态环境治理实践，驱动生态环境治理数字化转型。同时，新质生产力是对传统生产力"质"的超越，深刻改变了传统生产力的增长模式。发展新质生产力，需要以高水平扎实推进绿色低碳发展，以全局观念和系统思维谋划推进生态环境领域改革，特别是要把握数字技术创新发展新机遇推进生态环境治理数字化转型，提升生态环境治理现代化水平，确保资源、生产、消费等要素相匹配相适应，持续增强发展的潜力和动力。

一　生态环境治理数字化转型对
新质生产力的驱动逻辑

　　新质生产力由技术革命性突破、生产要素创新性配置、产业深度转型升级催生，以劳动者、劳动资料、劳动对象及其优化组合的跃升为基本内涵，以高技术、高效能、高质量为特征，代表着先进生产力的发展方向。"质优"是发展新质生产力的关键，绿色发展是高质量发展的底色，实现"质优"就是加快生产力的绿色低碳化转型。培育新质生产力对生态环境治理提出了新要求和新标准，提升生态环境治理现代化水平是应对新需求的重要路径，数字技术在其中起到关键作用。以数字化赋能管理手段，创新和拓展生态环境治理路径和模式，将数字技术有机嵌入生态环境治理中，深入挖掘、融合应用生态环境数据，有助于促进环境规制效力提升、环境治理效能提高和发挥正面溢出效应，为新质生产力发展创造条件。

（一）数字化提升环境规制效力，激发科技创新动力活力

新质生产力是基于新智能、新技术、新思维和新模式的生产力变革[①]，技术要素在新质生产力中起着至关重要的驱动作用，对生产方式、组织形式和价值创造等方式产生深刻影响。传统环境规制存在刚性不足、执行力度不够、监管体系不完善、区域差异明显等问题，弱化了环境规制的效力，对新质生产力发展的促进作用有限。数字化发展为生态环境治理导入了先进的技术、治理理念和模式，提高了环境规制的科学性、精准性和稳定性，解决了环境规制效力不足的问题，充分发挥环境规制对创新的正向激励和反向约束作用，为技术革命性突破提供保障，增强新质生产力发展内生动力。

一是数字化为创新成果转化提供应用场景。数字技术可应用于生态环境治理全过程，在环境监测领域使用遥感技术、物联网平台和 5G 技术，提高监测范围广域度与时效性；在环境决策领域使用大数据和人工智能构建智慧高效的环境管理信息化体系，提高生态风险预警、污染目标识别与环境管理决策的精准度；在环境监管和执法过程中使用走航车、无人机、便携仪器等高科技装备和智慧监管平台，提升非现场执法监管能力水平，优化环境执法方式、提高执法效能。生态环境治理领域中的科技创新与应用不仅是破解环保难题、推动绿色发展的关键力量，还为技术创新提供应用、试用场景，有助于打通技术创新成果在应用环节的堵点，增强科技成果的转化潜力，加快形成新质生产力。

二是数字化加强了环境规制的约束力度。在及时准确的数据资源和智能治理技术基础上优化环境规制，有助于形成区域化、差别化的动态调整的环境政策，建立符合科学治污和精准治污的制度机制，确保了环境规制对环境

[①] 令小雄、谢何源、妥亮等：《新质生产力的三重向度：时空向度、结构向度、科技向度》，《新疆师范大学学报》（哲学社会科学版）2024 年第 1 期。

污染的规范作用，减少了企业寻求策略性减排的机会主义行为，倒逼企业进行生产技术革新以缓解规制压力，激发新质生产力的创新活力。

三是数字化促进环境规制激励性效应发挥。生态环境信息平台的构建，实现了数据整合、交换、共享和汇总，提高了信息透明度，有利于减少政府和企业之间环境信息不对称造成的资源错配问题，准确识别和支持具备绿色创新发展潜力的企业，落实、落细环境规制的激励措施，解决企业在创新研发初期面临的资金短缺、技术外溢等问题。

（二）数字化优化环境治理模式，增强生产要素创新配置

新质生产力是由相互联系、相互作用的生产力要素、结构、功能构成的复杂系统①，生产要素创新性配置是新质生产力重要的组成部分。培育新质生产力需要优化整合劳动力、土地、资本、数据等各类资源，以更高效、更合理地配置和利用提高全要素生产率。生态环境问题是多个要素相互作用下逐渐形成的，环境领域跨部门跨区域协同、推动要素畅通高效配置是适应生态环境整体性特征的必然选择，能够为形成新质生产力协作合力奠定基础，在理念、制度体系化路径和实施机制等方面提供支持。

一是数字化推动数据要素发挥乘数效应。数据要素是一种新型的生产要素资源投入，通过与其他生产要素的深度融合和协作，能够产生倍增的经济和社会效益，是新质生产力的重要生产要素。生态环境治理数字化转型为新质生产力的发展提供了数据基础。一方面，数字化产生海量的数据资源，为加快形成新质生产力提供不竭动力。数字技术赋能生态环境治理，持续完善生态环境数据体系，有助于实现对生态环境数据的高效采集、存储和传输，提高对大气环境、水环境、声环境、土壤、新污染物、固体废物等数据的种类、频率和范围的获取能力。另一方面，在数据要素集成的基础上实现环境动态监测、风险预警和智能决策，体现了数据要素赋能生态环境治理的乘数效应，是将数据要素同技术、管理等生产要素深度耦合发展的有效实践。生

---

① 杨艳琳、葛轩畅：《坚持系统观念发展新质生产力》，《经济日报》2024 年 9 月 10 日。

态环境治理数字化转型有助于发挥数据要素的统筹协调与全局优化作用，让先进优质生产要素向发展新质生产力顺畅流动，促进生产要素的创新性配置。

二是数字化进一步发挥了环境治理协同效应。新质生产力并非简单的要素数量的增加，而是通过创新性配置，使各种要素之间能够协同配合，实现"1+1>2"的效果。数字化扩大了环境治理的协同效应，促进资源要素优化配置，有助于构建生产要素有机聚合新格局。一方面，数字技术的发展解决了协同治理的数据共享问题，打破了行政和区域壁垒，解决了环境信息障碍问题。强大的数据关联、汇聚、传输及整合与转化能力也为区域数据协同共享提供了新的发展机遇[①]。另一方面，数字技术以更低的数据搜集时间和整合加工成本，更便利的协商决策模式，在确保数据的合规性和安全性的基础上，显著降低了环境协同治理的交易成本。数字化助力环境合作化治理模式的形成有效提高了环境治理效率，推动了部门间长效合作机制的建立，促进不同部门和区域之间的信息联动和合作，为多方协同推进新质生产力聚合力。

（三）数字化发挥环境溢出效应，助力产业深度转型升级

培育新质生产力的过程，就是在生产中优化生产要素，将科技创新成果应用于全产业链，推动产业深度转型升级，进而实现生产力的跃迁。产业转型升级是催生新质生产力的关键路径，这不仅需要发挥战略性新兴产业和未来产业的引领作用，还要为传统产业注入新的生产要素，通过促进传统产业转型创造新的经济增长空间。绿色化改造是部分传统产业升级改造的核心命题，生态环境治理是加快产业结构绿色低碳转型的"催化剂"。数字技术为生态环境治理提供数据和技术支撑，推动自动化监测、数据化决策、平台化协同、智能化监管的生态环境数字化治理体系构建，助推环境治理提质增

---

① 蒋敏娟：《从孤岛到融合：数字技术赋能区域数据协同治理的价值与机理》，《人民论坛·学术前沿》（网络首发）2024 年 10 月 15 日。

效，促进生态环境正面溢出效应发挥。

一是数字化促进绿色低碳技术扩散。创新引起生产要素在各部门之间转移，导致不同部门的收缩和扩张，从而促进产业结构有序发展[1]。技术扩散从根本上提高产业结构的转换能力，促进产业转型升级。生态环境治理数字化转型为绿色低碳技术扩散提供坚实的基础。基于实时全面的环境数据构建生态环境管理信息化平台，有助于促进数据信息高效流通，准确识别环境问题和低碳技术的应用效果，在数据驱动下充分发挥政策导向作用，促进节能环保技术的应用推广。同时，生态环境治理领域所取得的数字化成果为其他领域数字化转型提供了丰富的技术借鉴和数据支持，有利于加快技术扩散整体进程，带动上下游产业转型升级，以数字化、智能化和绿色化实现业态替代，从而引发全产业链革新。

二是数字化促进生产方式绿色转型。生态环境治理数字化转型意味着更严苛的环境监管和更大的规制压力，这为发展战略性新兴产业和促进传统产业转型升级提供了动力。一方面，生态环境监测的数智化转型，推动了环境监管模式从以事后处置为主向以源头预防为主转变，从"点末端监管"向"全过程监控"转变，让污染无处遁形。另一方面，非现场、自动化的环境监测系统有效减少了企业环境寻租行为，迫使企业加大环保投入、提高资源利用效率和加快绿色低碳转型，以满足环保要求。外部环境压力倒逼要素向绿色低碳新赛道领域配置和集聚，为产业结构优化升级提供战略机遇，有助于促进绿色低碳产业发展，降低经济增长对高耗能高排放发展路径的依赖，进而实现产业深度转型升级，推动新质生产力发展。

三是数字化促进消费方式绿色转型。生态环境数字化转型有利于全面增强全民节约意识、环保意识、生态意识等三大意识，促进绿色消费及其产业链绿色化趋势不断延伸，进而推动经济社会绿色转型新业态的衍生形成。基于生态环境监测网络构建的数据公开平台，拓宽了公众参与渠道，强化了公众的环境监管意识，不仅能发挥社会公众在生态环境监管与治理中的重要作

---

[1] 丁焕峰：《技术扩散与产业结构优化的理论关系分析》，《工业技术经济》2006 年第 5 期。

用，还提升了信息透明度与可及性，促进了绿色消费知识的认知和绿色产品的市场认可度，有利于激发公众的绿色消费需求，促进消费方式的绿色转型，从需求层面释放绿色低碳发展潜力，为新质生产力发展和产业深度转型注入绿色动能。

二 生态环境治理数字化转型提升新质生产力的上海探索

当下，生态治理数字化正成为城市生态文明建设与精细化管理的趋势①。上海作为我国超大城市的典型代表，对数字生态文明建设进行了诸多探索，在数字技术的驱动下优化改进治理体系、监管模式、污染防治举措、联动协同机制等，构建生态环境治理新格局，提升现代环境治理能力，推进绿色低碳循环发展，进而实现生产关系的深层次改革，为培育新质生产力提供动力。

（一）上海新质生产力发展对生态环境治理的新需求

新质生产力将信息、数据等可再生资源作为劳动对象，以人工智能型产业为内核，摒弃了传统增长路径中依靠大量资源投入、高度消耗能源、破坏生态环境的生产力发展模式，以新发展理念为指引，致力于实现低消耗、低污染、高效能的可持续发展。发展新质生产力是上海实现高质量发展的关键所在，目前上海正积极推进数字化、智能化、绿色化发展，从推动产业链供应链优化升级、积极培育新兴产业和未来产业、深入推进数字经济创新发展等方面，因地制宜发展新质生产力，为经济社会可持续发展注入强劲动力。新质生产力就是绿色生产力，培育绿色生产力要解决环境保护与经济发展之间的矛盾，实现高质量发展和高水平保护的协调统一，这对提高生态环境治

---

① 贾秀飞：《超大城市生态治理数字化的要素构成、转型逻辑与实践路向——以上海市生态治理数字化实践为例》，《西华大学学报》（哲学社会科学版）2023 年第 6 期。

理效能和水平提出了更高的标准和更严的要求。

一是以高水平保护塑造新质生产力发展的新动能。高水平保护是发展新质生产力的重要支撑，这是由新质生产力的生态意涵决定的。上海发展新质生产力，需要有效发挥生态环境保护的引领、优化和倒逼作用，以高水平保护为新质生产力的发展把好关、守好底线。一方面，发展新质生产力要求环境治理注重源头防控、精准管控，从源头上解决环境污染和生态破坏问题，从根本上缓解生态环境保护结构性、根源性、趋势性压力，推动生态环境质量改善实现从量变到质变。高水平保护不仅为高质量发展提供可持续发展的生产力，还可以倒逼实现生态优先、绿色低碳的高质量发展，为新质生产力发展提供绿色动能。另一方面，发展新质生产力要求注重科技赋能生态环境治理，形成高水平的技术体系。以数字技术为引擎，既能提高生态环境治理效能和水平，实现重点整治到系统治理的转变，又能为绿色技术创新与转化应用提供场景，拓宽新质生产力发展空间，为高水平保护增强科技动能。

二是以新发展理念为引领厚植绿色生产力新优势。发展新质生产力要求统筹兼顾环境保护与经济发展，正确认识环境治理与经济发展之间的关系，利用生态"含绿量"提升经济发展的"含金量"。上海发展绿色生产力，需要深入贯彻新发展理念，将生态文明的要求内化于经济发展和社会发展当中，通过推动相关生态环境政策的统筹协调和精准落地，有效激励经济社会各主体开展绿色低碳的经济活动。一方面，培育新质生产力需要以减污降碳协同增效为重要抓手，充分发挥生态环境保护对发展方式绿色转型的推动作用，加快打造绿色低碳供应链，完善生态产品价值实现机制，促进能源结构调整和产业结构升级，赋能绿色生产力发展。另一方面，培育新质生产力需要加强对绿色技术创新、绿色产业发展等方面的政策支持，引导和鼓励新能源、新材料和高端装备制造等绿色产业的发展壮大，将现有的生态禀赋转化为经济优势，推进产业可持续发展。

三是以系统治理为保障形成新质生产力发展合力。新质生产力的产生是社会系统整体运作的结果，是在新技术、新产业、新要素、新组织等多方面融合下形成的具有"质变"性质的生产力。发展新质生产力需要坚持系统观念，强化跨主体、跨部门和跨区域的协同。环境问题成因复杂且涉及主体多、范围广，既有结构性污染矛盾，又有区域传输的外因，生态环境治理需要注重系统性、整体性和协同性，这为多措并举培育新质生产力提供实践基础。上海发展新质生产力，要强化系统观念，特别是在生态环境治理中要注重加强顶层设计、系统谋划、稳步推进，进一步凝聚绿色低碳发展共识，深化区域联防联控，形成推动新质生产力发展的强大合力。

（二）上海生态环境治理数字化转型提升新质生产力的探索

当下，生态治理数字化正成为城市生态文明建设与精细化管理的趋势[①]。上海作为我国超大城市的典型代表，对数字生态文明建设进行了诸多探索，在数字技术的驱动下优化改进治理体系、监管模式、污染防治举措、联动协同机制等，构建生态环境治理新格局，提升现代环境治理能力，推进绿色低碳循环发展，进而实现生产关系的深层次改革，为培育新质生产力提供动力。

一是积极出台政策，规范生态环境治理数字化转型，从顶层谋划的高度为新质生产力发展提供引领。近年来，上海发布了《关于加快构建现代环境治理体系的实施意见》《推进治理数字化转型实现高效能治理行动方案》等多项政策文件，强调要从推进智慧监测、强化智能精准的生态治理到优化生态环境保护执法方式，多维度推进生态环境治理数字化转型，同时推动人工智能、5G、物联网、区块链等新技术应用。上海用政策的形式重点强调了运用高新技术提高环境治理能力的目标和方案，不仅进一步破除了科技创新的体制机制障碍，还有助于构建与发展新质生产力相配套的政策体系，把治理体系和治理能力优势转化为发展新质生产力的重要动力。

二是推进生态环境监测数智化转型，为新质生产力发展奠定数据基础。上海充分利用大数据，推动传统监测向智慧监测转型升级，强化环境

---

① 贾秀飞：《超大城市生态治理数字化的要素构成、转型逻辑与实践路向——以上海市生态治理数字化实践为例》，《西华大学学报》（哲学社会科学版）2023 年第 6 期。

监测全过程管理。一方面，上海逐步建设各类污染源数字化档案库，实现污染源管理"一源一档"。依托生态环境数据中心平台，上海全面整合区域内各类入河排污口、河岸带状况、水系分布、排污管网等信息，建立"一口一档""一河一档""一街镇一档"数据库。另一方面，上海持续健全天空地海一体化监测网络，稳步完善涵盖大气、水、土壤、噪声、辐射、生态六大要素和全区域全领域的生态环境智慧监测体系，推动物联网、传感器、区块链、人工智能等新技术在监测监控中的应用。上海通过构建系统、完备的监测网络，实现了对各类环境数据的全覆盖和动态监测，不仅有利于提高环境监管能力，还为新质生产力的发展提供具有时效性和准确性的数据信息。

三是数字赋能生态环境精细化治理，为高质量发展提供支撑。上海利用数字技术推进环境治理从经验决策向数据决策转变，环境监管由"被动式管理"逐步向"主动预防式管理"转变，提高生态环境治理决策的精准性、高效性和预见性，既深化了新质生产力在环境领域的广泛利用，又有效破解环境治理难题，以更具成本效益的方式促进环境质量的改善，有效统筹生产力发展与生态环境保护的关系。一方面，上海基于生态环境智慧监测网络获取环境质量数据，构建生态环境保护大数据平台，通过利用多元数据规则校验、多尺度数据融合等大数据相关技术，形成污染源信息基础库，准确识别和诊断环境问题，建立智慧决策模型。另一方面，上海以环境数据中心为核心，依托移动执法监测终端，对接环境综合业务平台各应用系统，实现环境数字孪生管理，充分提升环境治理能力。基于无人机高空巡查、监测车走航排查、在线系统数据比对，VOCs气体检漏红外热像仪等科技执法手段推进非现场执法工作，实现环境执法从"人防为主"向"技防优先"的转变，实现精准执法、高效执法，确保环保主体责任的落实。此外，上海将大数据、人工智能等新技术合理运用于环境治理中，进一步释放了治理潜能。数字化促进了生态环境治理水平的提高，有利于打通束缚绿色发展的堵点，激活绿色生态要素潜力，为新质生产力发展铺就绿色之路。

四是形成生态环境治理联动化机制，为协同发展新质生产力提供实践参考。联动协同既是生态环境治理的必然要求，又是新质生产力发展的实现路径。为了解决传统环境治理形态下衍生的"末梢不畅、互动不足、层级过多"等问题，上海积极搭建数据共享系统和协同治理平台，实现环境领域跨区域、跨部门的联动合作。一方面，健全跨区域协同环境治理体系，促进新质生产力要素的跨区域流动。上海积极促进长三角生态环境共保联治，推进长三角生态环境数据高效共享，比如已建成长三角空气环境质量预测预报中心，实现重点源在线数据共享。环境领域的跨区域协同治理机制也为新质生产力搭建了跨区域互通平台，促使新质生产力所需的资源要素跨区域流动与集聚，提高资源配置效率。另一方面，完善跨部门协同治污机制。上海积极推进权责清晰、合作有序、信息共享的环境管理机制建设，初步建成了生态环境保护大数据平台和"一网统管"平台，促进各个行业、相关部门以及信息系统之间的资源信息流通，在数据层面实现跨部门的有效共享与交流，实现跨部门联合治理。数字化加强了生态环境跨部门联动协作，为培育新质生产力提供了合作基础和协同经验。

三　上海生态环境治理数字化转型提升新质生产力的瓶颈挑战

环境治理通过推动技术创新、优化资源配置、促进产业升级等方式，为新质生产力的发展提供了有力支撑。但目前，环境治理数字化仍需要通过环境规制来影响新质生产力，其政策传导机制仍待进一步优化。

（一）环境治理数字化的产业转型引导能力尚待提升

环境治理数字化对产业绿色转型的支持和服务能力尚待提升。一方面大数据挖掘和应用能力尚待提升。高效能、全方位的环境监管是环境治理数字化推动产业绿色低碳转型的主要手段。随着环境治理的数字化转型，环境状况实时动态监控和万物互联将产生海量数据和信息，将带来环境数据和信息爆炸性增长，海量的环境信息数据来源复杂多元，原始数据格式、类型和算法标准不统一，例如遥感、媒体等非结构化数据，多部门、多领域采集的数据标准不一等，"数出多门"、对接流动困难，给数据采集、适配、重构与共享带来障碍，影响了数据内在价值的充分发挥，数据采集、有效集成、精炼统一等方面存在技术难题。另一方面，面向企业的环境治理数字化服务能力尚待提升。在数字化背景下，环境治理逐渐显现出由监管向服务转变的趋势，环境治理数字化转型将形成产业碳排放、污染排放的动态数据，并能够通过大数据和人工智能技术形成预警和研判能力，但目前主要用于环境治理，而针对企业的排污趋势研判、预警、信息推送、技术服务等尚处于起步阶段。

（二）环境治理数字化的资源配置优化作用尚待加强

环境治理数字化能够提升碳排放权、排污权核算和溯源的能力，进而有力支撑环境要素市场，促进资源要素向绿色低碳领域配置。但目前，上海碳排放权、排污权的核算、配额分配等相关数字技术尚不成熟，相关标准和规范尚不统一。具体而言，一是仪器和硬件设备仍与国际先进水平存在差距，欧盟为欧洲全部大型火电厂和部分小型机组装备二氧化碳浓度测量装置和烟气流量计，对温室气体进行直接测定。美国《温室气体排放报告强制条例》规定，所有年排放超过2.5万吨二氧化碳当量的排放源必须全部安装连续排放监测系统（CEMs），并将数据在线上报美国环保署。但目前上海在碳计量基准、计量标准和标准物质研制，开发高精度测量仪器和传感器等方面仍然落后于欧美国家。二是基础数据信息公共服务较为欠缺。不同行业、不同产品、不同工艺之间的碳排放、污染排放的平均水平、核算方法存在较大差异。但上海尚未建立所有产品类别的污染排放和碳排放强度、类型基础数据库，基础数据信息公共服务较为欠缺，难以做到根据行业、产品、工艺的差异性制定针对性的标准，难以保证结果的科学性和行业间的公平性。

（三）环境治理数字化的技术溢出效应尚未发挥

环境治理数字化技术创新的溢出效应尚未发挥，目前环境治理数字化的技术以应用为主，通过将自动传感设备、无人设备、人工智能等领域的技术应用于环境监测和执法，来提升环境治理效能并降低其对企业生产行为干预的影响。但环境治理领域的技术产业化相对较少，环境治理领域数字化技术的溢出效应尚未显现。对比长三角其他省市，上海市节能环保产业的规模、企业数量、营收等均未形成显著优势，从产业规模来看，沪、苏、浙2025年的节能环保产业规模预估分别为5000亿元、10000亿元、15000亿元，上海节能环保产业规模相对较小；从企业数量而言，根据中国环保产业发展状况报告，2022年列入统计的环保企业，上海89个，在全国排名倒数第3位，仅高于宁夏和西藏，不及同为直辖市的北京（227个）、天津（186个）、重庆（671个）；从营业收入来看，2022年，上海列入统计的环保企业营业收入仅为500多亿元，在全国排名第13位。环境治理领域数字化技术的产业化进程相对缓慢，对环境环保产业发展的支撑作用和溢出效应尚未显现。

（四）环境治理数字化的环境成本效益尚待评估

环境治理数字化在提升环境监管效能、促进绿色低碳转型的同时，也会带来环境代价和资源消耗。一是数字化设备产生巨大的资源消耗。据世界银行预测，至2050年支持信息和通信技术（ICT）发展所需的关键矿石，如石墨、锂和钴的开采量可增加近500%，国际能源署（IEA）的全球能源和气候模型显示，2050年铂族矿物的消费量可能比2022年高出120倍[①]。二是数字化伴随能源消耗的增长，中国信息通信研究院测算，全国各地区数据中心二氧化碳的排放量到2030年将超过2亿吨，成为我国经济体系第一大碳排放源。根据《上海市智能算力基础设施高质量发展"算力浦江"智算行动实施方案（2024-2025年）》，到2025年，上海市智能算力规模将超过30EFlops，而目前上海存量算力的PUE，也就是数据中心总能耗与IT设备的能耗之间的比值，尚在1.4以上，距1.25的目标仍存在差距。三是数

---

① 阎海峰、顾青峰：《数字化面临的绿色挑战》，《第一财经》2024年8月20日。

字化将带来固体废弃物排放的增长。UNCTD 报告指出，2010~2022 年，全球屏幕和显示器以及小型 IT 和电信设备的固废量增加了 30%，从 810 万吨增加到 1050 万吨。上海作为电子消费品、算力设备的重要市场，数字化设备更新报废产生的固体废弃物，将对城市的固废处理和污染防控产生巨大压力。

（五）环境治理数字化的潜在风险防控仍待强化

数字化转型的潜在风险已经初步显现，生态环境领域数字化转型要预防数据治理和智能审批中的风险。数字技术在环境治理辅助决策中的大量应用，在提高了环境治理科学性的同时，也容易使环境决策者对技术产生依赖。一方面，可能形成环境治理决策的技术依赖，数字化辅助决策能够提供更加详实的数据依据，更加严谨的计算模型和推理过程，使其提供的环境治理方案的形成过程和表现形式具有科学性、客观性，出于稳妥考虑和降低风险的考虑，决策者更倾向于选择相信人工智能辅助决策的结果，环境治理决策对技术的依赖也会进一步加深。另一方面，可能产生责任转嫁和推卸风险。环境治理数字化转型的背景下，智能辅助决策在模型设定、算法设计等过程中必然会存在一定的缺陷，其预测结果可能会出现偏误，当辅助决策被决策者广泛采用后，决策者可能会将决策失误归咎为数据的错误和辅助决策的偏误，来逃避和推卸责任。目前，上海已在工地扬尘监管审批中试点应用智能审批技术，随着智能审批应用范围的扩大，其潜在的责任风险将进一步增大，对应的权责分担机制、配套的复核驳回机制尚需要完善。

四 上海生态环境治理数字化促进新质生产力发展的政策建议

生态环境治理数字化在促进新质生产力发展中发挥着创新驱动、要素配置作用，但受限于生态环境治理数字化水平、生态环境制度与数字化的适配程度，生态环境治理促进新质生产力发展的作用尚未充分释放，尚需从以下方面进一步推进生态环境治理数字化与新质生产力协同提升。

（一）深化环境监管的数字技术赋能与制度适配

高水平的生态环境监管是引导和倒逼生产力提升和绿色转型的重要因素。数字技术能够提升生态环境监管的效能，进而强化环境规制对生产力发展的引导作用。因此，需要全面提升生态环境治理的数字化水平，以更高效能的环境监管促进新质生产力发展。一是加快环境监管设施设备的技术升级和数字化智能化改造。完善大气、地表水自动监测站网体系，加快固废、土壤污染信息数据库建设。推进人工智能技术与现有自动监测设备和数据分析研判体系深度融合，建立前端智能监管模式，构建污染源人工智能识别系统，构建生态环境智慧监测体系。二是推进环境执法的数字化转型，增加新型快速精准取证装备配置，明确污染源自动监控、自动设备运维规范和考核补助办法，提升非现场执法的效能。三是加速推进治理体系的深度数字化转型，进一步释放数字化赋能效应。以环境自动监测设备、生态环境保护大数据平台和智慧政务系统为依托，优化环境数据收集、处理和分析流程，优化和重构环境事件和环境风险的发现机制和处理方式。

（二）加速环境准入和监管业务的数字化再造

环境监管执法体系的数字化，以及新的数据采集和挖掘手段的应用，将进一步提升生态环境监管部门对生产活动环境信息的获取能力，生态环境部门不仅可以从监管层面规范和引导生产力发展，还能基于环境信息和环保专业技术服务和赋能企业绿色低碳转型，提升新质生产力。因此，要依托生态环境数字化智能化技术，加速生态环境审批、监管和服务各环节的数字化再造，增强生态环境服务绿色低碳转型的能力。一是依托数字技术推动生态环境监管执法模式优化。充分利用大数据、非现场监管、在线监控等手段，不断提升执法效能，进一步降低生态环境监管对企业生产经营活动影响。通过智慧环保信息系统实现污染源监测、报警，向执法管理部门推送污染情况，提升执法响应速率，优化和重构环境事件和环境风险的发现机制和处理方式，再造环境监管执法流程。二是通过环境业务数字化再造，提升审批效能。依托环境监管数据中台和业务中台，提升环境监管、审批、执法和核查等业务的集成度，推进环境准入审批、执法监管等业务的数字化再造。扩大智能化自动审批的业务覆盖范围，通过审批信息和数据的自动调用和分析提升行政审批的效率和精准性，逐步推广线上审批、智能预审批等行政管理新模式。三是借力智能计算和大数据分析技术，探索试点环境信息服务。借力智能计算和大数据分析发掘环境信息数据价值，为企业提供风险预警、治理预案、在线指导、精准帮扶、自证整改等在线环保信息服务。

（三）增强生态环境数据质量和基础设施配套

生态环境治理数字化的基础和前提是生态环境领域的相关数字技术。当前生态环境治理数字化中的数据采集和挖掘技术、人工智能技术等大多为其他领域技术的迁移，专业性和系统性仍待进一步强化。因此，需要重点提升生态环境治理数字化的数据质量、技术能力和数字化基础设施。一是拓展环境治理数字化基础数据获取途径。推进 $PM_{2.5}$ 和臭氧协同监测，推进陆海空天一体的生态状况监测体系建设，探索生态遥感等新技术的示范应用、完善声功能区自动监测应用和评价体系等，探索试点环境领域舆情监测与常规监管相结合。二是完善数据质量标准体系，规范和统一环境数据收集的标准、流程和制度，确保环境监测数据"真准全"。建立碳监测的设施设备和数据质量监管规则体系。编制碳排放在线监测技术规范，建立碳监测关键参数测量的定期校准机制，开展碳排放核算校验工作。引导和鼓励第三方机构参与碳排放的核算，建立第三方碳排放核算数据的认定、审核机制。三是完善环境治理数字化基础设施配套。依托通信、算力等新基建设施提升环境信息感知、分析和智能决策能力。推动碳监测设备、表具的国产化进程，推进火电机组在线监测数据自愿联网工作，并逐步向钢铁、化工、垃圾焚烧、交通等行业推广。四是推动部门间数据共享和互通。加快推动环境监测、智慧环保、城市大脑、智慧政务等系统的衔接和整合，扩大环境监测数据联网共享的范围。建立更加透明、及时的信息发布和共享平台，增强环境信息平台的互通性，使不同源头和领域的环境数据和信息能够互通和相互校验。提升环境信息平台的交互能力，使各方主体能够更加便捷地获取环境信息，并参与环境信息的收集、校验和反馈。

（四）健全绿色数字技术创新的投入和转化机制

新质生产力以创新为主要特征，生态环境领域技术创新也是形成新质生产力的重要技术创新源泉，目前生态环境领域的技术产业化应用仍相对较少，生态环保相关产业的规模仍然有限。因此，需要优化技术创新支持、产业化应用和创新孵化等领域的政策，进一步强化生态环境技术的创新溢出效应。一是强化数字化绿色化创新基金引导。支持多部门联合推出保护修复、污染防治领域的关键技术研发专项支持资金，撬动企业加大资金投入与技术研发。依托绿色创新基金和孵化培育机构，加速环境治理关键技术的应用和技术转化。开展企业环境治理技术摸底和备案，与银行、风险投资机构等共同构建绿色技术银行，为环境治理技术的转化和应用提供信息支撑和投融资支持。二是借力新兴技术加快赋能传统产业绿色低碳转型，加快钢铁、石化化工、装备制造等行业实施绿色化升级改造。三是发展新兴绿色低碳产业，推动绿色技术创新与产业发展融合，大力发展新能源产业、节能减碳装备制造业、节能减碳系统解决方案服务行业。

（五）加强生态环境治理数字化转型风险管控

在引导和推动生态环境治理数字化的同时，数字化智能化本身的风险和潜在危害也呈现增加趋势。因此，应持续提升生态环境数字化转型的风险管控能力。一是建立健全环境数据的核准反馈机制。建立严格的数据采集标准和处理规范，确保环境数据的精准性和客观性。建立环境数据的审核规范和反馈校验机制，将人工抽检校验和冗余自检相结合，监测人工智能的学习过程和数据样本，及时反馈和纠正人工智能学习和运行中的数据偏误。二是明确智能辅助决策中的责任划分。目前对人工智能自主反应和决策造成的事故和责任，其认定和责任划分尚不明确，可能造成环境治理中存在责任推卸和转嫁的风险。应当加快建立智能辅助决策技术在设计、制造和应用中的责任认定机制，确立环境治理中人工智能应用的责任主体，健全相应的追责制度，防止环境治理决策中可能出现的责任推诿和技术依赖等风险。三是拓展各方主体参与环境治理的渠道。应当搭建各方主体参与环境治理决策的平台，通过互联网调研、民众倾向性预测、决策意见征询信息系统等方式，让不同层次和诉求的主体了解、参与和反馈环境治理的决策和修订过程。运用文字处理和分析技术对海量的意见信息进行整理，提升政府环境治理决策的效率。

B.8
美丽上海建设三年行动计划的
设计与思考

刘 扬 邵一平*

摘 要： 2024 年 1 月，中共中央、国务院发布《关于美丽中国建设的意见》，明确了今后全国的生态环境保护工作将进入以美丽中国建设为核心的历史时期。2024 年 5 月，上海发布美丽上海建设实施意见，并提出"1+1+N"美丽上海建设总体框架，明确以美丽上海建设实施意见为引领，将环保三年行动计划升级为美丽上海建设三年行动计划作为重要落实推进的抓手，通过若干轮的滚动实施，确保美丽上海建设的目标顺利实现。本报告通过回顾梳理上海环保三年行动计划的基本特点，结合问题和形势分析明确近期上海在生态环境保护方面的方向和重心，在此基础上提出美丽上海三年行动计划的基本架构和近期目标，并形成重点领域工作建议。

关键词： 美丽上海建设 结构设计 环境保护

美丽中国建设是以习近平同志为核心的党中央立足国情、着眼全局、面向未来作出的重大战略决策。党的二十大报告深刻阐述了人与自然和谐共生是中国式现代化的重要特征，对推动绿色发展、促进人与自然和谐共生作出了重大战略部署。2023 年 7 月，党中央时隔五年再次召开全国生态环境保

---

* 刘扬，上海市环境科学研究院工程师，研究方向为生态环境保护规划；邵一平，上海市环境科学研究院环境规划与标准研究所副所长，工程师，研究方向为环境规划和水环境保护。

护大会，习近平总书记强调"今后 5 年是美丽中国建设的重要时期，要把建设美丽中国摆在强国建设、民族复兴的突出位置"。12 月 27 日，中共中央、国务院印发《关于全面推进美丽中国建设的意见》，作为指导全面推进美丽中国建设的行动纲领。为了深入贯彻落实党中央、国务院关于全面推进美丽中国建设的决策部署和习近平总书记考察上海重要讲话精神，2024 年 5 月，上海市委、市政府印发了《关于全面推进美丽上海建设　打造人与自然和谐共生现代化国际大都市的实施意见》（以下简称《实施意见》），并布局提出"1+1+N"美丽上海建设总体框架，包括一个实施意见、一个美丽上海三年行动计划和 N 个专项行动方案。结合美丽上海建设工作框架的提出，上海将原有的环保三年行动计划体系升级为美丽上海三年行动计划体系，做好美丽上海建设实施意见的施工图，通过若干轮的滚动推进，确保美丽上海建设的节点目标顺利实现。

一　环保三年行动计划回顾

（一）主要历程回顾

2000 年起，上海市委、市政府将环境保护放在城市经济社会发展全局的重要位置，建立环境保护和建设综合协调推进机制，并启动实施了环保三年行动计划，力争通过若干个三年行动计划的实施，分阶段解决工业化、城市化和现代化进程中的突出环境问题和城市环境管理中的薄弱环节，把上海建设成为一个"天更蓝、地更绿、水更清、居更佳"的宜居城市。截至 2023 年，上海市环保三年行动计划已滚动实施了八轮（见图 1）。上海市八轮环保三年行动计划的滚动实施，始终体现与时俱进的理念，围绕上海在不同阶段的发展战略、发展需求和环境特征，有步骤、有计划地推进各项环保任务，促进环境、经济与社会协调发展。总体上，环保三年行动计划的发展可分为三个阶段：2000~2008 年的前三轮，以解决上海突出环境矛盾为主，重点是还清历史欠账；2009~2014 年的第四、五轮，以系统性污染治理为主，

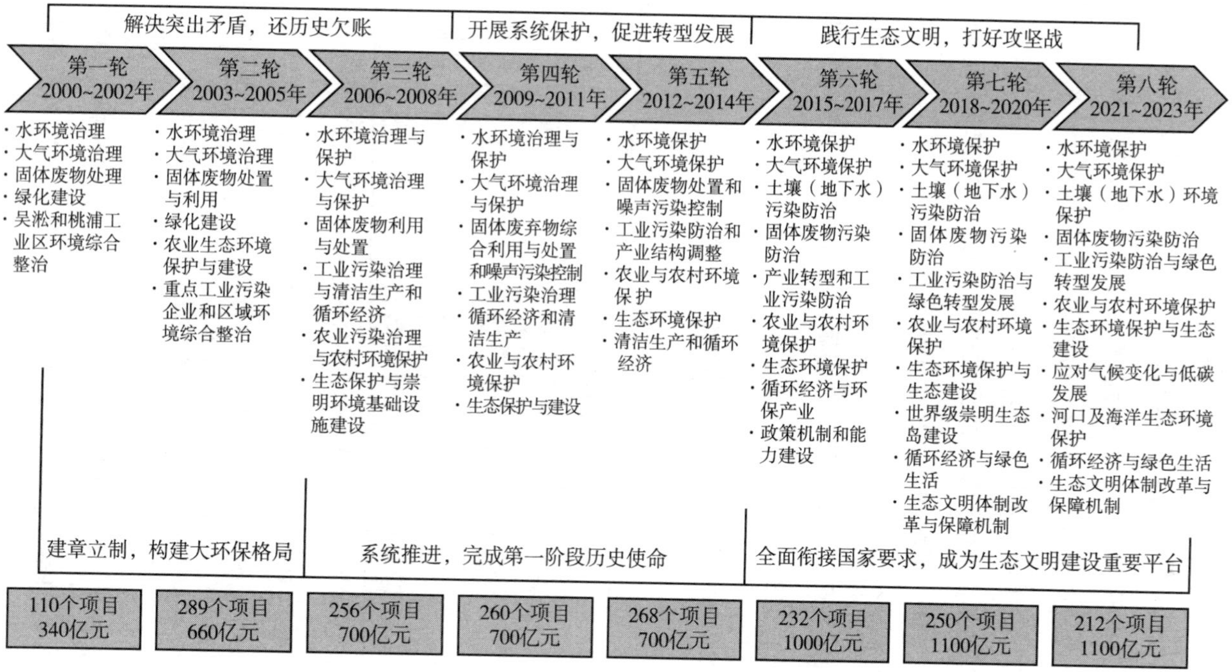

	解决突出矛盾，还历史欠账			开展系统保护，促进转型发展			践行生态文明，打好攻坚战	
	第一轮 2000~2002年	第二轮 2003~2005年	第三轮 2006~2008年	第四轮 2009~2011年	第五轮 2012~2014年	第六轮 2015~2017年	第七轮 2018~2020年	第八轮 2021~2023年
	· 水环境治理 · 大气环境治理 · 固体废物处置 · 绿化建设 · 吴淞和桃浦工业区环境综合整治	· 水环境治理 · 大气环境治理 · 固体废物处置与利用 · 绿化建设 · 农业生态环境保护与建设 · 重点工业污染和区域环境综合整治	· 水环境治理与保护 · 大气环境治理与保护 · 固体废物利用与处置 · 工业污染治理与清洁生产和循环经济 · 农村环境保护 · 生态保护与崇明环境基础设施建设	· 水环境治理与保护 · 大气环境治理与保护 · 固体废弃物综合利用与处置 · 噪声污染控制 · 工业污染防治和循环经济 · 农业与农村环境保护 · 生态保护与建设	· 水环境保护 · 大气环境保护 · 固体废物处置和噪声污染控制 · 工业污染防治和产业结构调整 · 农业与农村环境保护 · 生态环境保护 · 清洁生产和循环经济	· 水环境保护 · 大气环境保护 · 土壤（地下水）污染防治 · 固体废物污染防治 · 产业转型和工业污染防治 · 农业与农村环境保护 · 生态环境保护 · 循环经济与环保产业 · 政策机制和能力建设	· 水环境保护 · 大气环境保护 · 土壤（地下水）污染防治 · 固体废物污染防治 · 工业污染防治 · 绿色转型发展 · 农业与农村环境保护 · 生态建设 · 世界级崇明生态岛建设 · 循环经济与绿色生活 · 生态文明体制改革与保障机制	· 水环境保护 · 大气环境保护 · 土壤（地下水）环境保护 · 固体废物污染治理 · 工业污染防治与绿色转型发展 · 农业与农村环境保护与生态建设 · 生态环境保护与生态建设 · 应对气候变化与低碳发展 · 河口及海洋生态环境保护 · 循环经济与绿色生活 · 生态文明体制改革与保障机制平台
	建章立制，构建大环格局	系统推进，完成第一阶段历史使命				全面衔接国家要求，成为生态文明建设重要平台		
	110个项目 340亿元	289个项目 660亿元	256个项目 700亿元	260个项目 700亿元	268个项目 700亿元	232个项目 1000亿元	250个项目 1100亿元	212个项目 1100亿元

图 1　上海环保三年行动计划基本历程示意

重点是全面改善城市环境面貌；2015~2023 年的第六至第八轮，以助力高质量绿色发展为主，重点是有序落实生态文明建设工作。

环保三年行动计划坚持以"求真、务实"作为工作总基调，紧紧围绕"三重三评"的指导原则，即治理与保护工作重治本、重机制、重实效，环境治理工作的成效则侧重社会评价、市民评判、数据评定，将市民作为评价政府工作成功与否的唯一标准。通过持续多年的系统推进，全市生态环境保护工作逐步实现了从末端污染治理到推进源头防控、绿色发展，从以中心城区为主到城乡一体、区域联动，从还历史欠账到建设生态之城等重大转变，污染防治能力水平得到大幅提升，生态环境基础设施逐渐完善，生态环境质量得到大幅改善，群众的满意度、获得感稳步提升，城市环境安全进一步得到保障（见图 2、图 3）。

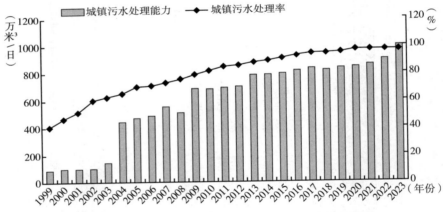

图 2　1999~2023 年上海城镇污水处理率与污水处理能力

注：①城镇污水处理率从 1999 年的 40.5%提升到 2023 年的 97%；②仅以污水处理厂实际处理量进行统计，污水输运系统内的水量未计算。

资料来源：《上海统计年鉴》、《上海市排水设施年报》、上海市水务局。

经过不断努力，上海的生态环境质量发生了全面改善。2023 年，全市 AQI 达到 87.7%，$PM_{2.5}$ 年均浓度为 28.7 微克/米³，水质考核断面优Ⅲ类比重从 2014 年的 10%提升到 2023 年的 97.8%（见图 4、图 5）。

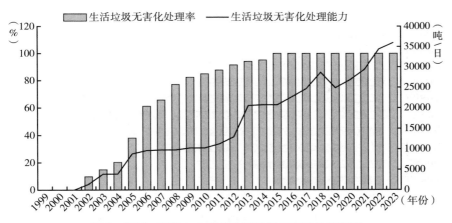

图 3　1999~2023 年上海市生活垃圾无害化处理情况

注：①生活垃圾无害化处理能力包括焚烧设施、湿垃圾资源化利用设施（包括集中设施和分散设施）、填埋设施等处理能力；②自 2018 年起，上海市开始推进可回收物"两网融合"工作，将生活源可回收物回收量逐步纳入生活垃圾清运数据中。

资料来源：行业统计年鉴、"十一五"规划总结。

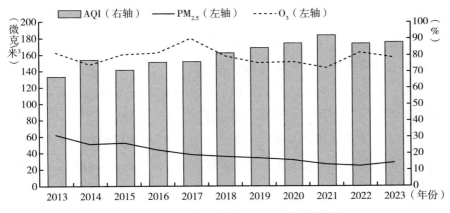

图 4　2013~2023 年上海市 AQI 年均变化情况

资料来源：《上海市生态环境状况公报》。

（二）做法和经验总结

1. 坚持机制引领，合力推进环保工作

在上海生态环境保护的历程中，突出制度引领和协同合作是这座超大城

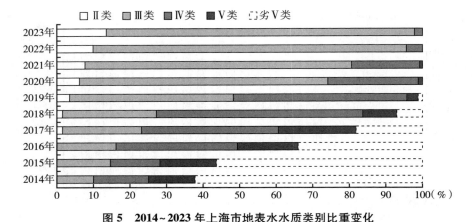

图5 2014～2023年上海市地表水水质类别比重变化

资料来源：《上海市生态环境状况公报》。

市解决不同阶段环境问题的牢固基石。通过创新机制夯实责任，突出跨部门协同和市区联动的双轮驱动模式，建立全社会大环保推进体系。

2003年5月，上海市政府成立了由时任市长任主任、分管副市长任副主任、各委办局和区县政府为成员单位的环境保护和环境建设协调推进委员会，建立了目标责任、多层次协调、考核评估等工作机制，形成"责任明确、协调一致、有序高效、合力推进"的工作格局，成为地方环境保护领导和管理体制的一个创举，也成为多部门协同推动环保工作的重要基础。2019年，在原委员会机制基础上，成立市生态环境保护和建设工作领导小组，由市委副书记、市长任组长，分管副市长任副组长，并新增市委组织部等多家成员单位。2020年8月，市委、市政府设立上海市生态文明建设领导小组，市委书记任组长，市委副书记、市长任常务副组长，常务副市长、副市长任副组长，全面加强全市生态文明建设和生态环境保护工作的统一领导。领导小组办公室设在市生态环境局，以生态环境保护规划和环保三年行动计划为重要载体，负责全市生态文明建设和生态环境保护综合性工作的统筹协调和实施推进；领导小组办公室下设若干专项工作组，包括政策法规、水环境保护、大气环境保护、土壤（地下水）环境保护、固体废物污染防治、工业绿色发展和污染防治、农业农村环境保护、生态建设和保护、循环经济、生态环境损害赔偿、生态文明宣传等领域，相关委办局任专项工作组组长单位，负责组织协调全市生态文明建设和生态环境保护专项领域工作实施推进。

2. 坚持问题导向，工作重点与时俱进

环保三年行动计划围绕"四个有利于"的指导思想，即"有利于城市布局的优化，有利于产业结构的调整，有利于城市管理水平的提高，有利于市民生活质量的改善"，根据社会经济与城市发展中遇到的问题不断优化调整，与时俱进。

具体体现为五个方面的转变。一是指导思想上，从以末端污染治理为主逐步向更加注重源头防控转变。逐步将环境保护融入社会经济发展全局，从经济发展、能源消耗、产业结构布局、生产生活方式等源头着手控制污染，工作重点逐步向源头预防、全过程监管和积极推进减污降碳、绿色发展转变。二是工作目标上，从"还污染历史欠账"逐步向建设生态之城和美丽上海转变。随着传统污染基本得到控制，环境保护目标逐步转化为服务建设"五个中心"和社会主义现代化国际大都市的总体目标，以"卓越的全球城市，令人向往的创新之城、生态之城"为愿景，积极探索一条符合特大型城市特点的绿色发展道路。三是任务重点上，从改善环境面貌，大力推进基础设施建设逐步向保障健康安全，注重管建并举、长效管理转变。行动计划前期主要关注河道黑臭、锅炉冒黑烟、工地扬尘等面上的、感观上的环境污染问题，后期则更加关注与群众健康、环境安全密切相关的饮用水安全、PM$_{2.5}$污染、土壤污染等问题，并更加注重提高环保措施的生态效益。工作重心从"以建为主"逐步转向"建管并重、以管为主"，通过政策引导、强化监管和财政奖励等多种手段，充分发挥已建成设施的最大环境效益。四是区域重点上，从以中心城区为主逐步向城乡一体、区域联动转变。行动计划在前期以解决中心城区突出环境问题为主的工作基础上，大力推进郊区污染治理和农村生态环境保护，努力推进城乡一体化。同时，更加注重区域污染联防联控，以长三角一体化发展战略为契机，积极推进长三角区域的生态环境联保共治。五是推进手段上，从以行政手段为主逐步向综合运用经济、法律、技术和必要的行政手段转变。坚持机制创新、制度创新和政策创新，逐步形成了"以法律法规为保障，以标准规范为工具，以政策激励为引导，以技术保障为基础，以执法监管为手段"的多手段、全方位的环境管理体系。

3. 坚持精准务实，项目主导推进落实

环保三年行动计划以项目化、清单化形式滚动推进，坚持项目可操作、节点可跟踪、成效可评估，切实提升市民感受度和幸福感。

依托生态环保协调推进机制和环保三年行动计划工作平台，上海累计安排重点项目1877项，全社会资金投入超过6000亿元。每一轮三年行动计划都围绕着市民关注的生态环境问题，并根据重点难点不断深化拓展。从第一轮（2000~2002年）的水环境治理、大气环境治理、固体废物处置、绿化建设、重点工业区环境整治等5个领域110项重点项目，到第八轮（2021~2023年）的水、大气、土壤、固废、工业、农业农村、生态、气候变化、海洋、循环经济与绿色生活、制度政策等11个领域212项重点项目，项目类型和内容不断延伸细化。同时，在推进过程中，通过领导小组定期例会等制度及时交流反馈存在问题，以年度跟踪报告和行动计划最终评估等形式及时跟踪项目进展，确保所有项目按计划有序推进落实（见图6）。

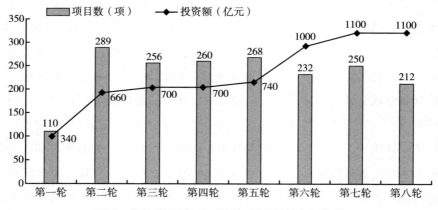

图6 前八轮环保三年行动计划项目数和投资额

二 生态环境面临问题识别

（一）环境质量改善成效仍不稳固

虽然近年来上海市污染治理取得明显成效，但生态环境处于改善一个阶段后的瓶颈期。大气方面，受本地排放、区域传输以及气象条件等多重因素影响，环境空气质量改善的成效很不稳固。大气环境质量与全球先进城市和 WHO 指导值相比，仍然存在 2~5 倍差距。水方面，虽然近年来上海市地表水优Ⅲ类占比始终保持在高位，但部分断面水质汛期容易出现波动，进一步提升难度较大，雨污混接排查整治不彻底和初期雨水收集处理能力不足，防汛泵站雨天排水污染河道问题仍较为突出，部分水体虽然水质达标，但水体较浑浊、透明度不高，难以满足周边居民对美丽水景观的亲水需求。

（二）推动绿色低碳转型压力较大

以重化工为主的产业结构、以煤为主的能源结构、以公路为主的交通运输结构尚未有根本转变，推进绿色转型的任务十分艰巨，实现碳排放"双控"目标仍面临诸多困难。排放强度方面，上海单位 GDP 能耗约为纽约、伦敦、东京的 2~3 倍，单位 GDP 碳排放强度约为纽约、伦敦、东京的 4~7 倍，是北京、广州、深圳的 1~2 倍。能源方面，受限于上海市资源禀赋不足、中西部地区绿电惜售、上游干旱水电减少、电力输送通道有限等诸多因素，上海市可再生能源需求难以得到充分保障，快速增长的能源需求主要依靠火电支撑，全市煤炭消费总量保持在 4000 万吨以上，远高于北京、广州、深圳等城市，在保障全市能源安全的前提下，短期内进一步压减煤炭消费的空间十分有限。产业方面，钢铁、石化、机械、造船等行业排放占比还较高，石化、化工和船舶制造等 VOCs 排放量占全市 VOCs 总量 70%，吴淞、吴泾、高桥等老工业基地的整体转型升级步伐还

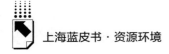

需加快。交通方面，以公路为主的陆路运输结构、以柴油货车为主的公路货运结构尚未根本改善。

（三）生态服务和生态安全仍需提升

生态格局方面，生态空间供给规模不足，空间结构有待优化。森林覆盖率和河湖水面率持续提升难度增大，区域分布不平衡的状况尚未得到有效缓解；生态保护红线、自然保护地、野生动物栖息地等重要生态空间的连通性相对不足，还存在生境破碎化和孤岛化问题；与国际化大都市的功能定位相比，生态空间品质和服务功能有待提升。生态安全方面，受咸潮入侵和上游来水"上下"夹击的共同影响，上海饮用水安全问题压力较大；极端天气气候事件频发带来的系统性风险挑战更为严峻，提升气候变化适应和风险防范能力是当务之急。

（四）环境基础设施水平仍存在短板

水环境基础设施方面，中心城区合流制区域初期雨水调蓄设施不足、分流制区域雨污混接没有彻底解决，排水管网老化、地下水渗漏现象较为普遍，部分农村生活污水处理设施运行不正常、维护管理不到位。固体废物处置设施方面，固体废物就地处置消纳能力还有不足，上海固体废物产生量持续上升，废弃动力电池处置问题逐步凸显，梯次利用和综合利用体系有待加快健全完善。

（五）生态环境治理能力仍有待提升

监管执法需要进一步强化，大数据、人工智能、物联网、区块链等新技术新手段在生态环境监管领域的应用实践还不够，全链条监管、多污染协同治理及综合防控技术相对薄弱。环境监测网络需要进一步健全，碳监测、水生态监测、生物多样性监测等均处于探索阶段，新污染物等与民众关切息息相关的环境健康监测分析能力不足。以绿色发展为导向的公共政策体系还不健全，让保护修复者获得合理回报的激励政策供给尚有不足，碳金融产品创新力度还需加大。科技支撑的力度仍需加大，高水平科技供给能力有待增强。

三　面临的形势分析

（一）国家层面

建设美丽中国是以习近平同志为核心的党中央立足国情、着眼全局、面向未来作出的重大战略决策，是对未来中长期推进我国生态文明建设与生态环境保护的统领性目标要求。党的二十大提出了"到 2035 年，生态环境根本好转，美丽中国目标基本实现"的远景目标。

2023 年 7 月 17~18 日，全国生态环境保护大会上习近平总书记发表重要讲话强调，今后 5 年是美丽中国建设的重要时期，要深入贯彻新时代中国特色社会主义生态文明思想，坚持以人民为中心，牢固树立和践行绿水青山就是金山银山的理念，把建设美丽中国摆在强国建设、民族复兴的突出位置，推动城乡人居环境明显改善、美丽中国建设取得显著成效，以高品质生态环境支撑高质量发展，加快推进人与自然和谐共生的现代化。为我们在新时代新征程中继续推进生态文明建设提供了行动纲领和科学指南。

《关于全面推进美丽中国建设的意见》提出了到 2027 年和 2035 年美丽中国建设的主要目标、重大任务和重大改革举措，这对于统筹产业结构调整、污染治理、生态保护、应对气候变化，协同推进降碳、减污、扩绿、增长，以高品质生态环境支撑高质量发展，加快形成以实现人与自然和谐共生现代化为导向的美丽中国建设新格局，筑牢中华民族伟大复兴的生态根基具有重大意义。

（二）上海层面

党的十八大以来，上海积极探索"绿水青山就是金山银山"和人民城市两大重要理念的深度融合与实践，通过持续努力、久久为功，实现了从补短板到提品质、从重点治理到综合整治、从重末端到全过程防控的转变，生态环境质量明显改善，人民群众的满意度、获得感明显增强，形成了一批拥有上海城市特点和城市精神的生态文明建设和生态环境保护典型案例。

2023年11月28日至12月2日，习近平总书记考察上海时指出，上海要聚焦建设"五个中心"重要使命，持续提升城市能级和核心竞争力，加快建成社会主义现代化国际大都市，在推进中国式现代化中充分发挥龙头带动和示范引领作用。2023年9月11日的全市生态环境保护大会强调要高标准谋划全面推进美丽上海建设工作，加快打造人与自然和谐共生的现代化国际大都市。上海市市长就深入贯彻习近平生态文明思想，科学谋划、统筹布局美丽上海建设工作多次提出指示要求。

面向新时期，上海生态环境保护工作要迈开步子、蹚出路子，系统结合本市生态环境推进工作机制优势、技术优势和经验优势，全面落实党中央、国务院关于美丽中国建设的决策部署，推动形成美丽中国建设的上海典范，这是上海建设人民城市的发展之路，也是上海肩负引领全国率先走出一条超大城市人与自然和谐共生之路的使命担当。

四　美丽上海建设三年行动计划总体设想

（一）基本定位

美丽上海建设三年行动计划是全面推进美丽上海建设的具体施工图，是实现美丽上海建设阶段性目标的重要抓手。将原环保三年行动计划升级为美丽上海建设三年行动计划是全面加强生态环境保护工作的重大历史性转段，对上海全面推进人与自然和谐共生的社会主义国际化大都市具有重要意义。

（二）工作特点

新的历史时期，面对新的使命和问题，全面升级美丽上海建设三年行动计划主要有以下三方面特点。一是目标层次更高。前八轮环保三年行动计划的核心目标是基本改变上海环境面貌，重点是解决环境矛盾和改善环境质量，美丽上海建设的工作目标是通过持续滚动实施三年行动计划逐步实现习近平总书记对上海提出的建设人与自然和谐共生的美丽家园要求。二是工作维度更广。美丽上海建设三年行动计划的工作重心更加突出从推进污染防治向推动超大城市绿色低碳发展转变，涉及领域在原环保三年行动计划基础上大幅拓展。三是工作融合更深。美丽上海建设阶段对生态环境保护工作提出更高要求，生态环境部门从搭建平台统筹协调推进逐渐转变为不断推动生态文明理念融入社会经济发展全局。

（三）推进机制

美丽上海建设三年行动计划的编制实施将在上海生态文明建设领导小组工作机制的基础上，结合美丽上海建设实施意见"十美"分工，进一步优化完善，建立美丽上海建设协调推进机制。其中，市生态文明建设领导小组办公室牵头计划编制、统筹协调、实施推进和跟踪评估，"十美"专项工作组牵头部门负责统筹本专项具体内容的谋划编制、组织协调、实施推进和跟踪评估。各区、临港新片区管委会、虹桥国际中央商务区管委会以及长三角一体化示范区执委会结合各自实际出台行动方案，落实美丽上海建设的主要实施责任，细化落实措施，在有条件的领域和区域先行先试，组织开展不同层级的美丽细胞工程与试点建设，以点带面全面推进。

（四）基本结构

三年行动计划的基本架构与《实施意见》的架构保持一致，主要内容——对应"十美"体系，包括空间结构保护与优化、绿色低碳转型、污染防治攻坚、生态保护与建设、环境安全与健康、美丽城市与乡村、全民参与行动、科技赋能与应用、区域环境共保联治、制度建设与创新共计 10 个板块，其中的主要任务以《实施意见》为主，根据每一轮的重点问题和最新态势进行具体工作内容的优化调整。同步建设与美丽上海建设相匹配的跟踪平台、评估体系，形成年度跟踪评估机制，确保每个板块工作的顺利实施。

这一基本结构首先体现出新历史阶段的工作重点发生了转变，重点突出美丽上海建设与之前的生态环境保护阶段的转段升级，尤其是对城市建设、社会经济发展以及生态文化领域的介入程度不断加深。其次，通过与《实施意见》的全面衔接，确定十个专项领域一一对应，在 2035 年前的四轮三年行动计划中保持"十美"体系不变，从美丽上海建设体系的形式上做到了自上而下的全面衔接。

五 近期重点领域举措建议

全面贯彻落实《实施意见》的同时，突出三年行动计划"求真、务实"的特点，紧密结合近期阶段特征，实施项目化、清单化、责任化管理。

（一）突出高水平保护促进高质量发展的核心

行动计划首先需要明确将空间格局的优化作为绿色低碳发展的基础，坚持以城镇开发边界实施管理相关政策为引领，细化管理要求。同时，结合生态环境分区管控体系的更新，做好与国土空间规划的衔接。其次，在绿色低碳转型方面，聚焦建立碳排放双控管理体系，制定碳排放双控目标考核管理办法及配套制度。进一步推进能源、产业、交通、建筑等领域绿色转型，例如推进现役煤电改造，实施"光伏+"工程，启动一批深远海海上风电示范项目。最后，在深化污染防治攻坚方面，继续围绕持续深入打好蓝天、碧水、净土三大保卫战实施一批重点项目，同时关注当前公众关注的"身边小事"，在油烟气管理、噪声污染防治和建筑垃圾全流程管控方面提出具体要求和项目清单，例如确定全市餐饮选址禁设场所具体范围、推进宁静小区建设、加强建筑垃圾管理等。在此基础上，将美丽细胞建设提上日程，一批美丽河湖、美丽海湾等建设工作也纳入行动计划。

（二）突出深入践行人民城市重要理念

重点围绕安全、生态、人居品质等领域提出具体的建设措施，并且提出全民参与的生态文化体系建设。在生态环境安全保障方面，将与广大人民群众息息相关的安全、健康、清洁需求作为重点，将加强饮用水源、危险废物、核与辐射、生物环境安全等领域的风险防控作为具体的细化工作。在生态系统保护修复方面，围绕城市自然生态屏障构筑和生物多样性保护，重点推进自然保护地整合优化，全面实施生物多样性保护战略与行动计划。在建设宜居家园方面，围绕提升城区人居环境品质、推进公园城市建设、打造生态宜人美丽乡村三个板块提出具体项目清单，重点包括"一江一河"贯通和滨水空间建设、打造高品质"美丽街区"、建设楔形绿地和"环上"公园等。在生态文化建设方面，积极建立全民参与的美丽上海建设体系，通过大力推进国家生态文明建设示范区和"绿水青山就是金山银山"实践创新基地创建等一批示范、展示和宣传项目来系统培育和弘扬具有上海特色的生态文化。

（三）突出制度保障和政策创新

紧密结合上海"五个中心"建设要求，发挥自身区位优势，加大生态文明改革力度。通过推动绿色技术创新来推进一批生态环境领域重点科技专项，加快建立现代化生态环境监测体系。以长三角一体化战略为核心，深入推进区域生态环境联保共治。充分发挥上海改革开放排头兵和先行者的优势，加大力度健全完善生态环境保护的相关法规标准和市场机制。

B.9
产品碳足迹管理体系建设的
机遇与挑战

胡 静 李宏博 周晟吕 陆嘉麒 邓静琪*

摘 要： 欧盟于 2023 年 8 月正式实施《欧盟电池和废电池法规》，首次在立法层面将全生命周期碳足迹纳入产品强制性标准。国际绿色贸易壁垒在给中国出口企业带来挑战的同时，也为加快制造业绿色低碳转型强化了外部约束，并为推动发展新质生产力提供了契机。本报告重点梳理总结了欧盟产品环境足迹管理体系建设经验和《欧盟电池和废电池法规》的碳足迹管控要求，对比分析了上海产品碳足迹管理体系建设的现状与不足，并针对性提出加强央地联动，系统推进方法学和标准体系的顶层设计；统筹建立国家和地方公共服务碳足迹背景数据库；加强区域协作，联合推进长三角产品碳足迹管理体系建设；加快建立健全上海市碳排放量化管理的长效机制等对策建议。

关键词： 产品碳足迹 全生命周期 核算体系 管理体系

为积极应对全球气候变化带来的严峻挑战，多国已将温室气体减排的重点从生产制造领域逐步拓展到兼顾产业链、供应链，乃至消费领域，产品碳足迹管理的理念和实践也随之应运而生。欧盟在开展了十余年产品碳

---
* 胡静，上海市环境科学研究院高级工程师，研究方向为低碳经济和环境管理；李宏博，上海市环境科学研究院工程师，研究方向为低碳技术评估；周晟吕，博士，上海市环境科学研究院高级工程师，研究方向为低碳经济和环境管理；陆嘉麒，博士，上海工程技术大学化学化工学院讲师；邓静琪，上海工程技术大学化学化工学院。

足迹管理实践基础上，于 2023 年 8 月正式实施《欧盟电池和废电池法规》（以下简称欧盟《新电池法》），开创性地将全生命周期碳足迹管控纳入产品强制性标准，从而形成了针对深加工品的"碳"壁垒。面对日渐严苛的绿色贸易壁垒，有必要加强技术体系、管理制度和顶层设计的系统统筹，兼顾有效应对国际绿色贸易壁垒和理顺内部管理体系两方面需求，加快建立完善上海产品碳足迹管理体系，积极打造绿色低碳供应链，推动新质生产力发展，服务经济社会全面绿色转型，为实现碳达峰碳中和目标提供支撑。

一　产品碳足迹管理的国际实践

欧盟、美国、日韩等发达国家和经济体已拥有多年产品碳足迹核算、评价和标识等研究与实践经验。在技术方法上，主要依据《温室气体产品碳足迹量化要求和指南》（ISO14067）、《温室气体核算体系：产品全生命周期核算与报告标准》（GHG Protocol-Product Life Cycle Accounting and Reporting Standard）、《商品和服务在生命周期内的温室气体排放评价规范》（PAS 2050）等国际标准，以及日本《碳足迹的公共通报框架》（JIS TSQ 0010）、韩国《环境管理生命周期评估原则与框架》（KS I ISO 14040：2011）等国家标准。在管理实践上，主要通过政策激励与市场化机制相结合的方式推动碳足迹管理，如美国 2022 年推出《通胀削减法案》（IRA），鼓励企业自愿采用碳足迹核算工具（如 Cool Climate Network）开展量化评估并推动减排；韩国建立了《温室气体排放和吸收认证体系》，与欧盟在国际碳足迹认证与减排方面探索更深层次的合作；澳大利亚通过了《国家温室气体和能源报告制度》（NGER），要求企业定期披露碳排放数据，结合清洁能源开发政策，推动产品碳足迹管理有机融入经济转型。

（一）欧盟产品碳足迹管理实践

欧盟在产品环境足迹（PEF）管理领域，特别是产品碳足迹管理方面，建立了完善的政策体系和技术框架，2013 年发布了产品及机构环境足迹通用方法建议，旨在评估产品和机构生命周期的环境表现。2013~2018 年，欧盟开展了环境足迹试点，制定了产品环境足迹分类规则（PEFCR）和机构环境足迹分类规则（OEFSR）①，目前已出台了 19 项 PEFCR，涵盖原材料、纺织、轻工、电子、食品饮料等多类产品。从 2019 年起，欧盟进入过渡阶段，建立了监管框架并持续完善分类规则。2021 年，修订了《环境足迹方法学使用建议》。这些方法成为《欧洲绿色新政》和《循环经济行动计划》的重要组成部分。欧盟产品环境足迹管理制度建设充分体现出技术体系与管理体系相辅相成、协同推进的特点。

一是标准规范的研究制定紧密结合管理需求，突出应用导向。PEFCR 在制定之初，不仅要考虑如何全面、科学核算同一类产品的全生命周期环境足迹，还要为环境足迹基准线管理和等级划分提供支撑。因此，PEFCR 开发时就需要在政府牵头搭建的联合工作组中纳入有足够市场覆盖率（营业额或产量覆盖欧盟市场 51% 以上）的企业主体代表，生产商、进口商、行业协会等行业相关方，以及中小企业、消费者和环保组织等不同类型代表（见表 1）②。政—产—学—研联合推进的工作机制确保了政策制定、技术支持和标准实施得以统筹推进、有机衔接。

表 1　欧盟产品环境足迹管理的组织结构和职能概览

机构名称	组成和架构	主要职责	具体成员示例
指导委员会（SC）	成员包括欧盟委员会、每个试点项目的代表、欧盟成员国、欧洲自由贸易联盟或候选国的代表，以及主要利益相关者团体	制定投票和抽查规则；指导技术咨询委员会工作；批准 PEF 分类规则；协调试点项目冲突	欧盟委员会（环境总局等）、各成员国环境部长、欧洲化学工业理事会（Cefic）、环保组织（WWF、绿色和平）等

① "Understanding Product Environmental Footprint and Organisation Environmental Footprint Methods," *JRC Technical Report*, 2022.

② "Product Environmental Footprint Category Rules Guidance," Version 6. 3-May 2018.

续表

机构名称	组成和架构	主要职责	具体成员示例
技术咨询委员会（TAB）	由指导委员会每个成员任命的专家组成，包括技术专家、学术研究人员、行业专家和独立顾问	向指导委员会提供专业技术支持；执行抽查和检查任务；确保规则一致性	生命周期分析专家（SETAC成员）、大学教授（莱顿大学、柏林技术大学等）、行业技术顾问（如Deloitte）
技术秘书处（TS）	由试点项目自愿参与者组成，包括制造公司、行业价值链参与者、非政府组织等；协调员作为试点项目联系人	制定和测试PEFCR和OEFSR规则；组织和协调跨领域工作组；确保市场覆盖超过51%的关键领域参与	项目管理团队，技术专家（如环境咨询公司），乳制品、零售行业的制造商和行业协会成员
技术服务平台（EF Helpdesk）	签约供应商团队（如PRé Sustainability）通过欧盟委员会招标合作	提供环境足迹技术支持；处理用户咨询和反馈；提供技术培训和服务支持	技术支持团队、客户服务团队（如第三方技术支持公司）
虚拟咨询论坛（EF Wiki）	向所有注册和提交意见的利益相关者开放，包括行业代表、学术界、非政府组织、政策制定者和公众	收集和分析各方意见；促进政策信息透明；支持利益相关方间的交流和协作	各行业协会代表（如CEPI）、大学研究人员（环境科学领域）、环保组织、消费者保护组织等
跨领域工作组（WG）	包括奶牛模型、建筑产品、包装等工作组，由多个试点项目的共同问题制定横向规则	制定跨领域规则，协调行业标准；推动不同领域规则的一致性；为试点项目提供技术支持	包括乳制品、肉类、建筑产品等领域的技术专家和行业代表；包装建模专家和标准制定顾问

二是在数据支撑体系建设上形成了多元共治的工作格局。欧盟自2005年开始建设国际生命周期数据体系（ILCD），并于2014年启动构建了生命周期数据网络（LCDN）①。目前，国际认可度较高的生命周期评估（LCA）数据库主要有瑞士Ecoinvent中心开发的商业数据库Ecoinvent；德国Thinkstep公司开发的LCA扩展数据库Gabi（已被美国公司收购）；欧盟政府资助欧盟研究总署（JRC）联合各行业协会提供的生命周期文献数据库

---

① ILCD Handbook，"General Guide for Life Cycle Assessment-Detailed Guidance，"JRC.

ELCD，以及主要用于 PEFCRs 和 OEFSRs 代表产品 LCA 计算使用的 EF 数据库等，各数据库研发主体均由公司、协会、公共机构等共同参与。其中，应用较为广泛的 Ecoinvent 数据库历经近 20 年发展，积累了约 15000 个单元过程的数据，所有数据都经过内部审核和外部独立审查，以确保满足数据质量和透明度要求。政府管理部门在数据支撑体系建设上充分发挥了技术指导和管理协调的作用。一方面强化了顶层设计，统一建立数据治理规范；另一方面提供了大量政府公开信息支撑，如国家/区域/城市温室气体清单、电力热力等公共服务排放因子、各类主要产品碳排放基准线等。

三是将产品碳足迹管理作为推动碳减排的有力抓手，带动制造业绿色发展转型。欧盟在绿色新政中提出，到 2050 年温室气体达到净零排放并且实现经济增长与资源消耗脱钩。2020 年 3 月发布新版《循环经济行动计划》（CEAP），将循环经济理念贯穿产品设计、生产、消费、维修、回收利用等全生命周期，减少资源消耗和碳足迹，目前已陆续完成相关立法程序、技术标准及贸易规则转化，涉及电池和汽车、电子产品和信息通信产品、纺织品、塑料制品、包装、建筑和建设等多个领域。欧盟委员会计划将 PEF 纳入各类环境政策中，成为统一的绿色产品评价方法。2024 年 5 月，欧洲议会全体会议通过了新的《可持续产品生态设计法规》，欧盟委员会将有权要求几乎所有产品类别采用产品生态设计，以提高其环境可持续性。欧盟在持续完善 PEF 技术和管理体系建设的同时，逐步将成熟经验做法上升为法律法规，并通过构建新型绿色贸易壁垒将内部管控体系转化为国际话语权。

（二）欧盟《新电池法》产品碳足迹管控要点

2023 年 8 月欧盟《新电池法》正式生效，针对便携式电池，启动、照明、点火电池（SLI 电池），电动汽车电池，轻型交通工具电池（LMT 电池），工业电池等产品，明确提出了包括有害物质的限制、全生命周期碳足迹信息披露、材料回收要求、性能及耐久性以及电池标签信息等规定，旨在减少电池生产制造对环境和人类健康的不利影响，并推动供应链的绿色转型。法案对电池碳足迹管理设立了分阶段的强制性要求。首先，企业需发布碳足迹声明，包含电池在不同生命周期阶段的数据。其次，企业需根据碳足迹数据对产品进行分级标识，通过贴标形式展示产品的碳足迹等级。最后，法规规定了碳足迹上限值，超过阈值的产品将不得进入欧盟市场（见表2）。

表2　欧盟《新电池法》产品碳足迹分级管理进程

电池类别	出台核算规则	碳足迹声明	碳足迹等级划分	碳足迹阈值管理
电动汽车电池	2024年2月 （实际4月出台草案）	2025年2月*	2026年8月**	2028年2月**
工业电池（无外部存储,2kwh以上）	2025年2月	2026年2月**	2027年8月**	2029年2月**
轻型交通工具电池	2027年2月	2028年8月**	2030年2月**	2031年8月**
工业电池（带外部存储,2kwh以上）	2029年2月	2030年8月**	2032年2月**	2033年8月**

注：* 表示或者授权法案生效后12个月，以较晚者为准；** 表示或者授权法案生效后18个月，以较晚者为准。

2024年4月，欧盟公布了电动汽车电池碳足迹计算规则草案，要求电池制造企业遵循欧盟产品环境足迹方法，采用"摇篮到坟墓"的全生命周期碳足迹测算方法，核算和管控要点包括以下几点。

一是明确规范全生命周期数据收集、建模及核算要求。在数据收集上，对产品开展全生命周期评价需要使用实景数据和背景数据两类数据。实景数据需要由制造商及其供应商根据生产工艺，按照全生命周期清单分析（LCI）提供输入和输出材料/产品或半成品的活动水平数据及相关参数。难点包括要将生产设施或辅助设施的能源消耗数据归因于生产线、产品和时间段；原材料获取和预处理各工艺阶段的数据收集难度大；对于回收物和废物的再利用需要使用循环足迹公式（CFF）建模核算对碳足迹的影响；电力消耗的碳足迹核算仅认可直连电力和全国平均电力消耗组合等。背景数据通过调用各种公共或商业LCA/碳足迹数据库获得，需要引用符合欧盟ILCD方法规范和LCDN数据库信息技术规范数据库中的数据，或者根据欧盟的标准规范自建数据库，并获得相关认证。在数据质量控制上，产品碳足迹核算模型中的所有公司特定数据和二级数据集要按技术代表性 TeR、地理代表性 GeR 和时间代表性 TiR 开展数据质量评级（见表3），并规定了数据集质量不高情况下的替代方案。

表3　欧盟《新电池法》配套碳足迹方法学草案中 DQR（数据质量评估）标准

质量等级	TiR 数据集 （时间代表性）	TeR 数据集 （技术代表性）	GeR 数据集 （地理代表性）
1	对于建模中使用的二级数据集,碳足迹的参考年份在二级数据集的时间有效期内。 对于公司特定的数据集,或者二级数据集没有提供任何有效性信息的,在符合 ILCD 数据集的情况下,碳足迹的参考年份等于数据集的参考年份	涉及的技术与数据集范围内的技术相同	建模过程发生在数据集有效的国家
2	对于建模中使用的二级数据集,碳足迹的参考年份最多可超过二级数据集的有效时间 2 年。 对于公司特定的数据集,或者二级数据集没有提供任何关于有效性的信息的,碳足迹的参考年份至多为数据集的参考年份后 2 年	该数据集中包含了相关技术,但在生产途径上有一些有限的差异	建模的过程发生在数据集有效的地理区域内
3	对于建模中使用的二级数据集,碳足迹的参考年份最多可超过二级数据集的有效时间 3 年。 对于公司特定的数据集,或者二级数据集没有提供任何关于有效性的信息的,碳足迹的参考年份至多为数据集的参考年份后的 3 年	该数据集中包含了相关技术,但在生产路径上存在显著差异	建模的过程发生在数据集有效的地理区域之一,例如使用全球性的数据集
4	对于建模中使用的二级数据集,碳足迹的参考年份最多可超过二级数据集的有效时间 4 年。 对于公司特定的数据集,或者二级数据集没有提供任何关于有效性的信息的,碳足迹的参考年份至多为数据集的参考年份后的 4 年	相关技术与数据集中的建模技术相似,例如在系统边界和碳足迹方面,这意味着技术代理	建模的过程发生在一个不包括在数据集有效地理区域内的国家,但根据专家的判断,有足够的相似之处
5	对于建模中使用的二级数据集,碳足迹的参考年份超过二级数据集的有效时间 4 年以上。 对于公司特定的数据集,或者二级数据集没有提供任何关于有效性的信息的,碳足迹的参考年份超过数据集的参考年份后的 4 年以上	涉及的技术不同于在数据集的范围内所包含的技术	在所有情况下,不在质量等级 1~4 的范围内

二是对全生命周期数据管理的可验证性和可追溯性提出了较高要求。产品碳足迹计算的所有步骤需要以系统、有序和全面的方式予以记录。公告机构（Notified Body）需要验证用于计算产品碳足迹的数据和信息是一致、可靠和可追溯的，使用的数据集和公司特定数据是适当的，覆盖范围、精度、完整性、代表性、一致性、再现性、来源和不确定性可以得到验证。包括产品碳足迹在内的核心管控要求将以"电池护照"为载体，利用数字化技术如实记录电池生产的材料成分、碳足迹、供应链等信息并确保可追溯。电池护照的信息应基于开放标准，确保信息的互操作性和可访问性（见表4）。当电池被回收后，电池护照将同步取消，相关的信息记录也会被清除或标记为已回收状态。

表4 欧盟《新电池法》规定的不同主体可查阅的电池护照信息

面向主体	可查阅的电池护照信息
公众	一般信息、材料成分、碳足迹、负责任采购、再循环成分、可再生回收材料使用比例、额定容量、电压及温度范围、功率及温度范围、电池寿命、容量耗尽阈值、保修期、循环寿命开始时和50%后的循环效率、标识、内部电阻、欧盟CE声明、预防和管理废旧电池信息、循环寿命测试倍率
合法权益人和欧盟委员会	电池详细组成，包括在阴极、阳极和电解液中使用的材料； 电池零件编号和替换备件的详细信息； 拆卸信息； 安全措施
公告机构、市场监督机构和欧盟委员会	电池检测报告结果
合法权益人	性能和耐久性参数； 电池健康状况； 电池使用过程中的信息数据，包括充放电循环次数、事故等负面事件； 运行温度以及充电状态； 电池状态描述，包括原装、改装、再利用、再制造以及废旧电池

三是对碳足迹的第三方认证和供应链尽职调查提出了较高要求。欧盟《新电池法》不仅要求产品碳足迹需出具独立第三方的认证声明，还要求对

产品生产的供应链开展尽职调查。欧盟《新电池法》第七章为相关经济运营商（Economic Operators，包括制造商、授权代表、进口商等）创设了强制性电池供应链尽职调查义务，包括搭建管理体系，开展风险管理、信息披露、第三方核查，合规文档保存等，并鼓励政府、行业协会和利益相关组织向欧盟委员会申请认可其供应链尽职调查方案，以提高尽职调查的有效性和可信度。

二 中国产品碳足迹管理建设要求及有益实践

（一）国家政策导向

一是在顶层设计方面，2023 年 11 月，国家发展改革委等 5 部门发布《关于加快建立产品碳足迹管理体系的意见》，提出推动建立符合国情实际的产品碳足迹管理体系等总体要求。2024 年 6 月，生态环境部等 15 部门联合印发《关于建立碳足迹管理体系的实施方案》，明确提出国家统一制定发布产品碳足迹核算通则标准和重点产品碳足迹核算规则标准，并将依托温室气体排放因子数据库，优先聚焦基础能源、大宗商品及原材料、半成品和交通运输等重点领域发布产品碳足迹因子，建立国家产品碳足迹因子数据库。2024 年 7 月，国务院办公厅印发《加快构建碳排放双控制度体系工作方案》，明确提出将碳排放指标及相关要求纳入国家规划，建立健全地方碳考核、行业碳管控、企业碳管理、项目碳评价、产品碳足迹等政策制度和管理机制（国家层面产品碳足迹管理主要政策文件详见附表 1）。

二是在技术指引与支撑方面，2024 年 8 月，生态环境部指导制定的《温室气体 产品碳足迹 量化要求和指南》（GB/T 24067-2024，以下简称《通则标准》）正式发布，于 2024 年 10 月 1 日起实施。2024 年 11 月，工业和信息化部公示了 2024 年度工业节能与绿色标准研究项目，涵盖钢铁、乙烯、肥料、甲醇、氢、合成氨、电解铝、电池、水泥、光伏、玻璃、石灰等 28 项产品碳足迹量化标准，和 2 项信息披露/碳标签有关标准。2024 年 4

月，国家认监委发布《关于明确直接涉碳类认证规则备案要求的通知》，并对各机构的清理规范情况进行了核查。2024 年 9 月，市场监管总局等 4 部门联合印发《关于开展产品碳足迹标识认证试点工作的通知》，国家认监委秘书处同步开展产品碳足迹标识认证试点参与机构遴选工作。在本土化的专业数据库建设方面，2023 年，我国首个公开的生命周期单元过程数据库——天工数据库正式发布，涵盖中国 55 个行业、4000 多组单元过程的70000 多条公开数据，目前，正在积极推进天工数据库的国际互认工作①。

（二）省市实践

我国部分省市前期在产品碳足迹核算标准制定、碳足迹认证和标识等方面开展了试点探索。近年来，在欧美发达经济体将应对气候变化与贸易政策挂钩、利用"碳"壁垒打造"小院高墙"的背景下，各地结合自身产业发展定位和既有优势，形成了不少颇具地方特色的实践经验（部分地区产品碳足迹管理体系建设实施要点详见附表 2）。

广东省自 2013 年起参加国家低碳产品认证试点，主要依托碳标签专委会及市场力量推进产品碳足迹试点工作。探索建立了广东产品碳足迹评价与标识制度，持续推进粤港澳在新能源汽车、绿色建筑、绿色交通、碳标签、近零碳排放区示范等方面的交流合作。建立健全广东碳标签的制度保障和管理机制，2022 年，碳标委正式发布了"广东碳标签"标识，覆盖电子、电器、石化、化工、照明等多个行业，成为国内首个省级碳标签，并已陆续在珠海、佛山、江门等市进行试点、示范推广。

浙江省构建了碳足迹"通则+基础+行业+产品"的标准体系，参与了光伏组件、锂电池、纺织品等产品碳足迹国家标准的制定工作。省发改委牵头建立碳足迹核算标准规范，并会同省市场监管局和省生态环境厅共同建立了浙江省产品碳足迹服务平台（碳足迹数据库），聚集了相关市县、有关部

---

① 《让碳足迹更多听见中国声音》，新华网，https://imgs.xinhuanet.com/info/20240226/b096 1726da8544f5aea4e1f12223064d/c.html。

门、龙头企业、高校科研院所、行业协会、认证机构等多方力量，研发形成并入库400余个基于实景数据的本地化因子①。2024年重点推进纺织、电池行业数据库建设，2025年扩大至建材、钢铁、造纸等行业，2026年进一步扩大至石化、化工等行业。

山东省市场监管部门指导成立了山东省碳足迹认证技术委员会、山东省碳足迹认证联盟，统筹推进全省碳足迹认证工作。2023年已上线山东省双碳智慧服务平台碳足迹管理模块，建立碳足迹评价体系。2024年7月，山东省企业产品碳足迹一站式服务平台正式上线运行，已有26家认证机构参与认证工作，161家企业获得了231张碳足迹认证证书，获证产品覆盖有色金属、化工、汽车、纺织等重要出口行业，未来还将拓展至煤化工、电解铝等行业②。

三　产品碳足迹管理带来的机遇与挑战

国际绿色贸易壁垒在给中国出口企业带来挑战的同时，也为倒逼制造业加快绿色低碳转型强化了外部约束，并为中国进一步提升新兴产业核心竞争力提供了契机。

（一）机遇

一是有利于全面支撑"双碳"战略落地实施。与传统的节能减排工作以关注生产制造环节为主不同，产品碳足迹管理需要加强从源头的产品设计、原材料和零部件采购，到过程中的生产制造、包装运输、销售使用，再到末端的废弃物回收利用及处置等供应链全过程的降碳管理，有利于推动链主企业将节约资源和保护环境理念及技术应用融入产业链发展布局，识别各环节绿色属性并进行有效管理，最大化资源利用效率，最小化全过程环境影

① 任艳红：《浙江省碳足迹研究进展及实践探索》，浙江省生态环境低碳发展中心，2024年9月，广州南方学院举办"碳足迹专题培训班"交流发言。
② 王瑶：《山东省碳足迹经验交流》，山东省生态环境厅气候处，2024年9月，广州南方学院举办"碳足迹专题培训班"交流发言。

响。产业链上下游联动发展态势将有助于我国加快构建绿色低碳循环发展经济体系，为推动"双碳"战略落地实施提供重要抓手。

二是有利于促进新质生产力发展。加快建设产品碳足迹管理体系将有力助推绿色低碳科技创新和推广应用，促进发展新质生产力。国内外多家知名企业已率先垂范，借助产品碳足迹管理进一步提升企业的核心竞争力。如苹果公司开发了多款致力于回收废弃电子产品中贵重金属和触屏材料的机器人，显著提升资源利用效率[①]；博世集团采用系统性的"环境设计"，研发推出的新能源汽车产品在减碳的同时，大幅改善了使用体验[②]，使可持续发展成为驱动企业不断创新、增长的新引擎；远景科技积极打造零碳产业园模式，集成绿色能源和绿色工业体系，鼓励供应链上下游企业共同在园区内投资建厂，驱动更大规模的低碳转型和供应链的整体变革。

三是有利于推动以绿色消费进一步带动绿色生产。随着消费升级的加速和公众环保意识的提升，生态环境管理需从传统的以关注生产为主，转向兼顾绿色低碳生活和消费方式的引导。在培育生态文明主流价值观，倡导简约适度、绿色低碳、文明健康的生活方式和消费模式的同时，扩大绿色产品供给能力，构建绿色低碳产品标准、认证和标识体系，推进消费品绿色设计与制造一体化，在绿色采购、ESG 管理、自愿减排、绿色金融等政策助推下，将带动更加多元、更有活力的市场主体参与，有助于创新高效的环境制度和多元开放的生态文化，推动生态文明建设再上新台阶。

（二）挑战

一是产品碳足迹管理对于数据支撑体系建设提出了更高要求。对标欧盟产品环境足迹管理体系建设和欧盟《新电池法》管控要点，我国在产品碳

[①] 《Apple2030 计划》，Apple（中国大陆）官方网站，https：//www.apple.com.cn；《2024 年环境进展报告》，https：//www.apple.com.cn/environment/pdf/Apple_ Environmental_ Progress_ Report_ 2024.pdf。

[②] 《博世可持续性报告 2023》，https：//assets.bosch.com/media/global/sustainability/reporting_ and_ data/2023/bosch-sustainability-report-2023.pdf。

足迹管理的方法学和数据库建设，以及相关公共服务供给方面仍处于起步阶段。生产制造企业需要在掌握法人边界的碳排放情况基础上，深化细化分工艺、分工序、分产品的碳排放管控；链主企业及行业协会需要加快推进行业特征背景数据的调查研究；管理部门需要加强统一规范的标准方法引导，同时加快推进电力、热力、供排水及废弃物处理处置等公共服务领域的碳足迹研究，并加强信息公开。

二是产品碳足迹管理对跨部门的沟通协作提出了更高要求。产品碳足迹管理涉及的核算、评价、标识等技术规则制定，以及报告、验证、声明和分级管理等管理规范彼此相辅相成，但在实施推进过程中可能分属不同管理部门，需要各方紧密配合、协调一致，共同推进跨部门、跨行业的高效合作。同时，针对加强企业核心数据信息的保密管理，方法学、数据库的国际互认，第三方核查机制建设，以及长效构建产品碳足迹管理的奖优罚劣机制，持续深化绿色供应链建设等重点难点，还需强化科技、商贸、财税、金融等政策联动。

三是产品碳足迹管理对于强化"双碳"战略实施推进的系统统筹提出了更高要求。在加快推进产业升级和能源转型的同时，需要充分结合我国能源资源禀赋特征和产业发展及基础设施建设优势，统筹谋划有助于促进资源能源节约和减污降碳提效的制造业布局优化和区域联动发展策略，重点行业的发展还需加强关键原材料供应等国际合作，并相应统筹完善内部碳排放行政管控及市场化机制，以及外部的绿色低碳供应链跨国合作，逐步提升我国在产品碳足迹管理上的国际话语权。

四　上海产品碳足迹管理体系建设的现状与不足

（一）上海产品碳足迹管理体系建设现状

一是制度标准建设方面，上海于2017年发布了《产品碳足迹计算通则》及燃煤发电、乙烯产品、工业气体产品等地方碳排放指标。2021年率先发布《碳管理体系要求及使用指南》团体标准。2024 年 3 月，市人民政府办公厅印发《上海市加快建立产品碳足迹管理体系　打造绿色低碳供应链的行动方案》，牵头打造的长三角绿色认证联盟编制了产品碳足迹认证通则，试点发布了首批 11 项产品碳足迹种类采信清单。2024 年 6 月，市市场监管局联合多部门印发《关于加快推进本市产品碳标识认证服务绿色低碳供应链建设的实施方案》，为构建产品碳标识认证工作体系，完善提升产品碳足迹服务能级，逐步实施产品碳标识认证提供政策支持。同时，市市场监管局发布了纯电动汽车产品、化工产品、水泥及建材产品等多类产品碳足迹核算方法、产品碳足迹数据库建设导则、区域电力系统碳排放核算方法等地方标准制修订立项计划。

二是企业实践方面，上海已有多家专业技术单位针对钢铁、铝、光伏、电动车等产品开展碳足迹技术规范、数据库建设导则、公共服务领域排放因子研究和技术储备。部分龙头企业已自发开展碳足迹管理工作，在减少自身运营碳排放的同时，辐射带动上下游产业链协同提升碳足迹管理意识和能力。以宝钢为例，宝钢从低碳技术创新、数字平台打造、标准制定等多方面发力，建设了产品碳足迹计算信息系统，构建了覆盖大类产品及明细物料的 LCA 碳足迹计算模型，可提供具体到钢级牌号的、有公信力的产品碳足迹数据。

三是公共服务方面，上海市开发建设了工业碳管理公共服务平台，该平台是集企业组织碳核算、产品碳核算、碳认证、碳效评价、供应链碳管理、碳金融对接、ESG 发布等功能于一体的公益性、综合性碳管理平台，支撑上海本地数据库建设，支撑中小企业碳核算及碳信息披露。目前，平台已内置风电、太阳能等高端装备类，锂电池等电子信息类，食品、家具、纸制品等消费品类，钢制品、钢制零部件以及各种能源类型驱动的汽车等 50 余个核算模型，可拓展连接更多应用场景，帮助企业低门槛、低成本开展碳足迹核算与认证。

四是第三方机构培育发展方面，上海市认证机构数近 200 家，其中外资认证机构数居全国首位。近年来，认证机构在上海的"双碳"业务增长迅速，中国质量认证中心（CQC）、建科检验、钛和认证、瑞士通标（SGS）、德国莱茵（TÜV）等国内外认证机构开展了大量碳足迹相关认证评价及咨询服务。易碳数科、祺鲲科技等专注于数字化碳管理的本土企业也在快速发展，绿色低碳专业服务机构集聚效益初显。根据中国电子节能技术协会低碳经济专业委员会和中国碳标签产业创新联盟的组织评审，上海市已有多家企业获得碳标签授权评价资质，这些企业在提升碳标签国际互认权重和推动碳标签评价市场化方面发挥了积极作用。

（二）上海产品碳足迹管理体系建设的不足之处

一是方法学和标准体系构建有待加强顶层设计。生态环境部牵头印发的《关于建立碳足迹管理体系的实施方案》已明确提出，国家统一制定发布产品碳足迹核算通则标准和重点产品碳足迹核算规则标准，对国家已出台碳足迹核算规则和标准的相关产品，各地区不再出台或及时废止相关地方规则和标准。国家《温室气体产品碳足迹量化要求和指南》发布前后，包括上海在内的多个省市已先后开展地方性产品碳足迹核算通则和细分产品细则编制，各地各类标准在适用范围、系统边界、材料回收和再利用过程的碳排放分配、数据质量控制等方面存在差异，考虑到产品生产供应链跨地域现象非常普遍，各地技术方法标准如不一致，将对下一步在统一大市场建设背景下开展产品碳足迹的标识认证和分级管理等工作造成困扰。

二是数据支撑体系较为薄弱。应对产品碳足迹贸易壁垒的当务之急是补齐国家和地方产品碳足迹背景数据空白。国家层面目前优先聚焦基础能源、大宗商品及原材料、半成品和交通运输等重点领域研究发布产品碳足迹因子。上海在体系性推进本地特征行业产品碳足迹因子研究和背景数据库建设等方面尚处于起步阶段，城市供电供热、交通运输、供排水和垃圾处理等公共服务的本地化排放因子公开有限，企业碳交易、碳排放报告和城市温室气体清单等数据体系尚未形成有机衔接。

三是长效化工作机制尚不健全。上海市近期已开发建设了工业碳管理公共服务平台，但尚未建立产品碳足迹评价、核查、披露等监管机制；企业机构参与产品碳足迹核算评价的约束和激励机制仍较缺乏；本地数据库建设与国家数据库的衔接，以及与国际数据库的互认机制尚不清晰；产品碳足迹标识和分级管理机制仍为空白。

五　对策建议

一是加强央地联动，系统推进方法学和标准体系的顶层设计。基于国际经验，建议国家主管部门加强与地方的沟通合作，选择出口贸易比重较大、基础条件较好的长三角、珠三角等区域，与国家团队分工合作推进重点行业产品碳足迹核算方法标准及碳足迹基准和分级管理的研究与实践，确保国家和地方在标准规范的把握以及共性问题的处理上保持一致。

二是统筹建立国家和地方公共服务碳足迹相关数据库。以电力为例，为积极应对国际绿色贸易壁垒，生态环境部公布了不同口径电力二氧化碳排放因子，对接电力间接排放核算的不同国际规则。并在此基础上，联合中电联开展全国电力碳足迹研究，同步推动国际互认。上海应加快提升城市电网清洁化水平，为本地企业提供优于国家或区域电网电力排放因子的服务，参照建立多类别电力排放因子数据核算、信息公开等常态化工作机制，并加快推进城市电网碳足迹研究，为提升本市出口产品绿色竞争力做好支撑。除电力外，供水、污水和固废处理，以及交通运输等公共服务领域也应鼓励管理部门联合相关主体建立碳足迹背景数据的研究和信息公开机制。

三是加强区域协作，联合推进长三角产品碳足迹管理体系建设。考虑到重点产品的生产供应链跨地域现象非常普遍，并且产品碳足迹核算标准制定与后续建立碳足迹基准、实施分级管理紧密相连，建议打破地域边界，建立与长三角和其他供应链相关地区的联合攻关机制，在与国家主管部门充分对接的前提下，跨区域统一规范细分行业产品碳足迹核算规则和背景数据库建设标准，协同开展产品碳足迹评价、标识和分级管理机制，合力推进国际互认采信等工作。在技术体系和管理机制建设上加强分工合作，逐步将产品碳足迹管理打造成为推动长三角区域绿色供应链建设、促进绿色消费和绿色生

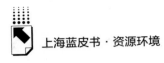

产良性互动的有力抓手。

四是加快建立健全上海碳排放量化管理的长效机制。长效应对国际绿色贸易壁垒,需要全方位加快夯实上海市碳排放量化管理基础,协调推进上海温室气体清单编制、企业碳排放核算报告制度、地方特征碳排放因子研究、典型产品单元过程清单数据集和产品碳足迹背景数据库建设等工作,建立健全"城市—企业—产品"不同层级有机衔接的碳排放量化管理体系,为科学构建碳排放双控制度提供抓手,为压实各类排放主体控排责任、激发市场活力、促进社会共治、加快驱动形成绿色低碳发展新动能创造有利的政策环境。

附

件

附表1 国家层面产品碳足迹管理主要政策文件

类型	名称	发布主体	发布时间	主要举措
顶层设计文件	《2030年前碳达峰行动方案》	国务院	2021年10月	建立重点企业碳排放核算、报告、核查等标准,探索建立重点产品全生命周期碳足迹标准。积极参与国际能效、低碳等标准制定修订,加强国际标准协调
	《中共中央关于进一步全面深化改革 推进中国式现代化的决定》	党的二十届三中全会	2024年7月	构建碳排放统计核算体系,产品碳标识认证制度,产品碳足迹管理体系,健全碳市场交易制度,温室气体自愿减排交易制度,积极稳妥推进碳达峰碳中和
	《政府采购领域"整顿市场秩序、建设法规体系、促进产业发展"三年行动方案(2024—2026年)》	国务院办公厅	2024年7月	开展政府采购支持公路绿色发展试点,适时将碳足迹管有关要求纳入政府采购需求标准,扩大政府绿色采购范围。研究制定绿色产品商业化推广后的政府采购需求标准,引领相关产业创新发展
	《关于加快经济社会发展全面绿色转型的意见》	中共中央、国务院	2024年8月	建立产品碳足迹管理体系和产品碳标识认证制度,适时将碳足迹要求纳入政府采购
	《加快构建碳排放双控制度体系工作方案》	国务院办公厅	2024年7月	建立健全地方碳考核、行业碳管控,企业碳管理、项目碳管理,产品碳足迹等政策制度和管理机制,并与全国碳排放权交易市场有效衔接,构建符合中国国情的产品碳足迹管理体系和产品碳标识认证制度
	《关于加快建立产品碳足迹管理体系的意见》	发改委等5个部门	2023年11月	制定产品碳足迹核算规则标准,加强碳足迹背景数据库建设,建立产品碳标识认证制度,丰富产品碳足迹应用场景,推动产品碳足迹规则国际互信
	《关于建立碳足迹管理体系的实施方案》	生态环境部等15个部门	2024年5月	建立健全碳足迹管理体系,构建多方参与的碳足迹工作格局,持续加强产品碳足迹能力建设

续表

类型	名称	发布主体	发布时间	主要举措
部门管理文件	《工业领域碳达峰实施方案》	工信部	2022年8月	实施废钢铁、废有色金属、废纸、废塑料、废旧轮胎等再生资源回收利用行业规范管理，鼓励符合规范条件的企业公布碳足迹
	《原材料工业"三品"实施方案》	工信部	2022年9月	强化绿色产品评价标准实施，建立重点产品碳排放数据库，探索将原材料产品碳足迹指标纳入评价体系
	《关于"十四五"推动石化化工行业高质量发展的指导意见》	工信部	2022年4月	探索基于碳足迹制修订含氟化工产品碳排放核算以及低碳产品评价等标准，参与全球标准制定，加强国际标准评估转化
	《关于化纤工业高质量发展的指导意见》	工信部	2022年4月	加快化纤工业绿色工厂、绿色产品、绿色园区建设，开展水效和能效领跑者示范企业建设，推动碳足迹核算和社会责任建设
	《智能光伏产业创新发展行动计划(2021—2025年)》	工信部等5部门	2021年12月	研究制定光伏行业碳排放控制目标和行动方案，制定光伏发电全生命周期碳足迹评价标准并开展认证
	《关于促进光伏产业链供应链协同发展的通知》	工信部	2022年8月	加强光伏产业全生命周期管理和碳足迹核算，加快废弃物组件回收技术标准及产业化研究
	《关于推动原料药产业高质量发展实施方案的通知》	发改委、工信部	2021年10月	推动原料药企业主动开展碳足迹分析，健全完善企业碳排放和能效评价体系
	《农业农村污染治理攻坚战行动方案(2021—2025年)》	生态环境部	2022年1月	建立畜禽规模养殖场碳排放核算报告、核查等标准，探索制定重点畜产品全生命周期碳足迹标准，引导畜禽养殖环节开展温室气体减排
	《关于加强产融合作推动工业绿色发展的指导意见》	工信部	2021年11月	探索新技术在金融领域的新场景、新应用，开展基于碳足迹认证业务，提供基于金融的解决方案
	《关于加快建立统一规范的碳排放统计核算体系实施方案》	发改委、统计局、生态环境部	2022年4月	建立健全重点产品碳排放核算方法，重点行业碳排放、隐含碳排放、人均累计碳排放、消费端碳排放等各类延伸测算研究工作

续表

类型	名称	发布主体	发布时间	主要举措
	《重点工业产品碳足迹核算规则标准编制指南》	工业和信息化部	2024 年 11 月	聚焦市场需求迫切、减排贡献突出、产业链关联性强、供应链带动作用明显、国际贸易量大的产品领域开展产品碳足迹核算规则标准研究，对实施基础好的团体标准采信为行业标准或国家标准，条件成熟的可直接制定行业标准或国家标准，加强涉及交叉领域的相关标准制定时的交流合作
	《"十四五"认证认可检验检测发展规划》	市场监管总局	2022 年 7 月	加快构建碳领域合格评定体系，完善碳排放审定核查机构认可制度，统筹推进碳领域产品、过程、体系、服务认证和审定核查、检验检测等多种合格评定工具的协同应用和创新发展。规范开展碳足迹、碳标签等认证服务
部门管理文件	《关于统筹运用质量认证服务达峰碳中和工作的实施意见》	市场监管总局	2023 年 10 月	到 2025 年，基本建成直接涉碳类和间接涉碳类相结合、国家统一推行与机构自主开展相结合的碳达峰碳中和认证制度体系。分步建立产品碳标识认证、完善绿色产品认证，能源管理体系认证、环境管理体系认证等直接涉碳类认证等同接涉碳类认证制度体系
	《国家认监委关于明确直接涉碳类认证规则备案要求的通知》	认监委	2024 年 4 月	认证机构备案直接涉碳类认证规则应满足国家认证认可监督管理委员会或者国务院有关部门制定发布的产品碳标识认证、碳相关服务认证基本规范、认证规则要求
	《关于进一步强化碳达峰碳中和标准计量体系建设行动方案（2024—2025 年）的通知》	发改委、市场监管总局、生态环境部	2024 年 7 月	加快企业碳排放核算标准研制，产品碳足迹碳标识标准建设，加强碳计量基础能力建设，计量对碳排放核算的支撑保障

167

续表

类型	名称	发布主体	发布时间	主要举措
部门管理文件	《关于开展产品碳足迹标识认证试点工作的通知》	市场监管总局等4个部门	2024年9月	优先聚焦市场需求迫切、外贸压力严峻、减排贡献突出、数据收集完整、产业链供应链带动明显的锂电池、光伏产品、钢铁、纺织品、电子电器、轮胎、水泥、电解铝、尿素、磷铵和木制品等产品开展试点，为国家统一碳标识认证制度建设积累经验
	《国家认监委秘书处关于组织开展产品碳足迹标识认证试点参与机构遴选工作的通知》	国家认监委秘书处	2024年9月	遴选有意愿参与产品碳足迹标识认证试点的、并针对所选试点产品具备相应能力的认证机构
	《关于征集"新三样"碳足迹国家标准项目提案的通知》	市场监管总局标准技术司	2024年3月	为进一步完善重点产品碳足迹核算方法及相关标准体系，加快提升我国重点产品碳足迹、锂电池、光伏产业管理水平，有效发挥标准对产业的规范和引领作用，征集电动汽车、锂电池、光伏产品"新三样"碳足迹国家标准项目提案
技术标准	GB/T 24067-2024《温室气体 产品碳足迹 量化要求和指南》	生态环境部	2024年10月	标准采用与国际通行的生命周期评价标准一致的方式，填补了国内产品碳足迹核算通用标准的空白，为各方开展研究编制具体产品碳足迹核算标准提供指导
	GB/T 44905-2024《温室气体 产品碳足迹量化方法与要求 电解铝》	中国有色金属工业协会	2024年10月发布,2025年5月实施	适用于以冶金级氧化铝为原料,采用预焙阳极铝电解槽设施生产的电解铝产品的碳足迹量化,还适用于铝土矿石,冶金级氧化铝,铝电解用预焙阳极板的产品碳足迹核算
	GB/T 41638.1-2022《塑料生物基材料及降解制品塑料的碳足迹和环境声明第1部分:通则》	全国生物基材料及降解制品标准化技术委员会,全国环境管理标准化技术委员会	2022年7月发布,2023年2月实施	适用于含生物或石油基成分的塑料制品、塑料材料和高分子树脂。等同采用ISO国际标准:ISO 22526-1:2020

续表

类型	名称	发布主体	发布时间	主要举措
技术标准	GB/T 41638.2-2023《塑料 生物基制品 塑料的碳足迹和环境足迹 第2部分:材料碳足迹 由空气中并入到聚合物分子中CO₂的量(质量)》	全国生物基材料及降解制品标准化技术委员会,全国环境管理标准化技术委员会	2023年5月发布,2023年12月实施	规定了材料碳足迹为从空气中去除并被聚合物分子固定的CO_2量(质量),并规定了其量化方法。适用于全部或部分由生物基材料制备的塑料制品、塑料材料和高分子树脂。等同采用ISO国际标准:ISO 22526-2:2020
	GB/T 41638.3-2023《塑料 生物基制品 塑料的碳足迹和环境足迹 第3部分:过程碳足迹 量化要求与准则》	全国生物基材料及降解制品标准化技术委员会	2023年5月发布,2023年12月实施	规定了生物基塑料过程碳足迹量化计算报告的要求和指南。等同采用ISO国际标准:ISO 22526-3:2020
	GB/T 44903-2024《温室气体 产品碳足迹量化要求 畜产品》	全国畜牧业标准化技术委员会,全国碳排放管理标准化技术委员会	2024年10月发布,2025年5月实施	规定了畜产品碳足迹核算的原则、目的和范围,并提供了详细的量化方法和报告要求

169

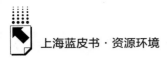

附表2　国内部分地区产品碳足迹管理体系建设实施要点

地区	名称	发布主体	发布时间	主要举措
粤港澳大湾区	《创建粤港澳大湾区碳足迹标识认证　推动绿色低碳发展的工作方案（2023-2025）》	深圳市市场监管局等	2022年10月	到2025年底,完成600个产品碳足迹标识认证示范
江苏省	《江苏省产品碳足迹管理体系建设实施意见》	江苏省发改委等	2024年2月	到2025年力争完成400个产品碳足迹核算工作,电池、光伏、钢铁等重点行业碳足迹背景数据库初步搭建,到2030年,全省产品碳足迹管理标准体系基本完善,电池、光伏、钢铁等重点产品碳足迹核算得到广泛推行,完成1000个左右产品碳足迹核算工作等
安徽省	《安徽省碳排放统计核算体系建设工作方案》	安徽省交通运输厅	2024年4月	到2025年,围绕新能源汽车、光伏、电池等重点行业制定10个左右碳足迹核算规则和标准,完成100个左右重点产品碳足迹核算工作等
浙江省	《浙江省建立产品碳足迹管理体系工作方案》（征求意见稿）	浙江省发改委	2024年3月	到2025年,全省出台20个左右重点产品碳足迹核算规则和标准,产品碳标识认证制度基本建立;全省统一产品碳足迹数据库建成运行;完成10个重点产品碳足迹碳标识应用示范等
山东省	《山东省产品碳足迹评价工作方案（2023—2025年)》	山东省生态环境厅等	2023年2月	科学运用LCA方法论,搭建全省的碳足迹标准体系框架和产品碳足迹评价体系,选取钢铁、电解铝、水泥等行业企业率先开展碳足迹核算应用
山西省	《关于做好加快建立产品碳足迹管理体系工作的通知》	山西省发改委等	2024年1月	适时将碳足迹管理相关要求纳入政府采购需求标准,加大碳足迹较低产品的采购力度。按需开展碳足迹管理工作培训、宣传、机构培育等工作
湖北省	《关于进一步加强湖北省碳足迹管理体系建设的函》	湖北省生态环境厅等	2024年11月	到2027年,聚焦磷化工、动力电池、纸及纸制品、农产品等优势产业出台一批重点产品碳足迹核算规则和标准。到2030年,全省产品碳足迹管理标准体系基本完善,磷化工、动力电池、纸及纸制品、农产品等重点产品碳足迹核算得到广泛推行

地区	名称	发布主体	发布时间	主要举措
湖北省	《关于开展产品碳足迹标识认证试点申报工作的通知》	湖北省市场监督管理局	2024年9月	市场监管总局明确了锂电池、光伏产品等11类产品，要求各省申报试点产品不超过2个，试点区域为地级行政区。省市场监管局将按照全面收集信息、研究试点产品、明确试点区域、组织具体申报的程序，积极争取我省纳入市场监管总局试点
云南省	《关于印发云南省碳足迹核算重点产品目录清单的通知》	云南省发改委等	2024年8月	引导鼓励并支持各市场主体积极参与碳足迹数据报送、规则制定、标志认证、国际交流等工作
河北省	《关于做好产品碳足迹标识认证国家试点申报工作的通知》	河北省市场监管局等	2024年9月	聚焦本地区有条件的成熟行业和重点产业，聚焦质量认证基础较好的重点企业，聚焦开展试点工作的可行性和可操作性，精心编写申报材料和试点工作方案
上海市	《上海市加快建立产品碳足迹管理体系 打造绿色低碳供应链的行动方案》	上海市人民政府	2024年3月	到2025年，制定出台30个左右产品碳足迹相关地方、企业或团体标准，推进打造50家以上绿色低碳链主企业。到2030年，制定出台100个左右产品碳足迹相关地方、企业或团体标准，推动产品碳标识认证制度在长三角地区全面实施并广泛应用
深圳市	《深圳市工业和信息化局关于开展深圳工业产品碳足迹体系现状与应对策略调研的通知》	深圳市工业和信息化局	2024年5月	加快提升深圳市重点工业产品碳足迹管理水平，促进工业领域绿色低碳转型，推动本地区工业领域产品碳足迹向更广范围、更深程度、更高水平上发展
天津市	《天津市推进碳足迹管理体系建设实施方案（征求意见稿）》	天津市生态环境局	2024年11月	为落实生态环境部等15部门《关于建立碳足迹管理体系的实施方案》工作部署，推进天津市碳足迹管理体系建设工作，助力实现碳达峰碳中和目标
常州市	《常州市产品碳足迹标识认证补贴实施细则》	常州市市场监督管理局等	2024年6月	推动动力电池、绿色建材产业绿色低碳发展，引导和鼓励相关企业积极参与产品碳足迹标识认证创新试点工作
绍兴市	《纺织产业"碳足迹标识"认证试点实施方案》	绍兴市碳达峰碳中和工作领导小组办公室	2023年4月	探索针对纺织产业"碳足迹标识"认证体系

B.10
推动绿色低碳技术创新促进
新质生产力发展研究

尚勇敏*

摘　要： 新质生产力是高质量发展和绿色低碳转型的关键动力，而绿色技术创新是提升新质生产力的核心要素。本报告阐述了绿色低碳技术创新促进新质生产力发展的作用机制，回顾了上海的现状成效，提出相应的重点领域与对策建议。研究发现：绿色低碳技术创新促进新质生产力发展，主要体现为四个"力"，即绿色低碳技术进步力、绿色低碳产业支撑力、绿色低碳创新辐射力、绿色创新制度保障力。上海在绿色低碳技术创新以及新质生产力上具有较好的基础与优势，通过完善绿色低碳技术创新载体，大力推动绿色低碳技术研发，推进绿色低碳技术转化应用，释放新质生产力发展新动能，取得了显著成效。上海在环保材料、清洁能源、节能节水、CCUS、化石能源降碳等方面比较优势明显，污染控制与治理、绿色交通、循环利用、储能、绿色管理和设计、绿色建筑等领域比较优势相对较大，是上海推动绿色技术创新促进新质生产力发展的重点领域。上海应从前沿技术创新、现代化产业体系、创新要素支持、多层次协同创新等方面，促进新质生产力发展。

关键词： 绿色低碳技术　新质生产力　发展新动能　上海

　　保护生态环境就是保护生产力，改善生态环境就是发展生产力。新质生产力本身就是绿色生产力。一方面，新质生产力是顺应经济发展规律、符合新发

---

* 尚勇敏，区域经济学博士，产业经济学博士后，上海社会科学院生态与可持续发展研究所副研究员，研究方向为区域创新与区域可持续发展。

展理念的一种先进生产力。发展新质生产力不仅是经济高质量发展的需求，还是绿色低碳转型的重要驱动力。另一方面，绿色技术创新是提升新质生产力的核心要素。随着当前全球环境压力不断增加，资源约束日益突出，绿色技术创新成为各国争夺未来发展制高点的重要手段。绿色技术创新不仅能提升新质生产力，为加快培育绿色新质生产力提供技术支持与制度保障，还能在节能减排、资源利用效率提升等方面取得成效，以推动经济可持续发展。然而，绿色低碳技术创新与新质生产力发展存在何种理论关联依然不明确。在"双碳"目标以及加快建成具有世界影响力的社会主义现代化国际大都市等战略的指引下，上海近年来大力推动绿色低碳技术创新，积极发展新质生产力，但关键技术短缺、绿色低碳技术应用成本仍然偏高、新质生产力培育面临不确定性风险等问题依然突出。为此，有必要分析上海绿色低碳技术创新促进新质生产力发展的作用机理、现状成效，进而提出上海推动绿色低碳技术创新促进新质生产力发展的对策建议。

一　绿色低碳技术创新促进新质生产力发展的背景与机制

推动绿色低碳转型、促进新质生产力发展是中国式现代化的本质要求，绿色技术创新在其中发挥着战略支撑作用。绿色低碳技术创新与新质生产力发展之间存在紧密的理论关联，加快推动绿色低碳技术创新，对于促进新质生产力发展也具有重要的现实意义。

（一）绿色低碳技术创新促进新质生产力发展的现实需求

新质生产力本身就是绿色生产力，促进新质生产力发展也依赖绿色低碳技术的支撑。积极推动绿色低碳技术创新、促进新质生产力发展，已成为全球的普遍做法，也是我国发展方式绿色转型，以及上海释放绿色发展新动能的现实要求。

1. 全球主要城市积极抢占绿色低碳技术战略制高点

当今，绿色经济已成为全球产业竞争制高点。全球主要经济体以及纽约、伦敦、东京、巴黎等国际化大都市均制定了绿色低碳产业发展计划，积极布局可再生能源、储能、电动汽车、绿色先进材料、资源循环利用、CCUS、绿色金融服务、绿色数字技术等产业领域以及颠覆性技术领域（见表1），并进行巨额投资和补贴，抢占全球绿色低碳科技制高点。据国际能源署（IEA）数据，2024年全球绿色技术投资将达到2万亿美元[①]；麦肯锡预测，到2030年，全球绿色投资规模将达到7万~11万亿美元/年[②]；美国《通胀削减法案2022》提出未来十年中将提供4000亿美元的补贴支持绿色产业发展。为此，上海发展新质生产力也必须加快推动绿色低碳技术创新。

表1 纽约、伦敦、东京、巴黎绿色低碳产业发展计划

城市	政策	发展重点
纽约	《绿色经济行动计划》	①能源:可再生能源(太阳能、海上风电、离岸风电、水电、其他)、清洁燃料、电网、储能; ②建筑:建筑脱碳、可再生建筑材料; ③电动汽车、微出行、绿色货运物流; ④废物:资源循环利用; ⑤消费品:可持续食物、可持续时尚品; ⑥金融咨询:绿色金融、气候咨询与会计; ⑦适应性基础设施:沿海适应、内陆适应; ⑧政策倡导:可持续政策、规划、倡导
伦敦	《净零战略:更环保地重建》	①电力:清洁电力、核电、海上风电、储能; ②燃料供应和氢气:氢、生物质燃料; ③工业:工业脱碳; ④建筑:电热泵、氢锅炉; ⑤交通:新能源公交、零碳铁路(氢或电动火车)、可持续航空燃料; ⑥自然资源、废物:可降解废物、自然保护、低碳农业; ⑦温室气体清除:温室气体清除(CGR)
东京	《零排放东京战略》	①能源:可再生能源、氢能; ②建筑:零排放建筑; ③基础设施(交通):零排放汽车(ZEV); ④资源/工业部门:资源回收利用、塑料、食物、碳氟化合物; ⑤气候适应:适应政策; ⑥参与和包容:行动者合作、地方政府合作、全球合作、可持续金融

---

① "World Energy Investment 2024," IEA, 2024.

② 《从"可选"到"必选"——当可持续投资成为新常态》，麦肯锡，https://www.mckinsey.com.cn/从可选到必选-当可持续投资成为新常/。

续表

省市	政策	发展重点
巴黎	《巴黎气候行动规划 2050》	100%可再生能源,共享、清洁交通,低碳建筑,碳中和、韧性和令人愉悦的城市,循环经济,可持续食物

2. 我国绿色低碳科技与产业初步形成全球竞争优势

经过多年的科技创新与产业发展积累,我国积极抢占绿色低碳产业先机,绿色低碳科技与产业得到显著发展,在新能源汽车、光伏、锂电池等领域形成了一定的国际竞争力。一方面,随着全球新兴绿色低碳技术加速迭代升级,我国高度重视绿色低碳科技创新,从源头减碳、过程降碳、末端固碳的绿色低碳科技全链条布局,绿色低碳科技创新成果竞相涌现,在动力电池、光伏电池、风力涡轮机、智能电网等领域取得技术突破,绿色低碳科技实力跃上新台阶。2016~2022 年,中国绿色低碳专利授权量累计 20.6 万件,年均增速为 9.3%,由中国申请人提交的首次申请并公开的绿色低碳专利数量约占全球的 58.2%[①]。另一方面,得益于全球对绿色能源的巨大需求和"双碳"目标的实现,我国产业迎来了"换道超车"的机遇。2023 年以太阳能电池、锂电池、电动载人汽车为代表的"新三样"合计出口首次突破万亿元,比上年增长 29.9%[②]。这些具有低碳、绿色、创新基因的高技术、高附加值产品成为外贸增长新动能,形成了较强的国际竞争力。

3. 上海发展方式绿色转型要求加强绿色低碳技术创新

发展方式绿色转型是促进新质生产力发展的重要体现。当前,上海经济社会发展已进入加快绿色化、低碳化的高质量发展阶段。面对经济社会绿色转型面临的现实问题,传统的工作方式和治理手段已难以适应,亟待不断增强绿色低碳科技有效供给,通过绿色低碳技术创新破解难题,这对绿色低碳技术创新提出了巨大要求。近年来,上海积极推动绿色低碳技术与产业布局,

---

① 《全球绿色低碳技术专利统计分析报告(2024)》,国家知识产权局,2024。

② 《"新三样"出口首破万亿,释放出怎样的信号?》,央视网,https://news.cctv.cn/2024/01/17/ARTIVbETEBnkd2zkD1wwMung240117.shtml。

绿色低碳产业已成为我国经济增长的主要驱动力。据预计，2019~2030年，我国可再生能源发电领域将累计新增360万个就业岗位①；到2030年，全国节能环保产业规模达15万亿元，电动汽车销售量将达到1亿台②。上海市提出，到2025年，绿色低碳产业规模将突破5000亿元③。为此，加强绿色低碳技术创新将有助于推动发展方式绿色转型，并促进新质生产力发展。

（二）绿色低碳技术创新促进新质生产力发展的作用机制

作为先进生产力的具体发展形式，新质生产力始终强调经济社会发展与生态环境保护的辩证统一，在"新"和"质"层面突破了传统生产力发展的生态困境。绿色低碳发展贯穿新质生产力发展过程的始终，是推动生产力绿色转型的重要前提。为此，以科技创新引领产业创新，加大绿色技术创新和先进绿色技术推广应用，是培育和发展新质生产力的有效途径。绿色低碳技术是新质生产力形成的重要动力之一，绿色低碳技术创新对促进新质生产力发展，主要体现为四个"力"，即绿色低碳技术进步力、绿色低碳产业支撑力、绿色低碳创新辐射力、绿色创新制度保障力。其作用具体表现在以下几方面。

1. 绿色低碳技术进步作用

新质生产力是创新起主导作用，摆脱传统增长方式、生产力的发展路径，具有高科技、高效能、高质量特征，符合新发展理念和先进生产力质态。新质生产力的本质就是先进生产力，最明显的特征就是创新。为此，必须大力推进科技创新，提升科技创新能力，加快形成新质生产力。而相较于一般技术，绿色技术创新更加注重降低消耗、减少污染、改善生态，在带来经济效益的同时兼顾生态环境效益，不仅是我国实现"双碳"目标的重要抓手，也是实施绿色发展战略的核心驱动力，更是打造新质生产力的强劲

---

① 《中国能源体系碳中和路线图》，IEA，2022。
② 《全面绿色转型顶层设计出炉：到2030年节能环保产业规模达到15万亿元左右》，21世纪经济网，https：//www.21jingji.com/article/20240812/herald/604e0e920387c2b3c643298168238036.html。
③ 《中科院院士欧阳明高：2030年新能源汽车保有量或达1亿辆 市场占有率超70%》，人民网，https：//www.hubpd.com/hubpd/rss/zaker/index.html？contentId=66292986514920394 32。

"推动剂"。绿色技术创新推动新质生产力发展的重要体现便是技术进步，包括攻克储能、节能减排等关键技术难关，推动清洁能源、先进电网、储能、CCUS、氢能等先进技术的涌现与进步，以及技术不断成熟和推广应用。通常来说，刻画绿色低碳技术进步的主要指标为绿色低碳技术产出水平提升、绿色低碳技术创新主体数量增加。

2. 绿色低碳产业支撑作用

绿色低碳技术创新将有助于促进资源高效和循环利用，为绿色低碳产业、新能源等新兴产业发展提供支撑，是培育发展新质生产力的内在要求，其重要体现就是绿色全要素生产率的提升。随着绿色低碳技术的示范推广与产业化应用，绿色低碳技术在区域产业发展中的作用越来越显著，并主要表现为绿色低碳产业规模增长、绿色低碳产业占比提升、绿色低碳企业数量增加。一方面，绿色低碳技术创新将推动绿色技术对传统产业改造升级，提升产业绿色发展效率，降低污染型产业占比，并通过技术激励作用促进落后和低效率企业退出市场，提高行业的整体效率；同时，将通过绿色低碳技术推动产业提质增效，直接提高产业生产效率，降低生产成本，增加产品附加值。另一方面，绿色低碳技术创新将通过新技术应用，催生一批新的绿色低碳产业，促进绿色低碳导向的新产业、新业态、新商业模式快速发展，培育形成一批绿色发展新动能，提升绿色低碳产业在经济总量中的比重，推动产业转型升级和结构调整。

3. 绿色低碳创新辐射作用

由于绿色低碳技术具有公共物品属性，且具有技术复杂性、多元性等特征，单个创新主体或区域缺乏独立开展绿色低碳技术创新的积极性和能力，其对多主体、多区域合作具有很强的依赖性。尤其是随着创新环境日益复杂，构建创新网络成为推动绿色低碳技术创新的重要途径。绿色低碳技术创新将推动各类创新主体合作，以及各城市/区域间形成紧密合作的创新网络。各地立足自身优势，结合产业发展需求，科学布局绿色低碳技术创新，推动创新网络集群效应显现。绿色低碳创新辐射作用主要表现为，创新主体或城市间绿色低碳技术合作不断增加，形成各主体、各区域的创新合力；同时，绿色低碳技术转移水平也不断增加，尤其是推动那些经济欠发达地区参与技术转移活动，推动创新成果异地转移转化。

4. 绿色创新制度保障作用

发展新质生产力离不开良好的制度保障，包括科技创新机制、营商环境、知识产权保护、绿色发展制度等。在推动绿色低碳技术创新过程中，绿色低碳产业政策、生态环境权益交易制度、绿色专利保护制度、绿色金融与绿色财税激励制度、绿色消费政策等将不断完善，形成良好的绿色低碳技术创新制度环境。这将进一步为新质生产力提供制度支持和政策保障，对于绿色技术推广应用、资源配置效率改善，以及绿色低碳循环经济发展等具有显著促进作用。

二 上海推动绿色低碳技术创新促进 新质生产力发展的现状

上海在绿色低碳技术创新以及新质生产力上具有较好的基础，并在长三角地区，乃至全国具有较强的优势。近年来，上海积极推动绿色低碳技术创新，着力发展新质生产力，取得了较为显著的成效。

（一）完善绿色低碳技术创新载体

上海是我国重要的绿色低碳技术创新地，绿色低碳科技基础较好，拥有一大批从事低碳技术创新的高校、科研院所、企业等研发主体。近年来，上海市设立了一大批绿色低碳技术研发机构、创新平台，2023年，上海市成立了国家管网储能技术公司、固废碳管家数字化平台等。截至2023年底，上海拥有29所从事绿色低碳技术创新的高校、超过2000家企业、120个科研机构，绿色低碳研发机构数量位居长三角地区各城市首位，远高于苏州、杭州、无锡、南京等城市。同时，上海正着力推动绿色低碳相关领域技术研发与研发机构建设。2024年8月发布的《上海市加快推进绿色低碳转型行动方案（2024—2027年）》提出，支持组建一批本市碳达峰碳中和领域新型研发机构和重点实验室。2024年9月发布的《美丽上海建设三年行动计划（2024—2026 年）》提出实施上海市生态环境领域科技专项，支持减污降碳协同、新污染物治理等领域关键核心技术研发。不断完善的绿色低碳技术创新机构，为上海绿色低碳技术研发提供了重要基础。

（二）大力推动绿色低碳技术研发

上海市在全国率先启动科技支撑碳达峰碳中和科研布局，连续多年发布"科技支撑碳达峰碳中和项目"，聚焦能源转型、低碳工业及再制造、新能源汽车、低碳建造、负碳技术等领域开展科技攻关，并建立完善的技术评估体系，布局一批前瞻性、战略性的前沿颠覆性科技项目。同时，上海市积极推动重大科技基础设施、大型科学仪器、科技信息等科技创新资源共享，完善绿色低碳技术和产品检测、评估与认证体系。

在良好的创新载体和持续有力的创新投入下，上海绿色低碳技术创新水平持续提升，根据《全球绿色低碳技术专利统计分析报告（2023）》，2016~2023 年，上海累计获得绿色低碳专利授权有效量为 9684 件，居各城市第 3 位，仅次于北京、深圳，但明显高于长三角其他城市。上海也涌现出了一大批绿色低碳创新成果，尤其是在储能、高端装备、极致能效、低碳冶金、新能源汽车等领域初步形成了一定优势。

（三）推进绿色低碳技术转化应用

一是推动绿色低碳先进技术示范应用。为加快绿色低碳技术推广应用，发挥绿色低碳技术的支撑作用，上海市开展了一系列绿色低碳技术示范应用行动。2023 年 2 月，发布既有建筑绿色低碳更新改造适用技术目录。为挖掘更多有潜力的绿色低碳技术项目、加快培育新质生产力，2023 年底，上海市启动第二届上海绿色低碳技术创新大赛，并于 2024 年 3 月颁奖，评选出申能环境等 7 个优秀绿色低碳示范案例，成为生态环境科技创新赋能新质生产力典范。2024 年 9 月，开展绿色低碳先进技术和示范工程征集；10 月，发布《上海市绿色项目库管理试行办法》，为绿色低碳、生态环境技术转化应用和金融发展提供支撑。同时，上海市还重点围绕虚拟电厂与区域源网荷储一体化、绿色制造、近零能耗建筑、零碳建筑创新，以及报废机动车、废旧电子电器产品、废旧动力电池等拆解利用技术进行示范推广。

二是加强绿色低碳技术转化应用金融支持。在上海绿色金融国际枢纽建设框架下，为支持绿色低碳技术转化应用，上海市不断完善绿色金融基础设施，推进绿色金融产学研联动，鼓励金融机构协助企业、科研院所和大学，为绿色低碳技术转化与推广应用提供金融支持。2023年1月，上海市发布绿色金融行动方案，提出到2025年，基本建成绿色金融生态服务体系，绿色融资余额突破1.5万亿元，并大力支持绿色低碳成果转化和示范项目落地。2023年底，上海印发《上海市转型金融目录（试行）》，对相关降碳技术的转型主体提供转型金融支持。2024年1月，上海市建立绿色金融服务平台，建立起绿色项目与金融服务的纽带。

三是完善成果转化平台与转化机制。近年来，上海市依托国家技术转移东部中心、低碳技术创新功能型平台、绿色技术银行，以及相关创新联盟、中介组织等，不断完善绿色低碳技术转化主体与转化平台。2024年5月，上海国际绿色低碳概念验证中心成立，聚焦绿色低碳领域科技创新与成果转化，旨在打通高校实验室成果与产品化的鸿沟，探索加速"全过程创新"服务模式，形成"概念验证服务+线上平台赋能+区域分中心联动+产学研合作"的模式，打通了"技术应用研究—产品工艺验证—中试放大及功能验证—市场分析评估—工业化生产"各环节，实现高校成果高水平、高效率孵化转化。

（四）释放新质生产力发展新动能

近年来，上海积极推动绿色低碳技术产业化，培育发展绿色低碳产业，先后发布了促进绿色低碳产业发展行动方案、绿色低碳转型行动方案、绿色低碳循环发展经济体系实施方案等，绿色低碳产业已成为上海新的经济增长引擎。2023年，全市新能源、新能源汽车、节能环保三大产业占规模以上工业总产值的13.95%，其占比较上年同期增加3.19个百分点。其中，新能源汽车、新能源等战略性新兴产业增幅分别高达32.1%和21.3%，光伏、锂电池、电动汽车等"新三样"出口增长42.2%。2024年上半年，全市锂离子电池产量同比增长 27.1%，电动汽车产值同比增长 69.8%①。可见，以新能源、新能源汽车、节能环保等为代表的绿色低碳产业成为拉动经济增长的关键引擎。随着上海步入新旧动能转换和发展方式绿色转型的关键期，上海需要持续做大绿色低碳产业增量，在经济发展中发挥更大的作用，培育形成经济发展的新动能。

三 上海推动绿色低碳技术创新促进新质生产力发展的策略

（一）上海推动绿色低碳技术创新促进新质生产力发展的重点领域

上海绿色低碳技术创新基础较好，为促进新质生产力发展提供了良好基础。然而，上海选择哪些绿色低碳技术领域作为培育发展新质生产力的来源，需要结合其绿色低碳技术比较优势以及产业未来发展前景进行综合考虑。根据国家知识产权局 2023 年发布的《绿色技术专利分类体系》，绿色技术包含化石能源降碳、清洁能源、储能、节能节水、温室气体捕集、利用封存、循环利用、环保材料、污染控制与治理、绿色交通、绿色农业/林业、绿色建筑、绿色管理和设计 12 个领域，各领域分别包含相应的二级和三级分支（见图 1）。

本报告基于 incoPat 专利数据库，对 2000 年以来长三角绿色低碳技术专利授权数据进行检索和整理。研究发现，上海市在 12 项绿色低碳技术中总体具有较大的比较优势；除了绿色农业/林业领域以外，上海在其余 11 个领域的专利授权量均最多，高于南京、杭州、合肥、宁波、苏州、无锡等城市。可见，上海在推动绿色技术创新、促进新质生产力发展方面具有较好的技术基础与优势。

从不同技术领域的占比看（见图 2），上海的环保材料专利授权量占比最高，占长三角地区专利授权总量的 52.5%，其次为清洁能源（47.5%）、节能节水（43.9%）、温室气体捕集利用封存（43.2%）、化石能源降碳（43.1%），

① 资料来源：《2023 年上海市国民经济和社会发展统计公报》。

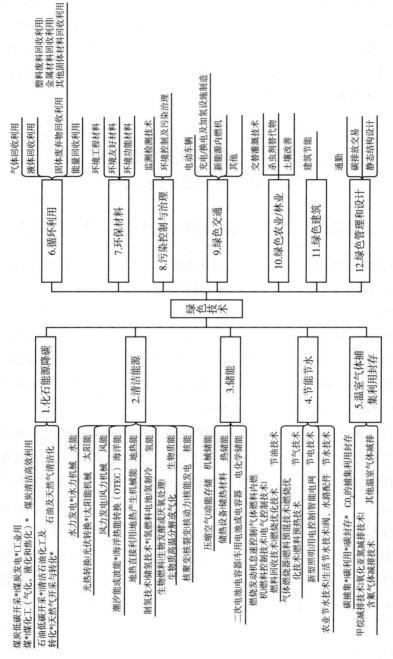

图 1 绿色技术分支架构

注：*号表示此处省略四级技术分支。

资料来源：国家知识产权局《绿色技术专利分类体系》。

182

同时，上海在污染控制与治理、绿色交通、循环利用、储能、绿色管理和设计、绿色建筑等领域的专利授权量占长三角地区的 17%~37%，也具有较大的比较优势，以上均为上海需要大力培育发展的技术领域，以及具有较大潜力培育形成新质生产力的领域。尤其是上海在环保材料（新能源、节能环保等领域关键材料、绿色材料等）、清洁能源（氢能、风能、核能等）、节能节水（极致能效等）、CCUS、化石能源降碳（清洁石油化工等）、污染控制与治理（工业/产业低碳/零碳技术、光催化污染治理等）、储能（机械储能、电化学储能等）、绿色交通（新能源汽车、氢燃料电池车辆等）、循环利用（低碳冶金循环技术、动力电池梯级利用、废弃物处理等）、绿色管理和设计（能源管理、碳交易等）等领域具有较好的基础与技术优势，未来上海需要围绕自身优势技术领域，培育形成一批绿色低碳产业，促进新质生产力发展。

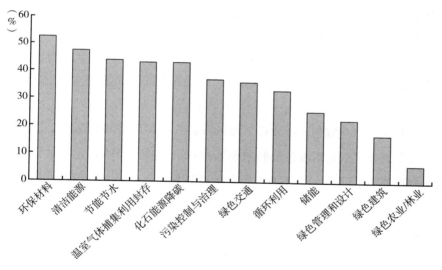

图2　上海绿色低碳技术各领域专利授权量占长三角地区比重

（二）上海推动绿色低碳技术创新促进新质生产力发展的对策建议

面对绿色低碳技术创新趋势，以及上海的现状与基础优势，上海应从前沿技术创新、现代化产业体系、创新要素支持、多层次协同创新等方面，促进新质生产力发展。

1. 推动前沿性绿色低碳创新,为新质生产力发展提供创新动能

新质生产力本身就是绿色生产力,要围绕发展新质生产力布局创新链。一是加强前沿技术研发,加大电力多元转换、新一代核能技术、硅基光伏电池、深远海风电场、潮汐能、新型储能等绿色低碳基础性研究以及技术攻关,加快抢占绿色低碳科技制高点,助推上海以及中国在全球绿色低碳科技竞争中掌握主动权。二是支持龙头企业开展绿色低碳技术攻关,面向上海经济社会发展绿色转型需求,加快培育颠覆性技术创新路径,引领技术与产业迭代升级,根据不同技术领域,分别选择相应龙头企业牵头,分别建立一批绿色低碳技术创新联合体,破解绿色低碳关键共性、基础底层的"卡脖子"技术瓶颈,开展技术研发与突破。三是推动先进前沿技术产业化应用,充分发挥新型研发机构等的作用,推动科技成果转化模式创新与制度创新,搭建绿色低碳技术研发、转化、应用的桥梁;依托崇明生态岛、上海化工区、长三角一体化示范区以及市内相关低碳发展实践区等,推动低碳智慧交通、绿色先进材料、废弃物循环利用等示范,推动绿色低碳先进前沿技术低成本、低风险、规模化应用。

2. 建设现代化绿色产业体系,为新质生产力作用提供坚实载体

发展新质生产力需要依靠科技创新推动产业转型升级,尤其是构建现代化绿色产业体系。一是培育绿色低碳新兴产业和未来产业,充分利用上海绿色低碳发展的应用场景优势,推动人工智能、CCUS、新一代核能、先进储能、深远海风电等前沿技术与新兴产业发展,开辟绿色低碳产业新赛道,强化企业科技创新主体地位,培育一大批高技术企业、"专精特新"企业,构筑新质生产力发展优势。二是打造绿色低碳生产体系,积极推进产业数字化、智能化、绿色化深度融合,借助智能化、数字化基础设施,推动产业绿色低碳改造升级,利用工业大数据提升资源配置、利用效率,积极发展绿色供应链,打造绿色物流,加强再生资源回收利用,大力发展绿色产品贸易,持续降低产业发展的资源环境消耗和环境影响。三是持续增强产业韧性,加强绿色低碳关键核心技术攻关,推动产业链强链补链和自主可控,推动"四链"深度融合，促进产业链数字化转型，利用数字技术推动产业链和生产效率提升、产业工艺流程优化，加强产业链供应链开放协同，支持企业参与全球产业分工合作。

3. 加强多元化创新要素支持，为释放新质生产力潜能提供科技支撑

一是加大绿色低碳创新政策支持力度，健全激励机制，通过贷款贴息、减免企业税费、普惠金融服务、优先用地供应等财政、金融、税收、土地政策，对绿色低碳产业关键零部件或项目给予投资补助。二是加强政府绿色低碳科技创新资金支持，设立绿色低碳专项基金，重点向龙头企业倾斜，为绿色低碳技术设备研发等提供补贴。三是完善金融支持绿色低碳科技创新体系。大力发展绿色债券、银行贷款、融资租赁等方式，满足绿色低碳科技创新的资金需求；鼓励金融机构利用央行碳减排支持工具等政策，开展绿色金融产品创新，加大对低碳清洁氢项目的信贷支持。四是制定高端人才引进策略，通过清单式引进"高精尖缺"人才，探索建立人才自由便捷的柔性流动机制，开展重点领域人才技能提升计划，加强企业与研究机构科研人员互通互访，提升创新知识及成果的准确性、可靠性和可用性。

4. 构建多层次协同创新机制，为新质生产力发展提供更大空间载体

一是加快绿色低碳技术创新与产业布局区域协同，建议上海市经信委牵头，联合三省相关部门编制绿色低碳产业地图，合理布局长三角绿色低碳产业链与创新链，避免"一哄而上"的无序发展及其导致的资源分散、重复建设和低端竞争。二是鼓励龙头企业牵头上海市以及长三角地区科研院所、高校、工程技术中心等，围绕绿色低碳产业关键环节、短板环节，构建产学研协同、上下游衔接的绿色低碳技术创新联合体，开展跨区域绿色低碳技术创新、集成示范。三是构建区域一体化下的绿色低碳技术示范推广与产业化应用体系，实现上海绿色低碳技术优势与长三角地区全产业链优势、丰富多元的应用场景优势的结合，打造一批具有世界影响力的应用场景和绿色低碳应用样板间；积极推进长三角绿色低碳产业跨界合作园区的建设，打通项目异地孵化渠道，加速产业转移与跨区域协同。

参考文献

曹嘉颖：《新质生产力视域下绿色技术创新推动区域经济高质量发展的机理与策略》，《青岛职业技术学院学报》2024 年第 2 期。

齐承水：《如何理解"新质生产力本身就是绿色生产力"》，《经济学家》2024 年第 7 期。

邵巧林：《新质生产力背景下实现绿色发展的路径研究》，《科技经济市场》2024 年第 3 期。

宋阔：《新质生产力赋能企业绿色动态能力培育的路径机理》，《社会科学家》2024 年第 4 期。

孙博文：《新质生产力背景下中国绿色创新能力评价——基于绿色技术创新能力、绿色技术创新辐射力和绿色创新制度支撑力的"三力"评价体系研究》，《生态经济》2024 年第 7 期。

谢宝剑、李庆雯：《新质生产力驱动海洋经济高质量发展的逻辑与路径》，《东南学术》2024 年第 3 期。

叶琪、陈颖威：《新质生产力促进绿色发展：机理、挑战与路径》，《经济研究参考》2024 年第 6 期。

殷筱、房志敏：《新质生产力赋能绿色经济何以可能》，《南京工业大学学报》（社会科学版）2024 年第 3 期。

B.11
深化绿色金融制度创新促进
新质生产力发展研究

李海棠*

摘　要：　绿色金融可以通过发挥其资源配置、风险管理和市场定价的功能，引导社会资本投入、防范产业转型相关风险以及推动生态产业化和产业生态化，进而赋能新质生产力发展。同时，绿色金融通过其绿色信贷、创投基金、转型金融以及碳金融衍生品等金融工具的创新，可以赋能新质生产力产业、科技、发展方式，以及要素配置创新。上海在绿色金融促进新质生产力跃升方面取得了重要进展，但仍需克服绿色资金配置能力有限、金融风险防范能力待加强、绿色金融定价功能待提升的挑战。因此，亟须在发挥本地金融与科创优势的基础上，借鉴相关国际经验，通过完善绿色金融三大功能，积极培育更具前沿性的绿色低碳产业，同时注重对传统产业转型升级的金融支持，进而推动经济社会发展全面绿色转型。

关键词：　绿色金融　新质生产力　制度创新　上海

习近平总书记指出，"绿色发展是高质量发展的底色，新质生产力本身就是绿色生产力。必须加快发展方式绿色转型，助力碳达峰碳中和"①。发

---

* 李海棠，法学博士，上海社会科学院生态与可持续发展研究所助理研究员，研究方向为生态环境保护法律政策。

① 习近平：《发展新质生产力是推动高质量发展的内在要求和重要着力点》，《求是》2024年第11期。

展方式绿色转型，也是美丽中国建设的总体要求之一①。同时，绿色金融通过发挥其资源配置、风险管理和市场定价的功能赋能新质生产力发展，也是美丽中国建设的重要举措②。因此，有必要阐明通过发挥绿色金融"三大功能"促进新质生产力发展的作用机制与实践逻辑；同时，亟须对上海绿色金融促进新质生产力发展取得的进展和面临的挑战进行刻画与评述，进而在借鉴相关国际经验的基础上，提出上海绿色金融促进新质生产力发展的对策建议。

一　绿色金融促进新质生产力发展的作用机制及实践逻辑

习近平总书记关于新质生产力发展的一系列重要论述指明，新质生产力的动力来源于"技术革命性突破、生产要素创新性配置，以及产业深度转型升级"③。发展新质生产力，对促进我国经济高质量发展意义重大。绿色金融可以通过其完善的"三大功能""五大支柱"④政策框架体系，推动绿色颠覆性技术攻关、传统产业绿色转型，以及生态产品价值实现，进而促进新质生产力发展。同时，绿色金融还可以通过丰富多元的产品工具创新，赋能产业、科技、发展方式，以及生产要素配置的创新，进而从实践层面赋能新质生产力发展。

（一）绿色金融"三大功能"促进新质生产力发展的作用机制

产业体系的现代化程度是衡量生产力发展水平的重要标准。发展新质生

---

① 参见中共中央、国务院于 2024 年 1 月发布的《关于全面推进美丽中国建设的意见》。
② 参见中国人民银行等四部门于 2024 年 10 月 12 日印发的《关于发挥绿色金融作用服务美丽中国建设的意见》。
③ 习近平：《发展新质生产力是推动高质量发展的内在要求和重要着力点》，《求是》2024 年第 11 期。
④ 2016 年中国人民银行牵头出台《关于构建绿色金融体系的指导意见》，确立了绿色金融发展的五大支柱，即绿色金融标准体系、环境信息披露、激励约束机制、产品与市场体系以及国际合作。

产力既需要以绿色前沿技术推动生态绿色产业创新，也需要以传统高碳产业的绿色转型构筑竞争优势，还需要以生态产品价值实现助力生产要素配置创新，进而促进新质生产力在新领域、新赛道、新业态方面实现跨越式发展，不断夯实发展新质生产力的产业基础①。绿色金融可以通过其资源配置、风险管理和市场定价三大功能的发挥，引导社会资本投入、防范产业转型相关风险，以及推动生态产业化和产业生态化，进而赋能新质生产力发展（见图1）。

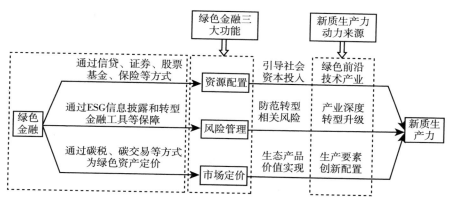

图1　绿色金融促进新质生产力发展的作用机制

资料来源：作者自制。

1. 通过绿色金融资源配置功能，赋能绿色前沿技术产业

绿色新兴产业是发展新质生产力的重要载体，而绿色金融为培育绿色前沿技术及其新兴产业提供重要资金支持。绿色金融可通过信贷、证券、保险等方式的完善，充分发挥市场机制作用，以实现对多行为主体环境经济行为的引导和调控，引导社会资本流入绿色低碳、前沿技术产业，以推动经济社会发展方式全面绿色转型。例如，中国近年来在清洁能源领域的投资极为强劲，占全球清洁能源投资的1/3（见图2），绿色投融资也带动了我国"新

---

① 晏志伟：《新质生产力：出场语境、理论内涵和发展路径》，《湖南社会科学》2024年第5期。

三样"（太阳能电池、锂电池和电动汽车）产业快速发展。同时，新质生产力为绿色金融工具创新提供了广阔的空间和可能性。绿色金融在这个循环中起到了"活水"的作用，激活了科技创新的"渠道"。通过加强科技与金融的深度融合，可以实现绿色金融数字化和创新科技产业金融一体化，进一步推动科技资源、产业需求、金融要素的有效对接，通过创新链、产业链、资金链的三链协同合作[1]，推动新质生产力加速形成。

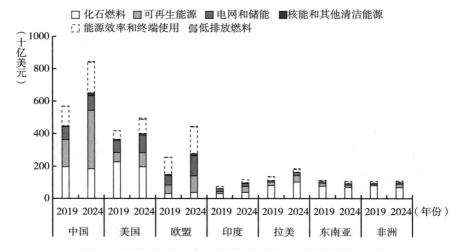

图2 2019年和2024年全球清洁能源和化石燃料投资情况

注：2023年，市面汇率。

资料来源："World Energy Investment 2024," IEA，2024。

2. 通过绿色金融风险管理功能，推动产业深度转型升级

发展新质生产力，需对传统产业进行深度转型升级。产业经济的绿色转型，也意味金融机构、企业、金融体系可能面临一系列社会性变革带来的转型风险。例如，部分企业所面临的搁浅风险会通过金融渠道对其他企业以及相关银行、投资公司等金融机构产生负向影响，当这种负向影响足够大时可能会危及整个金融系统的稳定；又如，碳排放权交易市场中碳价格的波动

---

① 李伟：《金融资源配置赋能新质生产力的理论逻辑与现实路径》，《会计之友》2024年第16期。

性，可能使企业面临碳价格风险，降低企业参与碳排放权交易市场的积极性，影响碳市场的活跃度。而绿色金融的发展，可为各类主体防范与化解相关转型风险提供金融工具和支持保障，有助于新质生产力发展的稳步推进①。一方面，绿色金融引导市场将对气候环境的影响纳入管理范畴，对相关风险进行识别，开展气候环境风险压力测试，在做好风险防范的同时引导规避相关风险。另一方面，绿色金融推进相关企业的 ESG 信息披露，并通过激励和奖惩机制，倒逼企业转变发展模式②。

3. 通过绿色金融市场定价功能，助力生产要素创新配置

发展新质生产力，需以绿色高质量发展为底色。绿色金融通过多种手段、多种方式为绿色发展提供定价机制，充分反映绿色资产的真实价值，不仅引导资本流向绿色项目，而且还能推动生态产品价值实现。完善的生态产品价值实现机制，就是对生产要素的创新性配置，让良好的生态环境同劳动力、土地、资本、技术等生产要素一样，成为现代化经济体系的核心生产要素，是新质生产力在生态价值产业中的一种独特表现形式。同时，合理的碳定价是碳税、碳排放权交易等碳定价政策的基础。如果碳定价过低，则无法激励企业减排；相反，如果碳定价过高，则增加企业生产成本，引发通货膨胀等一系列问题。另外，为气候风险正确定价，将其合理反映在资产价格中，进而影响企业和个人的战略与决策，才能推动金融资源配置效率提升，进而助力新质生产力发展。

（二）绿色金融工具创新促进新质生产力发展的实践逻辑

新质生产力，向"新"而行是其重要特征，产业、科技、发展方式，以及要素配置创新，是其重要内容③。绿色金融作为引导实体经济向绿色转

---

① 乔东、徐凤敏、李本初等：《绿色金融推动碳中和目标实现的研究现状与路径展望》，《西安交通大学学报》（社会科学版）2024 年第 3 期。

② 王遥：《绿色金融体系如何推动经济绿色转型》，《人民论坛·学术前沿》2024 年第 1 期。

③ WU G, CHENG J, YANG F, et al., "Can Green Finance Policy Promote Ecosystem Product Value Realization? Evidence from a Quasi-natural Experiment in China," *Humanities and Social Sciences Communications* 11 （2024）.

型的新兴金融形态,旨在将多方利益主体的社会资本引向兼具经济和生态效益的产业,以塑造经济社会全面绿色发展、汇聚新质生产力发展的绿色动力①。

1. 绿色信贷发展,助力新质生产力产业创新

产业创新是发展新质生产力的重要载体。产业是生产力变革的具体表现形式,主导产业和支柱产业持续迭代升级是生产力跃迁的重要支撑。绿色信贷作为重要的绿色金融产品之一,为绿色产业和未来产业发展提供了配套支持。在国家层面出台关于绿色信贷的相关引导与激励性政策的基础上,各地方政府结合当地绿色金融实践,不断加强绿色信贷产品创新,助力绿色产业发展(见表1)。

表1　主要地方政府对绿色信贷产品的探索与创新

省份	绿色信贷产品创新	支持的绿色产业类型
浙江	丽水创新"生态区块链贷""生态抵押/信用贷",德清提出"GEP 贷""湿地碳汇贷""转型企业碳汇贷"等信贷模式	增加对生态农业支持,推动生态产品价值转化
河南	开展绿色信用贷款、碳资产支持商业票据融资、绿色供应链票据融资等业务	增加对绿色小微企业信贷供给
福建	要求积极开发绿色消费贷、绿色按揭贷、绿色理财等金融产品,推广"林票"制度	为农、林产业创新提供支持
重庆	打造"国家储备林+经济林+林下经济"信贷支持模式;通过"农地+旅游产业"的创新模式,授信农地贷款 8.9 亿元	为国家储备林建设和矿坑环境治理修复提供金融支持
青海	将绿色信贷管理全流程嵌入评价机制,推出"合同能源管理未来收益权质押贷""生态修复贷""有机循环贷""生态旅游贷""枸杞贷"等特色金融产品	助力农、林、旅游业转型升级
江苏	提出推进农村绿色信贷产品创新,提高农村绿色信贷比重,探索基于农村物权的绿色信贷产品创新	助力乡村振兴

---

① 欧阳日辉、李晓壮:《金融新质生产力促进金融高质量发展:动能—业态—生态分析框架与实现路径》,《西安交通大学学报》(社会科学版)2024 年第 5 期。

续表

省份	绿色信贷产品创新	支持的绿色产业类型
河北	提出修订面向能源企业的合同能源管理、排污权担保融资等绿色信贷产品办法,制定《小企业农户分布式光伏授信方案》,研发风电、光伏特色贷款品种	助力风电、光伏产业发展
宁夏	提出开展绿色信贷创新,完善绿色信贷考核机制	支持生态农业、清洁能源、节能节水、环境治理等产业发展

资料来源：根据相关省份政府官网等公开信息整理。

我国绿色信贷起步早、发展快，发行规模已居世界首位。截至 2024 年二季度末，本外币绿色贷款余额 34.76 万亿元，同比增长 28.5%。分用途看，基础设施绿色升级产业和清洁能源产业贷款余额分别为 15 万亿元和 9.04 万亿元，同比分别增长 26.7%、32.9%。同时，从近年的统计数据来看，无论绿色信贷余额，还是基础设施绿色升级产业和清洁能源产业信贷余额，均呈现持续上升态势，体现了对绿色产业的大力支持（见图 3）。

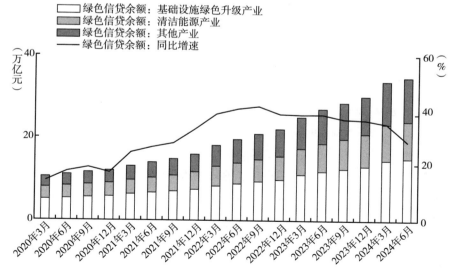

图3　绿色信贷对绿色产业的投向与增速情况

资料来源：中国人民银行发布的金融机构贷款投向统计历年报告。

2. 绿色创投基金, 促进新质生产力科技创新

科技创新是发展新质生产力的核心要素。创投基金, 又称风险投资, 是发展新质生产力的重要资本力量。创投基金主要对种子期和初创期的未上市企业进行股权投资, 具有规模大、风险高等特点。同时, 创投基金会为初创企业匹配长期资金和技术指导, 主要关注盈利能力强、发展前景好的产业①。创投基金作为一种重要的"耐心资本", 能够长期支持初创期的科技企业并激发企业创新动力, 助其度过因缺乏担保而难以融资的困难阶段。例如, 据 IEA 统计, 2023 年全球对拥有制氢技术的初创企业的风险投资超过了总额的 1/3 (见图 4)②。

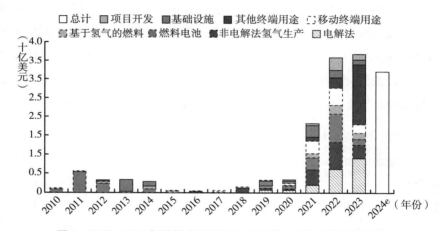

图 4 2010~2024 年按技术领域划分的氢能初创企业的风险投资

资料来源: "Global Hydrogen Review, " IEA, 2024。

我国绿色创投基金也发展迅速, 在私募股权投资中占比持续提升, 支持了大量初创期绿色科技企业, 在促进新能源、CCUS、光伏、氢能和储能、新材料等绿色新兴领域科技成果转化和技术升级等方面扮演了重要角色, 培育了经济增长的新动能, 促进了新质生产力发展。根据中国证券投

---

① 王家强、吴丹:《创投基金的国际经验及推动中国新质生产力发展启示》,《西南金融》2024 年第 1 期。

② "Global Hydrogen Review 2024, " IEA, 2024.

资基金业协会统计，截至 2022 年末，绿色投资方向①的公私募基金 1357 只，规模合计约 9065 亿元。其中，绿色私募基金 1061 只，管理规模 5028 亿元。从绿色私募基金的类型来看，仅 2022 年新增的 161 只绿色私募基金中，绿色创业投资基金有 62 只，占比 39%（绿色股权投资基金占比 61%）。

3. 转型金融发展，赋能新质生产力发展方式创新

习近平总书记强调，"发展新质生产力不是要忽视、放弃传统产业""传统产业改造升级，也能发展新质生产力"。作为发展新质生产力的重要途径，发展方式创新，强调绿色、高质量发展，主要通过绿色低碳技术创新的推广和运用，推动钢铁、水泥、化工、有色金属等碳密集行业发展方式的深度转型升级。转型金融，作为绿色金融的重要补充，旨在引导市场资金为碳密集行业的绿色技术改造、能效提升、资源循环利用等具有阶段性减排贡献的低碳转型经济活动提供资金支持，推动高碳产业转化为绿色高质量产业，为新质生产力发展提供新动能②。

可持续发展挂钩债券（Sustainability-Linked Bonds，SLB），由于其出现早、发展快、规模大，而成为一种重要的转型金融产品工具。SLB 通过设置企业低碳转型的关键绩效指标（KPI）和可持续发展绩效目标（SPT），将利率、期限和担保要求等融资条件与其 KPI 和 SPT 完成情况挂钩，并根据实际情况对其融资条件进行动态调整，同时进行相关信息披露和第三方评估和认证。SLB 并不关注具体的融资主体和资金用途，主要关注企业或项目整体的碳减排完成情况③。根据 CBI（气候债券倡议组织）统计数据，截至 2023 年底，全球 469 家主体共发行 768 只 SLB，累计发行规模达 2790 亿美

---

① 由于目前对绿色基金缺乏统一定义，因此将基金名称中含有"ESG""社会责任""碳中和""气候变化""新能源""治理""生态""低碳""环保"等关键词的基金，统称为"绿色基金"。

② 李海棠、吴蒙、周冯琦：《上海转型金融发展路径与政策建议研究》，《上海经济》2024 年第 3 期。

③ 李瑞杰、王灿：《挂钩类转型金融工具支持企业低碳转型的挑战及对策研究》，《中国环境管理》2024 年第 1 期。

元（见图5）。国内方面，截至2023年末，中国在SLB累计发行规模方面，继续保持全球最大SLB发行地的地位，共发行109只SLB，总规模为160亿美元（见图6）。

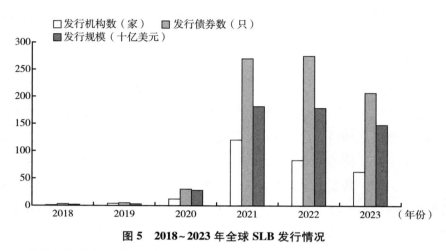

图5　2018~2023年全球SLB发行情况

资料来源：《中国可持续债券市场报告2023》、气候债券倡议组织、Wind数据库。

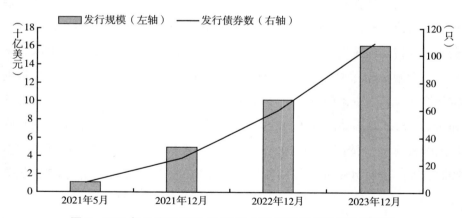

图6　2021年5月至2023年12月中国SLB发行数量持续增长

资料来源：《中国可持续债券市场报告2023》、气候债券倡议组织、Wind数据库。

4.碳金融衍生品，支持新质生产力生产要素配置创新

数字技术及其形成的数据要素，作为关键生产要素进入生产函数，有助

于创新生产要素配置方式，助力生产力跃升，形成新质生产力①。在推进碳金融及其衍生品发展过程中，通过对大数据、区块链、人工智能、云计算等数字技术的充分运用，可以改善金融机构的数据获取、数据存储、数据分析和数据处理能力，形成"政府—企业—金融机构"的信息交流平台，解决信息不对称问题，提升碳金融运转效率，降低金融机构"资产搁浅"和企业"漂绿"风险，极大地提高绿色金融资源配置效率，让资本等生产要素不断流向更高效率、更绿色的经济活动以创造出新质生产力。

实践层面，我国已有碳金融产品与数字技术的探索与创新，且创新产品主要集中在碳资产抵（质）押融资和碳债券等融资类工具上。据统计，自2021年7月全国碳市场上线至2024年6月，我国金融机构已发放超170笔碳资产质押融资，其中涉及碳排放权配额质押的贷款超135笔（约占80%）②。

二　上海以绿色金融促进新质生产力发展的进展、评价与挑战

近年来，上海持续推进金融和科技创新的核心功能，形成了相对齐备的金融要素市场、日益丰富的金融产品、不断提升的市场定价功能，为绿色金融促进新质生产力跃升提供了重要支持。然而，面对百年未有之大变局的外部环境，以及加快发展方式绿色转型的内部需求，仍需克服绿色资金配置能力有限、金融风险防范能力还需加强、绿色金融定价能力亟待提升的挑战。

（一）上海以绿色金融促进新质生产力发展的进展与评价

上海在发展绿色金融方面，始终坚持"两个立足"，既立足绿色新兴产

---

① 王昌林：《如何发展新质生产力　理论内涵、实践要求与战略选择》，中国社会科学出版社，2024。
② 中央财经大学绿色金融国际研究院：《碳资产质押贷款难题何解？》，《英大金融》2024年第6期。

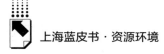

业加快发展，更立足传统产业的绿色转型，通过建立相对完善的法规政策、产品服务以及国际合作平台，营造绿色低碳技术创新市场环境，赋能新质生产力发展。

1. 创新绿色金融法规政策，培育新质生产力发展的前沿技术

上海始终注重通过绿色金融法规政策的完善促进对绿色技术创新的支持，以培育绿色前沿技术，赋能新质生产力发展。2022年，上海制定绿色金融地方性专门法规，通过规定绿色融资租赁、私募股权和创业投资基金、政府引导基金与产业投资基金、投贷联动、司法保障等多样性绿色金融产品支持绿色低碳技术创新①。2024年，上海相继出台有关绿色转型、长三角生态绿色一体化、科学技术进步、国际金融中心建设等方面的省级地方性法规以及相关部门规范性文件和地方工作文件，通过规定财政金融协同和多元化绿色投融资②，打造生态产品价值实现机制示范基地③，设立政府引导基金④，完善绿色金融信息披露⑤，推广综合性金融服务与金融产品创新⑥，探索绿色航运再保险⑦，引导金融机构为氢能、储能、绿色材料、碳捕集等绿色低碳前沿技术应用⑧提供长期低成本资金⑨，将上海打造为引领新质生产力发展的投融资发展集聚区⑩，进一步推进上海绿色金融对绿色低碳技术与产业的支持，加快推动新质生产力发展。

2. 丰富绿色金融产品服务，壮大新质生产力发展的产业体系

近年来，上海在绿色金融支持绿色低碳技术创新和传统产业转型方面成果显著。在绿色信贷领域，上海银行业持续完善绿色金融全流程管理，围绕

① 参见《上海市浦东新区绿色金融发展若干规定》第18、21、22、23、34条。
② 参见《上海市发展方式绿色转型促进条例》第45、46、53条。
③ 参见《上海市促进长三角生态绿色一体化发展示范区高质量发展条例》第3、30条。
④ 参见《上海市科学技术进步条例》第19、30条，以及《关于进一步推动上海创业投资高质量发展若干意见》第二部分"充分发挥各类政府投资基金的引导带动作用"。
⑤ 参见《上海市推进国际金融中心建设条例》第29、33条。
⑥ 参见《进一步做好金融支持长江经济带绿色低碳高质量发展的指导意见》。
⑦ 参见《关于加快上海国际再保险中心建设的实施意见》。
⑧ 参见《关于协同做好"上海产业绿贷"金融服务工作的通知》。
⑨ 参见《上海市加快推进绿色低碳转型行动方案（2024—2027年）》。
⑩ 参见《上海关于进一步发挥资本市场作用促进本市科创企业高质量发展的实施意见》。

国家绿色低碳产业政策，深化绿色制造、新能源、碳金融等领域的发展。2024 年一季度末，上海辖内银行业绿色信贷余额达到 1.5 万亿元，较年初增长 10.04%；在绿色债券市场上，上海发行了多只"投向绿"和"贴标绿"债券，总规模达到 1152.65 亿元；上海 ESG 基金的发展也居于全国前列。数据显示，上海 ESG 公募基金数量从 2018 年的 54 只增长到 224 只，规模从 477 亿元增长到 2274 亿元，体现了上海在 ESG 基金领域的重要地位。转型金融方面，上海在 2024 年 1 月出台《上海市转型金融目录（试行）》（以下简称《目录》），将水上运输、黑色金属冶炼等六大行业纳入支持目录，并指导协调金融机构、第三方服务机构等依据《目录》及使用说明开展转型金融实践（见表 2），引导更多金融资源配置到绿色低碳领域。绿色保险产品创新步伐同步加快，上海保险业聚焦环境治理、绿色航运、绿色能源、碳市场建设等领域，持续升级传统保险产品，创新绿色保险产品，为绿色发展提供保障。服务全国碳市场方面，上海金融业积极参与全国碳市场建设，为企业和碳交易提供专业中介服务①，推出碳资产抵押和回购相关金融服务，提高碳资产的市场流动性。此外，在金融科技创新方面，上海持续推进金融领域数字化转型。加快金融科技产业集聚，推动金融基础设施和持牌金融机构的金融科技子公司在沪集聚，上海已成为国内最主要的金融科技头部企业集聚地，落地多个数字人民币试点创新特色场景。

表 2　2024 年上海推动转型金融发展的典型案例

时间	金融机构	转型企业	转型金融工具与额度	具体内容
2024 年 1 月	浦发银行	春秋航空	3.1 亿元转型金融贷款	根据《目录》关于分级披露的要求，浦发银行与春秋航空协商选择披露等级Ⅰ级，相关披露要求在协议通过相关条款中明确
2024 年 2 月	交行上海分行	中远海运	7.5 亿元可持续发展挂钩贷款	该笔贷款将《目录》中水上运输业的降碳目标先进值作为关键可持续发展绩效目标与贷款利率挂钩，助力上海国际航运中心绿色发展

① 上海交通大学上海高级金融学院：《践行可持续发展之路——2024 上海 ESG 发展报告》。

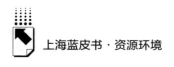

续表

时间	金融机构	转型企业	转型金融工具与额度	具体内容
2024年4月	上海农商银行	上海澎博钛白粉	全国首笔化工行业可持续发展挂钩贷款4100万元	将贷款利率与公司硫酸法锐钛型钛白粉生产转型发展绩效目标挂钩。若公司在评估期内完成SPT指标，则后续贷款利率在现行利率基础上下调10bp，以降低企业转型成本

资料来源：根据上海市地方金融监督管理局公开信息整理。

3. 注重绿色金融国际合作，扩展新质生产力发展的交流平台

在国际合作与交流方面，上海作为国际金融中心，集聚了大量国际金融机构和跨国公司总部。同时，上海与国际金融组织合作密切，也推动绿色金融标准的国际接轨。上海作为连接国内外的重要枢纽，是中国绿色金融发展与国际连接的桥梁和纽带。例如，根据2024年4月发布的全球绿色金融指数报告（GGFI 13），在衡量连通性调查中，上海从其他国际金融中心收到和给出的评估数量较多，显示出上海在全球各个地区的互联互通程度较高。

此外，上海金融机构依托"中银E商通"、碳配额质押贷款、绿色供应链、绿色租赁、绿色存款等产品和服务，积极为"一带一路"沿线企业提供一揽子绿色金融综合服务方案，以"源头活水"润泽沿线绿色产业。同时，"上海金才"开发计划，将绿色金融人才纳入《上海市重点领域（金融类）"十四五"紧缺人才开发目录》。此外，国际货币基金组织（IMF）与中国人民银行还在上海成立了新的IMF区域中心，以增强亚太区域国家间宏观经济政策交流与协调，推动形成维护全球和区域金融稳定、扩展新质生产力发展的国际交流平台。

（二）上海以绿色金融促进新质生产力发展的挑战

虽然上海绿色金融在支持新质生产力发展方面取得了一定进展，但仍需克服绿色金融资源配置能力有限、金融风险防范能力有待加强、绿色金融定

价能力亟待提升的挑战。

1. 绿色金融资源配置能力有待提升

绿色金融可以通过为企业的绿色创新活动提供资金支持和外部监督，诱发创新驱动效应[1]，助力培育新兴产业和未来产业，进而促进新质生产力发展，但绿色金融在赋能新兴产业方面的资源配置能力尚未被完全激活。

第一，绿色金融对绿色初创企业的资源配置能力不足。绿色技术初创企业往往是高技术密集型企业，需要大量的前期成本。但是绿色技术从概念验证阶段过渡到商业化需要大量时间，导致绿色科技研发面临风险高、回报周期长的窘境。为降低风险，金融机构往往倾向于提供短期流动资金贷款，导致提供中长期资金支持的空间相对有限，导致绿色科技企业难以通过传统金融市场获得足够融资。此外，绿色科技企业大多数处于成长期和产品研发期，市场规模有限，且项目收益率较低，进一步增加了融资难度。

第二，绿色金融监管体系不够完善。绿色金融由于其标准与考核指标的动态性，以及数据报告的复杂性，使其对数据信息共享平台的需求也更高。但是目前各部门碳排放统计核算标准与口径的不一致，导致碳排放相关信息分散于不同部门，其中项目环评、企业环境权益资产、碳排放等相关信息分别掌握在发展改革、生态环境和统计等不同部门，加之碳排放信息平台共享机制的不完善，导致金融机构与绿色转型企业之间存在信息差，其绿色金融供需难以及时有效对接，进一步影响了金融资源的配置效率，在资源利用方面出现了重叠和浪费的情况[2]。

第三，缺乏金融支持绿色技术的目录清单。尽管上海发布《上海市绿色技术目录（2022 版）》，对绿色技术的名称、范围、原理、指标、绿色效益等作出了明确规定，但是仍然缺乏金融支持绿色技术的清单，即每种技术

---

① "How Does Green Finance Affect Green Total Factor Productivity? Evidence from China," *Energy Economics* 107（2022）.

② 吕鹏、白刚：《建设金融强国：理论解构、实践问题与破局路径》，《中州学刊》2024 年第 6 期。

如何得到支持和补助等。例如，欧盟《净零工业法案》和美国《通胀削减法案》中对各种绿色技术获得各项支持的金额、条件、期限等作出明确规定。目前缺乏绿色技术的定义或认证标准可能会导致"洗绿"，使投资者难以确定项目是否真正带来环境和气候效益。

2.绿色金融风险管理机制亟待完善

第一，有关转型相关风险保障体系不足。推动传统产业深度转型，是发展新质生产力的重要途径，也是促进转型金融发展的核心要义。转型金融的支持对象往往是非绿色的行业，相较于绿色金融具有更大的灵活性，因而更容易产生"漂绿"的行为，加之缺乏信息披露体系支撑，难以对项目进行全流程的监督，进一步增加了"漂绿"的可能。目前上海及我国还没有建立起企业对转型活动的信息核查、报告制度，缺乏透明的转型活动信息与报告，导致企业和资金提供者之间的信息不对称，在这种情况下企业可能会将"高碳"项目包装成"低碳转型"项目，以此获得金融机构或者金融市场的资金支持[1]。

第二，绿色债券、ESG 等信息披露有待加强。ESG 信息披露不足，导致科学的绿色技术货币化估值方法难以建立。金融机构和市场很难将环境效益转化为可预测的经济收益和未来现金流。实践中，私募股权投资（PE）和风险投资（VC）公司等投资者缺乏识别可持续投资的标准化审核流程，而公司对环境和碳排放绩效的披露不足，则进一步阻碍了这一流程。尽管上海市商务委员会印发了 ESG 行动计划[2]，进一步提升本市涉外企业 ESG 水平，但该文件主要针对涉外企业，对绿色技术创新类企业也未作出明确规定。

第三，金融机构缺乏评估绿色技术项目风险与回报经验的专业人员。收集项目在环境影响方面的表现信息非常耗时，而评估这些项目又非常复杂。因此，金融机构往往难以将过去的经验有效地应用到当前的项目中。此外，

[1] 刘瑶、张斌、张明：《中国式转型金融：典型事实、发展动力与现存挑战》，《国际经济评论》2024 年第 3 期。
[2] 参见《加快提升本市涉外企业环境、社会和治理（ESG）能力三年行动方案（2024-2026 年）》。

金融机构普遍缺乏了解绿色技术、精通绿色项目商业模式且具有实践经验的专业团队。既懂金融又懂绿色技术的专业人才稀缺,阻碍了绿色金融产品和服务的创新,从而限制了金融支持绿色技术的发展。

3. 绿色金融市场定价能力仍需加强

第一,通过现有碳市场进行碳定价的能力不足。目前,中国全国碳市场的碳价处于 40~60 元/吨水平,远低于欧盟碳市场价格。一方面,全国碳市场制度有待完善。覆盖范围方面,当前市场只包括电力行业,较小的市场容量掣肘碳市场定价能力;参与主体方面,全国碳市场仅包括部分控排企业,金融和投资机构并未纳入,影响碳市场容量和流动性。同时,碳排放信息披露和 MRV 体系、市场价格稳定、风险防控机制等全国碳市场配套制度仍未健全,难以为全国碳市场的良好运行提供长效保障。另一方面,上海碳市场的金融属性不足。虽然上海在碳交易产品方面有所创新,也进行了碳配额远期产品交易的探索,但累计交易量相对较少,碳价和交易活跃度相对较低。究其原因,主要是目前上海及我国碳市场被定位为碳减排政策工具,而碳市场的金融属性尚未完全激活,主要表现在碳排放法律属性不明、碳金融衍生品开发不足以及碳期货法律规定阙如等方面。

第二,碳金融、碳定价国际影响力有待提升。中国提升绿色金融市场定价能力,与国际碳市场建立连接和合作必不可少。但是国际碳市场连接存在诸多政治和技术方面的障碍与限制,不仅与各区域间的经济发展目标、减排成本等宏观经济发展战略相关,更与碳交易总量和配额分配制定、覆盖范围、法律规制、碳信息数据体系等密切相关。例如,我国碳市场总量测算基准为单位能耗下碳排放强度,与发达国家普遍采用的"行业分类基准线"的方式差异较大。虽然以碳排放强度确定配额总量的方式,具有一定的灵活性,企业可根据经济环境调整其生产决策进而决定可获得的配额量,同时也更适合我国现阶段的绿色发展需求,但是由于其在减排效果的确定性、经济效率及基准线设计等方面存在争议,而不被一些发达国家所采纳。因此,这也为我国碳市场的国际连接带来制度性障碍。

三 上海深化绿色金融制度创新促进 新质生产力发展的对策建议

面对上海乃至全国在绿色金融促进新质生产力发展方面面对的挑战，亟须在发挥上海本地金融与科创优势的基础上，借鉴相关国际经验，通过完善绿色金融的资源配置、风险管理、市场定价、数字科技能力，不仅积极培育更具前沿性、颠覆性和市场潜力的绿色低碳产业，而且注重对传统产业转型升级的金融支持，进而推动经济社会发展全面绿色转型。

（一）完善绿色金融资源配置能力，加快培育绿色新兴产业

上海可以通过制定绿色低碳技术标准目录、培育绿色技术创新的"耐心资本"以及发展绿色创投基金等举措，提高绿色金融资源配置能力，以赋能绿色低碳技术产业，进而加快培育新质生产力。

1. 制定绿色金融支持绿色低碳技术标准目录

第一，基于绿色金融业务发展实践，制定绿色低碳技术支持目录。首先，根据国内外相关政策和标准，明确绿色低碳技术的定义和范围。例如，可以参考欧盟 2024 年《净零工业法案》列出的一份受益于其条款的净零技术清单，包括常规核裂变、生物技术气候和能源解决方案、去碳化的变革性工业技术、二氧化碳运输和利用技术，以及用于运输的风力或电力推进技术等，也可以参考国家知识产权局发布的《绿色低碳技术专利分类体系》（国知办函规字〔2022〕1044 号），列出金融支持绿色低碳技术发展的目录清单，并对特定技术的相关投资和资金需求进行适当评估，建立绿色技术政府引导基金，并鼓励银行、保险、资管、私募、创投等金融机构创新金融支持工具和产品，以支持绿色低碳技术与产业的创新和发展，以积极培育新质生产力。

第二，构建核算、评估等绿色金融标准。目前，《上海市浦东新区气候投融资项目库管理暂行办法》以及《上海市加快建立产品碳足迹管理体

系 打造绿色低碳供应链的行动方案》已发布，建议借助气候投融资地方试点进一步扩大碳核算范围，推动企业建立碳核算体系，引导建立碳账户，推动碳足迹的数据、方法学、统计认证、披露的国内外互认，健全长三角区域绿色标准体系和统计方式的联动与合作，进一步推进碳账户的开发和使用，激发金融机构开展碳金融的潜力。此外，完善相关的财税支持和投融资激励政策，让企业更加积极参与气候投融资工作，为发展新质生产力提供金融驱动力①。

2. 培育支持绿色低碳技术创新的"耐心资本"

第一，平衡绿色基金产业的长期性和风险性。一是在投资对象方面，财政资金是耐心资本，但并不是无效资本，亟须挖掘出能孕育出有效产业的资本，把握产业的发展趋势。通过研究产业发展，采用自上而下和自下而上相结合的方法，把资金真正给予有需要的企业。二是在投资方式方面，亟待推进差异化投资方式，在基金组合中，考虑长期与短期结合，最终形成覆盖短、中、长期的投资方式。三是建设投资生态，构建有特色的生态圈，为企业链接人才、科技等服务。

第二，通过财政措施鼓励资本支持绿色低碳技术。例如，美国、欧盟、日本均通过一系列财政措施和补贴政策来支持绿色低碳技术的发展，这些措施旨在降低创新风险、激励研发和促进新技术的商业化。一是直接补贴。例如，欧盟通过其多年预算框架和专项资金（地平线 2020 和地平线欧洲），为研究和创新项目提供补贴。这些资金专注于推动可持续能源、气候行动和环境技术的发展。二是税收抵免。例如，美国政府提供了多种税收抵免政策来支持绿色能源项目：①投资税收抵免（Investment Tax Credit，ITC）允许太阳能项目的开发者在其投资资本上获得高达 26% 的税收抵免；②生产税收抵免（Production Tax Credit，PTC）针对风电项目，根据电力产量提供每千瓦时数美分的抵免。三是技术创新和创业支持。例如，日本等一些国家通

---

① 张颖、邹国昊、杨楚风：《金融服务新质生产力发展的多维认知与创新路径》，《江苏社会科学》2024 年第 4 期。

过提供资金支持和激励措施鼓励绿色技术的创新和商业化，包括创业孵化器、研发补贴以及与大学和研究机构合作等。

第三，金融机构针对绿色技术创新开展投贷联动业务。一是成立专门为中小技术型创新企业提供金融服务的金融机构。例如，美国硅谷银行主要为技术企业提供贷款，旗下的硅谷资本（股权投资子公司）提供股权投资，硅谷银行和硅谷资本之间形成投贷联动机制，约80%的风险投资基金已将重点从 IT 转向可再生能源和节能技术。这种转变确保了美国可再生能源发展有一定的资金来源。二是低成本海外贷款。例如，金融机构可利用世界银行或德国复兴信贷银行集团提供的低成本海外贷款。这些基金提供低息贷款产品，3 年期的年利率仅为 2.8%。德国复兴信贷银行集团是德国著名的国有投资和开发银行，它在国际资本市场上筹集资金，并将其捆绑在一起创造绿色金融产品。然后，这些产品以最低的利润出售给银行，从而使银行能够以优惠的利率和贷款条件向客户提供绿色金融产品和服务，用于环保举措、节能措施和温室气体减排项目。

3. 发展绿色创投资金促进股权投资发展壮大

通过政府引导基金支持绿色低碳技术的耐心资本。一是风险资本和私募基金。发达国家的风险资本和私募基金在推动绿色技术创新方面起着至关重要的作用，这些资本源通常愿意承担初创企业高风险的早期阶段投资，尤其是在清洁能源、能源存储、智能电网和碳捕捉等领域。美国硅谷的风险资本家们大量投资于新能源和低碳技术，推动了一系列创新技术的开发和商业化。例如，由比尔·盖茨领投的"突破能源投资公司"，专注于资助能够显著减少温室气体排放的技术革新项目。二是通过支持和资助绿色投资基金来推动绿色股权融资。例如，欧盟通过支持和资助多种基金专注于投资绿色低碳技术企业，尤其是在早期和成长阶段的企业。这些基金不仅提供资金，还经常提供技术和管理方面的支持，帮助企业实现商业化和规模扩张。三是积极促进公司合作伙伴关系。例如，欧盟在需要大规模投资的基础设施项目中，引导私人资本参与传统由公共部门主导的项目，如大型可再生能源项目和绿色交通项目。

（二）加强绿色金融风险管理能力，大力推动传统产业转型

上海可以通过完善转型金融标准和产品激励机制、健全转型相关风险的绿色保险机制、强化以信息披露为基础的约束机制等，加强绿色金融风险管理能力，推动传统产业深度转型，发展新质生产力。

1. 完善转型金融标准和产品激励机制

第一，细化与落地转型金融标准目录。一是推出差异化激励办法引导企业转型，推出专项再贷款等货币政策工具，并将转型金融纳入评价体系。二是制定更为具体的落地标准与实施细则。三是目录应有一定灵活性，根据产业发展具体情况及时调整相关内容，避免阻碍可能的转型路径。四是建立转型企业库、转型项目库，并对目录进行动态调整与覆盖范围的适当扩容。

第二，制定转型金融税收惩罚机制。对于不采取积极行动进行低碳转型努力的高碳企业或者金融机构，可以实施较为严格的税收惩罚制度。例如，在一定条件下可以提高税率、不允许税收抵免、进行公示惩戒等，以增加高碳企业的税赋成本，进而使其明确违法预期，迫使其主动采取技术创新、产业升级、结构优化等积极措施为绿色低碳转型付出实际行动和努力。

2. 健全转型相关风险的绿色保险机制

第一，对绿色低碳技术进行风险贷款。例如，在风险损失超过不良贷款率1%的情况下，超额风险准备金与试点银行共同补偿贷款本金的85%。同时，强化绿色保险多层次风险分担机制。例如，政府提供最高不超过保费20%的补贴，并确定每个项目的补贴上限。建立有效的政府和社会资本成本效益分担机制，积极探索设立绿色产业担保基金。加强绿色投资管理，强化环境信息披露，做好相关风险的识别、分析和管理工作，提高绿色投资效率[1]。

第二，建立完善多层次风险分担机制。一是国家和上海市政府支持的

---

① 安国俊：《绿色低碳发展的金融路径》，《中国金融》2024年第6期。

区、街镇（园区）两级融资担保机构；二是再担保机构；三是金融机构；四是地方特别财政基金合作分担信贷风险，并在四个层次之间确定相应比例。该模式支持包括绿色低碳技术在内的各行业普惠，通过担保公司、保险机构、金融机构等多方合作，建立健全多层次的风险分担机制。

3. 强化以信息披露为基础的约束机制

第一，完善转型金融信息披露。一是分阶段、分领域提高转型金融信息披露的强制性。二是适当增加转型金融信息披露的内容与频次。对于转型金融产品发行企业，应规范和强化转型战略、实施进展及减排效果、转型资金的使用情况及可能存在相关风险等因素的信息披露。

第二，加强金融机构环境、社会和治理风险管理能力建设。鼓励金融机构健全重大环境风险信息披露制度，探索建立负面信息分类管理机制，在绿色项目融资审批中充分考虑企业环境信息披露情况，强化资金流向监管，防范"洗绿""漂绿"风险。建议拓展上海 ESG 信息披露的范围，并逐步提升其强制性。助力企业通过健全的 ESG 信息披露，提高信息透明度，或以股权认证作为信用增级、优化融资的条件。金融机构可以将中国核证减排量（CCER）等碳减排活动转化为小微绿色科技企业的经济效益，从而降低信贷门槛。

（三）提升绿色金融市场定价能力，塑造绿色低碳经济体系

绿色金融实质上是对没有完全被内部化的外部性成本重新定价，让市场来发挥作用，筛选最好的新质生产力。建议以立法变通权明确碳配额法律属性，开发碳金融产品、有效配置碳资产，以及设立期货交易所助力碳期货发展等方式，提升上海绿色金融市场定价能力，塑造绿色低碳经济体系，助推新质生产力发展。

1. 以立法变通权明确碳配额法律属性

目前，上海碳市场以碳现货交易为主，虽然推出了借碳、碳回购、碳远期等碳交易工具及碳基金、碳质押、碳信托等金融工具，但由于更高位阶的法律尚未出台，加之碳排放权本身的资产属性不明确，企业和金融机构开展

业务较为谨慎，碳金融业务的规模化和市场化程度仍有待进一步提高。

2021 年 6 月，全国人大授权上海市人大及其常委会制定浦东新区法规，"浦东新区法规"成为一种新的法律规范类型。"浦东新区法规"的关键特质是"变通性"，即对法律、行政法规、部门规章等已经作出规定的，可以进行优化和完善，在浦东实施"浦东新区法规"；对暂无法律法规或明确规定的领域，先行制定相关管理措施，按程序报备实施，探索形成的好经验、好做法适时以法规规章等形式固化。上海可以借助浦东新区的"立法变通权"，制定碳金融相关管理措施，将拍卖所得的碳排放配额，规定为碳资产。然后，按照《中华人民共和国民法典》中"充分尊重和保障私有财产权"的规定，允许就该类配额设立质押、抵押等担保物权，鼓励将其作为底层资产用于各类碳金融业务创新，也可以适用于民事关系中的债务清偿等。

2. 开发碳金融产品，有效配置碳资产

上海 CCER 交易量一直稳居全国首位，建议趁全国 CCER 重启之机，形成国际碳信用交易的"上海标准"。凭借"崇明世界级生态岛"的建立和上海丰富的蓝色碳汇生态系统，打造包括森林碳汇、海洋碳汇、湿地碳汇的世界级"生态碳汇中心"，考虑从方法学、项目边界、法律权利、额外性、项目期和计入期等方面探索将蓝色碳汇纳入我国自愿碳减排交易机制的法律规则[1]。

此外，鉴于上海低碳和负碳技术的大力发展，建议上海制定相关法规政策将碳捕集、利用与封存（CCUS）纳入上海自愿碳市场，具体包括以下路径。①可将 CCUS 纳入 CCER 机制。根据《温室气体自愿减排交易管理办法（试行）》，减排项目包括所有有利于降碳增汇的相关领域，并且审核通过了红树林修复等 4 项方法学，这为 CCUS 碳抵消提供了难得机遇。可通过开发科学的 CCUS 方法学标准，将其纳入碳市场。②可将 CCUS 通过上海碳普

---

[1] Li, X. -W.; Miao, H. -Z., "How to Incorporate Blue Carbon into the China Certified Emission Reductions Scheme: Legal and Policy Perspectives," *Sustainability* 14 (2022).

惠机制纳入自愿碳市场。《上海市碳普惠管理办法（2023）》及其相关技术文件规定了各类新能源使用、资源循环利用、交通减排等开发潜在的减排项目，也为 CCUS 纳入碳普惠减碳机制提供重要可行方案。

3. 设立碳期货交易所，推动碳期货及其衍生品发展

目前主要国际碳交易场所大多与既有提供金融商品的交易所具有股权或合作关系。例如，芝加哥气候交易所与伦敦国际原油交易所合作设立欧洲气候交易所，后被美国洲际交易所收购，并一跃成为全球碳交易规模最大的交易所。建议上海出台相关法规政策，在碳期货及其衍生品交易方面进行制度创新。一是建议成立上海碳期货交易所，由上海期货交易所和上海环境能源交易所各持股权，相互支持和联系；二是明确规定碳期货交易的监管机构，划分和界定金融监管机构与生态环境主管部门的监管职权和范围；三是加快推进碳金融产品创新，分阶段、分步骤地有序发展碳金融衍生品市场。例如，研究开发碳掉期、碳互换、场外期权等碳市场非标准化衍生品，助力中国提升碳定价国际影响力。

（四）推动绿色金融数字科技能力，优化生产要素配置效率

发展新质生产力，需对生产要素进行创新性配置。可通过搭建产融对接的绿色信息平台、推进绿色数据信息披露与共享、发展活跃的金融科技市场环境[1]等方式，推动绿色金融数字科技能力发展，赋能新质生产力。

1. 搭建产融对接的绿色信息平台

绿色信息平台是基于大数据、人工智能、区块链和云计算等信息科技，实现对绿色金融信息的实时采集、分析、监测和共享，涵盖绿色产业信息汇总、信贷产品信息提供等多个方面内容的专业信息平台，可服务于金融监管部门、银行等金融机构以及企业和个人。通过产融对接的绿色信息平台，可以建立部门协调机制，强化绿色金融供需对接，赋能绿色低碳技术及其产业高质量发展。上海已于 2024 年 1 月正式上线"绿

---

[1] 王遥、任玉洁等：《中国地方绿色金融发展报告（2023）》，社会科学文献出版社，2023。

色金融服务平台",为绿色信息服务、金融供给、产业识别、项目服务、智能分析和预警提供支持,但仍有待对该平台进行优化升级,在信息披露和供需对接方面提质增效,真正解决企业在技术创新和绿色转型升级过程中的融资问题。

2. 推进绿色数据信息披露与共享

数据是金融机构制定投融资与风险决策、优化资源配置的核心要素,也是绿色金融科技不断深化发展的重要支持。在新质生产力背景下,数字化工具促使企业合理规划自身碳排放、高效配置碳资产,同时为低碳激励提供充实的数据支撑,促进了碳排放抵(质)押权等的合理配置和使用,推动产业体系向绿色低碳转型。因此,建议整合数据的精准度与可用性,在利用技术抓取数据的基础上,充分发挥金融科技智能化分析和计算的优势,对相关数据进行优化分类,提升信息基础设施平台内数据的直接使用程度,减少部门在调取数据后验证的工序。

3. 发展活跃的金融科技市场环境

第一,建立绿色金融与金融科技复合型人才梯队,探索产、教、研三位一体的绿色金融科技合作模式。第二,与第三方金融科技公司合作,提高数字技术应用能力,发挥人工智能等技术的价值,为绿色投融资提供依据。例如,因地制宜地构建本地绿色标签知识图谱、绿色深度识别模型、绿色资产管理系统以及 ESG 评价工具系统等。第三,积极推动产业的数智化改革与绿色金融科技进行衔接,利用科技手段进行信息披露,实现绿色产业信息的有效获取和应用,降低绿色金融一线从业人员的工作难度,提高绿色金融投融资效率。

气候变化应对篇

B.12
气候变化经济金融风险应对与新质生产力提升协同推进研究

陈 宁 庄沐凡*

摘 要: 面对气候变化风险这一长期性、系统性挑战，积极培育发展新质生产力，已成为提升气候变化风险应对能力的重要路径。目前，上海应对气候变化经济金融风险在气候预警、气候投融资、气候风险相关金融产品创新、气候信息披露等领域取得了积极成效。然而，上海气候变化经济金融风险应对与新质生产力提升两项政策目标一定程度上面临决策过程相互独立，要素资源相互争夺，政策手段或孤立或冲突等现实挑战。针对这些问题，提出如下建议：改善治理流程，评估气候变化经济金融风险，将气候相关经济金融风险纳入宏观经济模型和预测工具，增强政府部门协调；完善政策工具，将气候适应能力要求纳入绿色公共采购政策，气候风险披露政策等；加

---

* 陈宁，经济学博士，上海社会科学院生态与可持续发展研究所助理研究员，研究方向为循环经济、产业绿色发展、环境政策与管理；庄沐凡，工学博士，上海社会科学院生态与可持续发展研究所助理研究员，研究方向为循环经济、环境管理。

大对具有应对气候变化风险效应的新兴技术的资金投入，扶持增强城市韧性领域细分市场领导者。

关键词： 气候变化经济金融风险　新质生产力　上海

1990~2019 年，全球约 91.6% 的主要自然灾害、83.7% 的经济损失以及92.4% 的保险理赔都与气象灾害及其引发的次生灾害和相关衍生灾害联系在一起①。世界经济论坛（WEF）发布的《2024 年全球风险报告》将"极端天气事件"列为未来 10 年最严重的风险。2024 年，上海经历了史无前例的三天内双台风登陆、75 年来最大的台风袭击以及有气象记录以来历史排名第二的高温日，气候变化对超大城市的影响越来越真切。应对极端天气造成的影响是上海建设美丽中国上海典范的重要内容。

气候变化风险影响正在不断向整个经济社会系统蔓延渗透，跨区域、跨行业的复合型气候变化风险将持续增加且更难管理。面对气候变化风险这一长期性、系统性挑战，积极培育发展新质生产力，已成为提升气候变化风险应对能力的重要路径。同时，应对气候变化经济金融风险与发展新质生产力在内核上具有相似性，在推进政策领域上具有一致性，通过改善治理流程和完善政策工具，使应对气候变化经济金融风险与提升新质生产力协同推进，能够起到事半功倍的效果。

一　协同推进气候变化经济金融风险应对与新质生产力提升的理论意涵

气候变化将通过资产价值变化、抵押品价值变化、风险头寸暴露、政策不确定性和市场预期波动等渠道对金融系统产生冲击，进而对宏观经济造成

---

① 庄国泰：《努力筑牢气象防灾减灾第一道防线》，《求是》2021 年第 14 期。

显著影响①。新质生产力通过节能降耗、循环经济等手段，提升资源使用效率，减轻对生态环境的压力，有助于更好防范和有效应对气候变化风险的现实挑战。应对气候变化经济金融风险与提升新质生产力既具有内核上的相似性，也都难以各自孤立地解决，应探索能够同时产生多重收益的解决方案。

（一）气候变化经济金融风险的内涵和表现

气候变化不仅是环境问题，同时也是经济和社会问题。其具有鲜明的特征，包括：①深远广泛的影响，涉及所有经济主体、部门和地理区域；②可预见性，尽管气候变化的具体结果、时间范围和路径存在不确定性，但未来出现物理和转型风险存在较高确定性；③不可逆性，目前尚无成熟的技术能够实现对气候变化的逆转，且一旦超过某个阈值后，气候变化将造成不可逆转的后果；④依赖于短期行动，气候变化未来影响的大小和性质将取决于当前采取的行动②。从经济金融风险来看，气候变化主要通过物理风险和转型风险两种渠道影响经济金融体系（见图1）。

1. 物理风险

气候变化的物理影响涉及因极端气候变化相关的天气事件，以及气候长期逐渐变化的严重性和频率增加而导致的经济成本和金融损失，包括对财产、基础设施和土地的损害③。极端气候变化相关的天气事件包括热浪、山体滑坡、洪水、野火和风暴等，气候长期变化主要包括降水变化、极端天气的变化、海洋酸化和海平面及平均气温上升④。通常来看，低收入和中等收入经济体更易受到物理风险的影响。

气候变化所带来的物理风险将会进一步增大保险赔付压力。如果损失得

---

① 陈雨露：《当前全球中央银行研究的若干重点问题》，《金融研究》2020年第2期。
② Network for Greening the Financial System, "A Call for Action Climate Change as a Source of Financial Risk," 2019.
③ Grippa, Pierpaolo, Schmittmann, Jochen, Suntheim, Felix, "Climate Changeand Financial Risk," *Global Financial Stability Report*, 2019.
④ Network for Greening the Financial System, "A Call for Action Climate Change as a Source of Financial Risk," 2019.

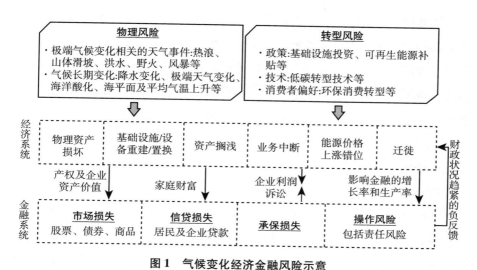

图1 气候变化经济金融风险示意

资料来源：Grippa，Pierpaolo，Schmittmann，Jochen，Suntheim，Felix，"Climate Changeand Financial Risk，" *Global Financial Stability Report*，2019。

到保险，则更频繁和严重的天气事件会直接导致保险公司赔付金额增加，同时通过提高保费间接影响投保人。如2024年，上海受"双台风"影响产生大量保险赔付案件。截至2024年10月18日，辖内保险公司共收到报案60298件，预估赔款13.76亿元，赔付金额最大的一起财产险报案为瑞再企商保险有限公司热带气旋指数保险产品，被保险人为上海浦东某大型主题公园，赔付金额为3217.5万元。未投保的损失则会直接落在家庭和企业身上，最终可能影响到政府预算。同时，气候变化的物理风险也会提升信贷风险。例如，海平面上升和极端天气事件的增加可能会造成财产损失和资产价值的下降，从而导致借款人偿债能力下降或抵押物价值的下跌，继而增加银行和其他贷款机构的信贷风险。贷款机构预期收益的变动也会反映在金融市场中，影响投资者和资产所有者。气候变化也会使得金融机构难以分散风险，因为它可能会增加以往通常被认为不相关的事件（例如干旱和洪水）发生的概率或者影响程度，降低银行和保险公司的多元性，使他们在面对气候风险时更加脆弱。

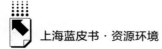

除此以外，金融系统和宏观经济之间的反馈循环也可能加剧气候变化所带来的物理风险，进一步影响金融系统的稳定。若银行无法及时填补因气候风险造成的资本损失，会减少授信以满足监管要求，导致抵押物价值下跌和重建融资减少，居民消费水平也会受到影响，经济下滑风险增加。同时，气候灾害将增加预防性资金的需求，若央行不及时提供流动性支持，可能导致金融和经济不稳定。自然灾害还可能改变受灾群众的长期风险偏好，对金融市场产生动态影响。

2. 转型风险

气候变化的转型风险主要指为控制气候变化所采取的政策和行动对于经济金融体系产生的风险[①]。转型初期，某些行业转型所需的低碳技术将会增加经济成本，例如钢铁、水泥和航空等。转型成本和路径将因国家现有资本存量、政治、技术和社会经济条件的不同而有所差异。同时，未来的政策也会影响转型成本和路径，例如基础设施投资、可再生能源补贴突然削减或突然的环保消费转型。尽管低碳转型将增加经济成本并带来经济结构的重大变化，然而预计总成本仍将低于不采取气候行动所产生的成本。此外，也有观点认为，气候政策可以通过促进创新和就业创造降低生产成本，带来积极的"绿色增长"效应，从而在中短期内促进全球经济发展，即"波特假说"。

转型的速度和时机至关重要。伴随着明确政策信号、有序的转型将为现有基础设施的更新和科技进步提供充足时间，保持能源成本在合理水平上。相反，延迟、无序或突然的转型将带来经济损失和高昂的成本，尤其是更易受到结构性变化影响的行业和地区。例如，延迟向低碳转型意味着，未来需要更大幅度的、成本更高的减排措施来达到政策目标。而预料之外的碳税征收将大幅提高能源价格，从而影响全球经济发展。

对于碳密集型企业而言，它们更易受到转型风险的冲击。碳减排目标和碳捕捉技术发展导致高碳企业资产价值重估，尤其是石油、天然气和煤炭等行业，金融体系将因生态失衡而失去稳定。为控制全球升温，化石燃料公司

---

① 陈雨露：《当前全球中央银行研究的若干重点问题》，《金融研究》2020 年第 2 期。

的资产储备可能无法全部启用,这将极大影响公司价值和金融机构,对市场稳定性造成冲击。如果对低碳项目投资不足,同时短期内碳排放政策突然变得更加严格,可能导致化石燃料资产价格失灵,对企业价值和偿债能力造成损害,并影响投资者的财务健康,更严重的话可能会给整个金融系统带来风险[①]。

(二)气候变化经济金融风险应对与新质生产力提升的双向互动关系

应对气候变化经济金融风险与提升新质生产力既具有内核上的相似性,也都难以各自孤立地解决,应探索能够同时产生多重收益的解决方案。

1.提高气候变化经济金融风险的应对能力将产生积极的溢出效应

投资新兴的具有颠覆性的信息技术、气候适应技术、生物技术等,形成规模化集群化的战略性新兴产业、未来产业,能够在推动全社会减少二氧化碳排放的同时创造巨大的商业机会,带来更广泛的经济利益,创造高技能工作岗位。对气候适应性建筑、交通和能源系统的投资将为居民带来更健康的生活环境和共同福祉。从基础设施项目一开始就投资于能够提升气候变化风险应对能力的项目意味着资产将能够更好地抵御极端天气条件,避免临时重建和恢复费用。修复损坏所需的投资都是具有极高机会成本的,相反,在预防和准备上进行的投资收益将远远超越最初的投资金额。因此提高气候变化经济金融风险的应对能力将产生积极的溢出效应,并使实现其他目标更容易、更经济。

2.新质生产力提升有助于消除应对气候变化经济金融风险的障碍

技术应对气候变化及其带来的各种风险,提升全社会适应能力至关重要。特别是数据驱动的新兴数字技术,如人工智能、地球监测、物联网、无人设备与高级计算协同作用的解决方案,能够支持全面的适应战略,并在"适应周期"的每个阶段发挥关键作用,从而帮助相关部门管理与气候影响相关的不断增加的风险,并在此过程中释放新的机遇。而关键核心技术不会

---

① 陈雨露:《当前全球中央银行研究的若干重点问题》,《金融研究》2020年第2期。

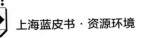

凭空产生，只能通过新质生产力的发展和提升，通过研发、验证、试验及产业化等复杂流程形成切实可用的产品及解决方案。

3. 协同推进气候变化经济金融风险应对与新质生产力提升是最经济、最持久的解决方案

无论是解决气候变化经济金融风险还是发展新质生产力，都涉及广泛的政策领域，如生态环境、改革发展、经济、信息化、财政金融、技术创新、就业与社会保障等。同时，鉴于上述阐述两者之间存在相互促进、相辅相成的复杂联系，这两者都不能各自孤立地解决。最好的、持久的解决方案是那些能确保多重利益的解决方案，也就是采取系统性方法，推动两者持续协同地向前迈进。

二　上海气候变化经济金融风险应对与新质生产力协同提升的现状与挑战

目前，上海应对气候变化经济金融风险在气候预警、气候投融资、气候风险相关金融产品创新、气候信息披露等领域取得了积极成效。然而，上海气候变化经济金融风险应对与新质生产力提升两项政策目标面临一定程度上决策过程上相互独立、要素资源上相互争夺、政策手段或孤立或冲突、政策影响评估和监测不够充分等现实挑战。

（一）上海应对气候变化经济金融风险的进展

上海市作为国际金融中心，正积极应对气候变化所引发的经济金融风险，推动形成可复制、可推广的先进经验和最佳实践。

1. 管理框架

上海应对气候变化经济金融风险主要负责部门是金融部门，例如上海市委金融办、上海市地方金融监管局、上海银保监局、上海证监局、中国人民银行上海总部等，并与上海市发改委、上海市生态环境局、上海市气象局、上海市科委、上海市经济信息化委积极合作。《上海市适应气候变化行动方案（2024-2035 年）》将防范气候相关金融风险作为适应气候变化的重点任务之一，并提出到 2035 年，气候变化相关风险的预警机制将全面推广，金融机构识别、评估和管理气候变化相关金融风险的能力显著增强。

2. 气候预警

《上海市探索"气象×金融"协同联动服务经济社会高质量发展工作方案（2024-2026 年）》聚焦气象和金融的联动发展，提出了 4 方面行动 11 项任务。《上海市人民政府关于加快推进本市气象高质量发展的意见（2023-2035年）》也提出要创新气象金融服务，保障国际金融中心能级提升。

3. 气候金融

气候金融作为绿色金融的重要组成部分，相关规定出现在以"绿色金融"为关键词的文件中，例如《上海市碳达峰实施方案》《上海市加快推进绿色低碳转型行动方案（2024-2027 年）》《上海银行业保险业"十四五"期间推动绿色金融发展服务碳达峰碳中和战略的行动方案》等。

（1）气候投融资

气候投融资是指为了应对气候变化而进行的资金筹集、投资和管理活动。自 2020 年我国首次出台气候投融资政策以来，上海积极响应国家战略部署，致力于通过气候投融资推动经济可持续转型。2021 年，上海印发了《上海加快打造国际绿色金融枢纽服务碳达峰碳中和目标的实施意见》，明确提出推动上海气候投融资试点和设立气候投融资基金，促进上海成为全球气候投融资中心的目标。此外，上海将争取国家气候投融资试点写入《上海市生态环境保护"十四五"规划》，将深入推动气候投融资发展写入《上海市碳达峰实施方案》。2022 年，上海银保监等八部门印发《上海银行业保险业"十四五"期间推动绿色金融发展服务碳达峰碳中和战略的行动方案》，提出到 2025 年，绿色融资总量和结构进一步优化，绿色融资余额超1.5 万亿元。

2022 年 6 月，上海发布了《上海市浦东新区绿色金融发展若干规定》，提出推动包括气候投融资在内的绿色改革创新试点。2022 年 8 月，上海市浦东新区正式入选我国首批气候投融资试点地区，全方位推进气候投融资体系化建设。经过两年多的发展，浦东新区通过搭建互动平台、建设项目库、汇聚多方资源等多项举措，积极探索气候投融资的浦东模式和路径。2023年，浦东新区成立气候投融资促进中心，并以此为抓手全力推动气候投融资体系的构建、标准制定、金融产品创新以及产业与金融的深度融合等工作，为低碳产业的发展和绿色技术的进步提供坚实的支持。2023年底，浦东新区正式启动了气候投融资项目库的公开征集与入库工作，并搭建了"上海市浦东新区气候投融资试点服务平台"，实现了与上海绿色金融项目库的互联互通。目前已征集申报项目52个，聚焦"融聚长三角资源、链接国际化平台"的定位，覆盖低碳能源、低碳农业、低碳技术、低碳服务和适应气候变化等领域。围绕项目库管理，浦东新区构建了从储备库到实施库，再到示范库的三级项目库架构，形成了涵盖项目申报、入库、评价、更新和退出的全生命周期管理模式，创新提出了定量化与定性化相结合的项目梯次入库方法，为实现"环境-金融"项目互认和产融对接提供了有力支持。此外，浦东新区进一步深化政府、金融机构、企业和咨询服务机构间的多方交流合作与共享，整合长三角地区的生态和金融资源，携手促进低碳发展和绿色高质量增长。2024年，江苏省盐城市的普枫新能源项目成为浦东新区气候投融资项目库的首单。为进一步规范浦东新区气候投融资试点工作的开展，《上海市浦东新区气候投融资项目库管理暂行办法》和《上海市浦东新区气候投融资项目入库评价实施意见（试行）》正式出台，提供了明确的制度保障，并标志着浦东新区气候投融资试点系统布局的确立。

除积极开展试点探索外，上海市持续推动气候投融资的交流合作。《上海加快打造国际绿色金融枢纽服务碳达峰碳中和目标的实施意见》中指出，要进一步推动气候投融资的国际合作，引导国内外资金流向应对气候变化领域，并加强世界银行、亚洲开发银行、亚洲基础设施投资银行等国际金融组织的合作，支持气候债券组织（Climate Bonds Initiative，CBI）、国际可持续发展金融中心联盟等在沪机构的运营。

（2）气候风险相关金融产品创新

当前，上海在气候风险相关的债券、保险、指数等方面开展了卓有成效的探索。在债券方面，2020 年，上海清算所联合国家开发银行创新发行"应对气候变化"绿色金融债券。2021 年，上海清算所与国家开发银行继续加强双方进一步合作，面向全球投资者发行规模 192 亿元"碳中和"专题"债券通"绿色金融债券，该期债券为我国首单获得 CBI 认证的"碳中和"债券。浦发银行支持国电发展发行 8.4 亿元碳中和绿色中期票据，用于风电场建设，预计年减排 67 万吨二氧化碳当量，并获得国际气候债券组织（CBI）"气候债券"官方认证，是国内首单非金融企业获得国际和国内双重认证的碳中和债券。工商银行上海分行为申能集团下属集团申能租赁成功发行了全国首批、上海首单"碳中和"资产支持商业票据。2022 年，临港集团发行我国首单"保障性租赁住房+碳中和"双标签绿色债券。为规范绿色债券的资金使用、信息披露及评估认证流程，上海证券交易所在《上海证券交易所公司债券发行上市审核规则适用指引第 2 号——专项品种公司债券》中为绿色公司债券进行单列专章。未来，上海将进一步探索"一带一路"城市气象减灾债券，加强气候变化适应能力。

在保险方面，随着气候变化的加剧，极端天气及气象灾害发生频率和影响程度均显著增加，我国巨灾保险制度也在不断完善。2014～2023 年，地方巨灾保险试点保费年均复合增速超 40%，规模达 10 亿元。2018 年，上海巨灾保险试点工作在黄浦区启动。2021 年，上海在《上海市碳达峰实施方案》中就提出为实现低碳转型，要有序推进绿色保险服务。2024 年，上海在《上海市适应气候变化行动方案（2024－2035年）》中提出，鼓励发展巨灾保险和重点领域气候风险保险等创新型产品，推动生态灾害保险制度、农产品气象指数保险和农业巨灾保险制度设计和研发。在《上海市探索"气象×金融"协同联动服务经济社会高质量发展工作方案（2024—2026 年）》中，上海围绕气候保险领域，提出计划围绕与长三角城市群和"一带一路"探索气候保险服务。深化气象保险服务，并拓展气象保险衍生服务的合作范围，同时将探索"一带一路"气象巨灾保险服务。此外，长三角城市群气象保险联合创新工程中心在上海揭牌成立，以进一步加强长三角城市群应对气象巨灾的防御能力。在产品方面，上海松江实现了"水稻高温气象指数保险+衍生品"项目的落地，"南美白对虾气象指数保险"在上海技术交易所挂牌，中国太保首创"航运业欧盟碳排放成本价格指数保险"，助力上海国际航运中心实现绿色转型。

在指数投资方面，2015 年，上海证券交易所中证指数公司和 Trucost 合作发布上证 180 碳效率指数。2021 年，上海清算所推出了上海清算所碳中和债券指数，该指数为我国首只"碳中和"债券指数，有助于将金融资本引向低碳产业，促进实现碳中和的长远目标。同年，上海清算所在全国碳排放权交易市场正式上线交易首日，又推出了中国碳排放权配额现货挂牌协议价格指数，该指数是我国首批全国碳排放权交易市场价格指数，为碳市场参与者提供价格参考，进一步优化资源配置。2022 年，上海环境能源交易所与中证指数公司共同推出了中证上海环交所碳中和指数，该指数成为我国首个以碳中和为主题的投资指数，并成功纳入内地与香港 ETF 互联互通机制。

（3）气候信息披露

在政策方面，2021 年，《上海加快打造国际绿色金融枢纽服务碳达峰碳中和目标的实施意见》提出推动建立金融市场的 ESG 信息披露机制，推进上市公司的绿色信息和碳排放信息披露，加强试点探索、国际合作、绿色中介服务机构体系和绿色金融信用信息体系建设。2023 年，《上海市碳排放管理办法》提出探索实行企业碳信息披露制度。2024 年，《上海市适应气候变化行动方案（2024—2035 年）》则提出鼓励开展适应气候变化工作信息披露。为进一步规范上市公司的环境信息披露，上海证券交易所先后推出了《上市公司可持续发展报告编制指南（征求意见稿）》《推动提高沪市上市公司 ESG 信息披露质量三年行动方案》，助力社会绿色可持续转型，增强应对气候风险能力。

目前，上海市已将企事业单位环境信息公开平台升级为环境信息披露平台，并纳入气候信息披露内容。2023 年，沪市共有 1187 家公司发布了 ESG 报告、可持续发展报告或社会责任报告，披露率超过了 52%，比上年同期增长超过 5 个百分点，无论是披露数量还是披露率均达到了历史新高。

（二）上海气候变化经济金融风险应对与新质生产力提升的政策一致性分析

气候金融能够推动经济可持续转型，为发展新质生产力所需的技术研发、产品创新、资产运作等提供多元化的融资需求，而新质生产力的发展则与绿色低碳转型紧密相连，能够提升适应气候风险的能力。因此，气候变化经济金融风险应对与新质生产力提升应在宏观政策取向上保持较高的一致性。政策一致性是指不同时间、不同领域及不同层级的政策之间相互配合和协调，是形成推动高质量发展强大合力的重要抓手。经济合作与发展组织（Organization for Economic Co-operation and Development，OECD）提出了可持续发展政策一致性（Policy Coherence for Sustainable Development，PCSD），并提供了分析、应用和跟踪 PCSD 进展的指导。本报告参考 OECD 提出的 PCSD 八项原则①，对上海气候变化经济金融风险应对与新质生产力提升的政策一致性开展分析，并根据 PCSD 的筛查清单构建了适用于上海市气候变化经济金融风险应对及新质生产力提升政策一致性的筛查清单（见表1）。总体来看，上海在气候变化经济金融风险应对及新质生产力提升的政策一致性方面已取得一定成效。

1. 为气候变化应对和新质生产力建立政策承诺和领导力

由于气候变化风险应对以及新质生产力提升跨越不同的政策领域，需要政府的整体行动，建立政策承诺和领导能力，以明确优先发展的领域、有时限的行动以及专门的措施。在两者的政策制定方面，《上海市加快推进绿色低碳转型行动方案（2024-2027 年）》中将"形成新质生产力"作为行动方案的重要目标，而将"强化金融支撑机制"作为机制创新和保障措施的

---

① Organization for Economic Co-operation and Development，"Driving Policy Coherence for Sustainable Development：Accelerating Progress on the SDGs，" 2023.

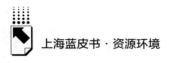

表1　气候变化经济金融风险应对与新质生产力提升的政策一致性筛查清单

筛查要素			主要内容
1. 分析框架	1.1 参与者		政府部门、企业、非政府组织等必须参与其中并受到影响;利益相关者(如与新质生产力高度相关的发改委、经信委和与气候经济金融风险应对高度相关的金融部门等)需要在政策全流程中保持开放沟通,以确保各方利益能够被充分考虑和平衡;市区各级政府部门应当充分协同,在考虑各区差异化政策的同时保持总体目标一致
	1.2 政策相互关联		上海在政策制定过程中考虑了经济、社会和环境政策之间的相互关联;气候变化相关的金融政策能够为新质生产力提升中绿色低碳相关的技术、基础设施等提供资金支持;政策决策过程已从单一部门视角(如碳排放、投资、科创)转向更综合的"问题导向型"视角;但气候变化相关的金融政策可能会增加企业成本
	1.3 有利条件和不利条件		政府部门之间的高效沟通及协同合作有助于推动气候经济金融风险应对与新质生产力提升的协同,上海不断加强部门合作,搭建平台,整合散落资源,但不同部门之间的信息壁垒未能全部消除
	1.4 资金来源		上海设立了应对气候变化的专项资金,同时积极创新气候变化相关的金融工具
	1.5 跨区域和跨时间影响		上海制定了近期和长期的发展政策,并明确了分阶段的发展规划
2. 制度框架	整个政府的策略	2.1 对气候变化经济金融风险、新质生产力及政策一致性的认识	上海在制定气候变化经济金融风险相关政策时,对绿色低碳技术创新的支持纳入考量;但对两个领域政策相互影响评估仍不够充分
		2.2 政治承诺	上海在提升新质生产力领域作出了明确承诺,并确定了重点领域和行动计划。应对气候变化经济金融风险相关内容涵盖在适应气候变化文件中
		2.3 优先事项识别	当前上海应对气候变化经济金融风险以及提升新质生产力政策各有侧重点,可能存在要素资源相互争夺的情况
		2.4 利益相关者的参与	上海在制定气候变化应对相关政策时,向社会公众,包括新质生产力提升的各利益相关者,广泛征求意见
		2.5 战略框架	上海在提升新质生力领域有战略框架,在气候变化经济金融风险领域战略尚不明确

筛查要素			主要内容
2. 制度框架	政策协同	2.6 协同机制	多部门联合发布政策文件
		2.7 明确的政府目标	上海气候变化应对相关政策有助于推动经济社会绿色低碳转型,重点任务涵盖了经济、社会和环境三个维度
		2.8 治理层级之间的相互联系	上海各层级政府之间具有明确的责任划分,同时各层级政府能够充分参与政策的制定和实施,市级政府能够为区级政府提供资源和能力支持
		2.9 预算流程	上海市设立了应对气候变化的专项资金,其预算需经过各项目管理部门、市节能减排办、市财政局、市人大批准
		2.10 行政文化	上海市已建立相关机制,加强不同政府部门工作人员的协作、信息交流和持续合作
3. 监测框架		3.1 加强监测和报告机制	上海市对于气候变化应对的成效跟踪保持较高的及时性,并向公众公布
		3.2 适应新议程的监测机制	目前针对气候变化应对及新质生产力提升成效的具体指标各自己有探索,但尚未出台明确的政策指导文件
		3.3 政策相互作用的评估	目前上海尚未建立针对气候变化经济金融风险应对以及新质生产力提升的政策一致性评估的指标体系和模型

资料来源:作者根据 OECD(2016)整理,"Organization for Economic Co-operation and Development, A New Framework for Policy Coherence for Sustainable Development OECD," 2016。

主要内容之一,且主要围绕绿色金融开展,应对气候变化是其重要因素。在《高水平构建质量基础设施赋能新质生产力因地制宜发展行动计划(2024-2026年)》中提出将绿色化转型作为重要动力之一,强化绿色技术创新和应用,以及绿色产品设计和认证。气候变化相关经济金融政策能够为绿色技术和绿色产品的发展提供支撑,满足绿色化转型的多元化融资需求。在政策文件中,上海也明确了重点发展的领域,并设立了相应阶段的行动目标。此外,在产品认证方面,《上海加快打造国际绿色金融枢纽服务碳达峰碳中和目标的实施意见》《上海市加快推进绿色低碳转型行动方案(2024-2027年)》《高水平构建质量基础设施赋能新质生产力因地制宜发展行动计划(2024-2026年)》均提出要加强低碳技术及产品认证,完善认证体系。在交流合作方面,《上海市适应气候变化行动方案(2024-2035年)》和《高水平构建质量基础设施赋能新质生产力因地制宜发展行动计划（2024-2026年）》均提出加强国际合作交流，以及深化长三角一体化发展，而《上海加快打造国际绿色金融枢纽服务碳达峰碳中和目标的实施意见》则将重点放在对外交流合作上。在试点建设方面，上海作为改革开放的排头兵和先行者，积极探索先行先试。在推动新质生产力发展和应对气候变化经济金融风险的相关政策文件中，均提出要开展试点工作，提供可复制、可借鉴的经验。

2. 采用长期战略愿景

由于对基础设施、技术的投资或者产业结构的调整等需要较长的时间，因此在推进政策一致性的过程中需要考虑长期的战略愿景，平衡当下和未来的需求。上海在应对气候变化风险以及推动新质生产力提升方面，不仅针对短期出台了行动方案或行动计划，同时也针对中长期的发展作出规划，例如《上海市国民经济和社会发展第十四个五年规划和二〇三五年远景目标纲要》《上海市人民政府关于加快推进本市气象高质量发展的意见（2023—2035年）》《上海市适应气候变化行动方案（2024-2035年）》等，为克服短期主义、协调长期变革提供了重要指引。

3. 促进政策整合

应对气候变化经济金融风险与提升新质生产力之间并非相互独立，而是存在紧密关联，因此在政策制定过程中，需要充分考虑经济、社会和环境多个维度之间的相互作用，并通过透明的决策过程和与利益相关者的开放沟通解决政策的权衡问题。上海在气候相关政策中考虑了与新质生产力的关联。例如，在《上海加快打造国际绿色金融枢纽服务碳达峰碳中和目标的实施意见》中，上海提出要加大金融对产业低碳结构转型和绿色低碳技术研发、推广和应用的支持力度，这对于提升新质生产力也具有重要作用。此外，上海采取了多元化的政策手段，这些手段也相互配合。例如，上海建立了绿色金融服务平台（https://www.unionecredit.com/greenfinance/#/home），将散落的多源数据资源整合至统一平台，为推动经济社会绿色低碳转型提供重要的金融支撑。该平台与气候投融资项目库实现了对接，不仅促进了气候相关金融的发展，同时为绿色科技创新和新质生产力的发展提供了资金支持。此外，在该平台上也可实现金融机构和企业的信息披露，提高市场的透明度和可信度，以健康的资本市场支持新质生产力的发展。该平台作为实体企业与资本之间的桥梁，一定程度上解决了绿色产业面临的资金与项目不匹配的问题，以及投融资机构寻找项目难的困境。

4. 促进政府整体协同

气候变化风险应对以及新质生产力的协同提升无法由单一政府部门独自解决，需要多个部门的协同参与，因此需要建立有效的机制加强跨政府协调与合作。从执行部门来看，上海应对气候变化经济金融风险主要负责部门是金融部门，并与经济、生态环境、气象等部门积极合作。而新质生产力促进与发展的执行部门主要包括发改委和经信委，具体到不同领域则对应到不同部门。两者的主要负责部门互有重叠，各部门之间协同配合，提升政策执行的协调性和有效性，在具体实践中保持一致性。此外，上海于 2019 年成立了应对气候变化及节能减排工作领导小组，成员涵盖了上海市多个政府部门。

（三）上海气候变化经济金融风险应对与新质生产力协同提升面临的挑战

尽管上海市在气候变化经济金融风险应对与新质生产力协同提升方面取得了一定成效，然而在决策过程、要素资源、政策手段、政策影响评估和监测等方面的协同仍面临一定的挑战。

1. 决策过程相互独立

尽管应对气候变化经济金融风险以及提升新质生产力的部门存在重叠，但主要决策部门相对分散，导致决策过程相互独立。而不同决策部门制定政策时往往从自身职能出发，彼此之间或多或少存在一定的信息壁垒，导致各自决策不够全面，难以形成有效的协同应对方案。例如，在制定应对气候变化经济金融风险的政策时，如果未与其他部门充分沟通协调，则可能由于更关注气候变化和碳减排，出现金融产品设计与实际需求不相符合的情景，不

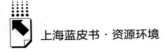

仅降低了政策的执行效率，还可能导致资源浪费和重复劳动。

2. 要素资源相互争夺

在两者协同推进的过程中，要素资源的争夺成为一个显著的问题。应对气候变化和提升新质生产力都需要大量资金支持，然而有限的资金导致两者相互争夺。应对气候变化需要将资金大量用于产业绿色低碳转型、基础设施建设和灾害应对等，而提升新质生产力则不仅需要将资金用于绿色低碳产业，在集成电路、生物医药、人工智能等方面均需要投入，进而造成了对资金的争夺，例如对于优先投资的技术或产业的选择。总体来看，上海应对气候变化经济金融风险领域的公共资金较为有限。以上海市节能减排（应对气候变化）专项资金投入来看，2024 年全年在第二批、第五批、第七批节能减排专项资金安排计划中对节能降耗和应对气候变化基础工作及能力建设予以专项资金支持，额度分别为 1761.42 万元、543.50 万元、935.35 万元（见表2）。在人才资源方面，对于优先引进和培养的人才也存在资源争夺。两者所需人才类型存在一定差异，对于不同类型人才的优惠政策如果不够平衡，则有可能增加人才竞争的压力，甚至导致某些领域人才短缺，影响政策实施效果。

表 2 2024 年上海市节能减排专项资金安排计划中应对气候变化相关内容

批次	支持项目	支持资金(万元)
第二批(81 个项目,合计 1761.42 万元)	2023 年"四新及交通节能减排示范工程推广"等 27 个项目	601.07
	2022 年"本市资源循环利用行业发展评估"等 47 个结转项目	936.26
	2021 年"清洁生产推进和技术推广工作"等 7 个结转项目	224.09
第五批(36 个项目,合计 543.50 万元)	2024 年"能耗和碳排放跟踪分析和增长预测"等 26 个项目	416.00
	2023 年"上海市降低电力峰谷差实施方案研究"等 4 个结转项目	25.00
	2022 年"本市交通领域碳达峰重点问题和实现路径研究"等 5 个结转项目	67.50
	2021 年"2021 年度节能减排小组活动"结转项目	35.00

续表

批次	支持项目	支持资金（万元）
第七批（47 个项目，合计 1086.398932 万元）	2024 年"推进本市重点废弃物循环利用能力提升"等 28 个项目	707.16
	2023 年"上海市公用、自备燃煤机组供电煤耗检测验证"等 4 个结转项目	27.5
	2022 年《上海市近零能耗建筑技术导则》编制研究"等 15 个结转项目	351.75

资料来源：上海市发展和改革委员会网站。

3. 政策手段存在重叠或交叉

在政策执行方面，上海市搭建了绿色金融服务平台，为气候变化风险应对和新质生产力提升提供了协同手段。然而，不同政策工具之间可能不匹配。例如，为应对气候变化带来的经济金融风险所实施的绿色金融政策，可能会增加企业的债务融资成本[①]，而发展新质生产力则需要进一步加强对企业的激励和扶持，例如税收优惠、专项资金支持等，政策工具之间的不协调可能影响政策实际落实效果。此外，如果在政策执行时，各部门缺乏有效的协调和联动机制，则可能导致政策执行效率的降低和政策目标的偏离。

4. 政策影响评估和监测不够充分

当前，上海对于气候变化风险应对政策定期开展评估，然而对于相关政策对新质生产力提升的影响的评估仍较欠缺，对于两者相互影响以及政策一致性的评估机制仍待进一步完善。尽管从全球范围来看，目前针对政策一致性的评估框架已进行了有效探索，但是以气候变化风险适应和新质生产力提升两者的政策一致性为对象的研究仍待开展，指标体系及影响模型需要加快建立。此外，需要建立反馈机制，以确保评估结果能够促进政策调整及改进。

---

① 代昀昊、赵煜航、雷怡雯：《绿色金融政策会提高企业债务融资成本吗？》，《证券市场导报》2023 年第 4 期。

三　上海协同推进气候变化经济金融风险
与新质生产力提升的政策建议

参考欧盟、美国等发达国家和地区及全球城市在协同推进应对气候相关经济金融风险与新质生产力提升的做法，从改善治理流程、完善政策工具、加大资金投入等方面提出上海协同推进气候变化经济金融风险与新质生产力提升的政策建议。

（一）开展数据驱动的气候变化经济金融风险调查研究

无论是上海理论界还是政策制定者对于上海经济及金融系统所遭受的气候变化相关的风险仍然并不十分明确。上海对标的全球城市如纽约、伦敦等都对城市面临的气候变化导致的各领域风险进行了详细的调查和研究。如纽约市在2021年，由气候和环境正义市长办公室牵头制定纽约市适应气候变化计划（AdaptNYC），其中重要的组成部分是利用最新的气候科学为韧性和适应决策提供信息，并扩大与当地社区和机构合作的机会以了解需求和优先事项。先后成立了纽约市气候变化小组（NPCC）、气候变化适应工作组和跨机构气候评估小组（CCATF）等开展气候脆弱性、影响和适应性分析（VIA），纽约市气候知识状况议程等调查和研究项目等；伦敦市长办公室与彭博社合作开发了《伦敦气候风险地图》，分析了大伦敦地区对气候变化的暴露程度和脆弱性，帮助市长和其他总部位于伦敦的组织将资源用于支持受气候变化影响风险最高的地区。英国开放大学等联合开发了新型的能源—经济—环境系统模型，并调查绘制了英国"化石燃料金融地图"，进一步探索英国经济和金融部门的脆弱性和弹性，调查潜在影响的规模和分布[1]。建议上海相关部门联合上海相关金融部门、学术研究机构，开展数据驱动的气候

---

① "Financial Risk and the Impact of Climate Change," UK Reshe019%2F1#/ Innovation, https://gtr.ukri.org/projects? ref=NE%2FS017119%2F1#/tabOverview.

变化经济金融风险调查研究，绘制"上海市气候变化经济金融风险地图"，以评估气候变化的物理风险以及快速转型到低碳经济对上海金融和经济稳定的风险，以及其对实体经济、就业和收入的影响，并从中调查和发现能够有效应对气候变化经济金融风险的新兴技术与供应链的需求。

（二）确保相关主管部门行动协调

气候相关经济金融风险与新质生产力各自跨领域性质对政策制定过程的每个层面和阶段都提出了协调挑战。全政府协调机制对于解决部门政策分歧和促进跨部门和跨机构相互支持的政策行动至关重要。参考 OECD 的可持续发展政策一致性框架（PCSD），提出如下建议：一是建立有效的机制，利用高层协调机制，提升应对气候变化经济金融风险部门与新质生产力发展部门以及其他主管部门之间的政策一致性；二是确定明确的任务和能力，并调动充足的资源，以确定与协同推进气候变化经济金融风险应对与新质生产力提升相关的政策分歧和冲突；三是建立正式的治理安排和非正式的工作方法，以支持各相关部门与其下属其他部门机构之间的有效沟通；四是着眼于提高政策一致性，提升公务人员的能力，如在新质生产力发展部门培训气候变化经济金融风险相关知识和技能，在气候变化经济金融风险部门培训新质生产力相关战略和计划等，相关部门同时培训能够有效应对气候变化经济金融风险的新兴技术与细分行业等。

（三）将应对气候变化经济金融风险纳入财政金融政策

参考发达国家应对气候变化经济金融风险的做法，将应对气候变化经济金融风险纳入宏观决策，在财政金融政策中体现协同推进应对气候变化经济金融风险与提升新质生产力的要求。一是将气候变化经济金融风险纳入市政府财务管理、财务报告和预算制定方法学中；二是在政府公共采购中，优先采购能够有利于气候变化适应的产品，并要求主要供应商公开披露温室气体排放和与气候相关的金融风险，并设定基于科学的减排目标，确保市级财政支持的重大采购尽量减少气候变化经济金融风险；三是在财政资金支持的各类项目中，要求资金接受方公开披露温室气体排放和与气候相关的风险，并设定科学的减排目标；四是制定地方标准《支持新质生产力发展的气候投融资项目分类指南》，以确保气候投融资项目真正体现新质生产力发展要求。

（四）加大对具有应对气候变化风险效应的新兴技术的投资

相关部门与金融部门合作，评估气候变化风险应对所需的融资需求，明确公共资金和社会投资可在满足这些融资需求方面发挥互补作用的领域。将气候变化风险应对需求和新质生产力投资价值纳入资本决策，在新兴气候适应技术、变革性农食系统技术、新兴生物基材料技术、节能及负碳技术等领域加大投资力度，在积极应对气候变化经济金融风险的同时，培育新兴产业和未来产业，发展新质生产力。

新兴气候适应技术领域，参考世界经济论坛与波士顿咨询集团联合研究，应着力投资人工智能、地球观测、物联网和无人机等技术及解决方案，帮助进一步理解气候适应风险和机遇，增强抵御气候影响的能力，并帮助在发生影响时及时作出动态响应[①]。农业及食品系统领域，参考麦肯锡的研究，创新变革性技术包括通过基因编辑技术开发新的农作物品种，增强作物抵抗气候变化的能力；利用植物、土壤、动物和水的微生物组提高农业生产的质量和生产力；开发替代蛋白质，包括实验室培育的肉类，减轻传统牲畜和海鲜对环境的压力，降低二氧化碳排放等[②]。能源系统领域，参考国际能源署的研究，全球到 2050 年所需的减排量中，35% 将来自尚在开发中且尚未实现商业规模的技术。许多气候技术包括清洁氢能、可持续航空和海运燃料、废物价值转化、长期储能和碳去除等解决方案等都触手可及，但缺乏扩大规模所需的资金和融资结构[③]。

---

① "Innovation and Adaptation in the Climate Crisis: Technology for the New Normal," World Economic Forum, 2024.

② "The Bio Revolution: Innovations Transforming Economies, Societies, and Our Lives," McKinsey&Company, 2020.

③ "International Energy Agency. Net Zero by 2050: A Roadmap for the Global Energy Sector," International Energy Agency, 2021.

B.13
气候变化生态系统风险应对
与新质生产力提升协同推进

刘新宇　曹莉萍*

摘　要：　气候变化生态系统风险应对的需求，对技术创新、产业创新、要素创新性配置等产生驱动力，在多个领域加快形成新质生产力。而这些新质生产力反过来丰富和升级了相关主体预判、抵御、对冲、缓释气候变化生态系统风险的手段，大大提升了气候风险应对能力，由此形成新质生产力培育和气候风险应对相互促进的闭环。本报告从技术创新、产业创新、要素创新性配置、政策创新、治理体系创新以及强化生态系统对新质生产力的安全保障能力等维度，评估上海协同推进气候变化生态系统风险应对与新质生产力培育的现状和挑战。为更好实现这两者协同增效，提出多部门统筹决策、部门目标函数协同、绿色基础设施建设及打好政策"组合拳"等方面的对策建议。

关键词：　生态系统　气候风险　新质生产力　上海

上海的水系、绿地、森林、湿地等生态系统面临日益加剧的气候风险，这些生态系统是新质生产力发展的重要生态屏障，本身也蕴藏着具有丰富生态价值的新质生产力，从这一意义上说，保护生态系统就是保护新质生产力。气候变化生态系统风险应对的需求，对相关技术创新、产业创新、要素

* 刘新宇，上海社会科学院生态与可持续发展研究所副研究员，研究方向为能源经济和低碳发展；曹莉萍，上海社会科学院生态与可持续发展研究所副研究员，研究方向为可持续发展与管理。

创新性配置、政策创新、治理体系创新产生驱动力，在多个领域加快形成新质生产力；而这些新质生产力反过来丰富和升级了相关主体预判、抵御、对冲、缓释气候变化生态系统风险的手段，大大提升了气候风险应对能力，由此形成新质生产力培育和气候风险应对相互促进的闭环。本报告对上海市协同推进气候变化生态系统风险应对与新质生产力培育的现状和挑战加以分析，为更好实现这两者协同增效，从公共决策机制、部门目标函数、绿色基础设施及打好政策"组合拳"等方面，提出若干对策建议。

一 气候变化生态系统风险应对与新质生产力 提升的协同关系

习近平总书记指出，"新质生产力是创新起主导作用，……具有高科技、高效能、高质量特征，符合新发展理念的先进生产力质态""新质生产力的显著特点是创新，既包括技术和业态模式层面的创新，也包括管理和制度层面的创新"[①]。气候变化生态系统风险应对的需求，对技术创新、产业创新、要素创新性配置、政策创新、治理体系创新产生驱动力，在多个领域加快形成新质生产力；而这些新质生产力反过来丰富和升级了相关主体预判、抵御、对冲、缓释气候变化生态系统风险的手段，大大提升气候风险应对能力，由此形成新质生产力培育和气候风险应对相互促进的闭环。

（一）风险应对需求转化为新质生产力发展驱动力

根据全国自然灾害综合风险区划，上海处于沿东海海岸带台风-洪涝-风暴潮灾害高风险区[②]，作为一座位于河口的超大城市，上海的陆地、水域、海洋等生态系统面临日益加剧的气候风险，在一定条件下，全社会对气

---

① 习近平：《发展新质生产力是推动高质量发展的内在要求和重要着力点》，《求是》2024 年第 11 期。

② 应急管理部等：《第一次全国自然灾害综合风险普查公报汇编》，2024 年 5 月。

候变化生态系统风险应对能力提升的需求，能够转化为新质生产力发展即技术创新、产业创新等的驱动力。气候灾害冲击上海的生态系统，进而对经济社会发展尤其是新质生产力发展构成威胁，将造成较大价值损失；反之，应对气候风险行动则是规避损失、创造价值的过程。如果这种价值在一定机制下得到承认并实现，就能引导社会资本投资于各类提升生态系统气候适应能力的新技术、新服务、新业态、新模式等。新质生产力"是政府'有形之手'和市场'无形之手'共同培育和驱动形成的"[①]，其所包含的技术、服务、业态、模式创新等提升了生态系统气候适应能力的价值，并通过政府与市场两种途径实现，激发相关主体培育新质生产力的积极性。

其一是"政府付费"。政府兴建应对气候变化生态系统风险的传统基础设施、绿色基础设施、监测预警平台等，可以为相关产业创造市场需求，激励其研发新技术，如以 AI 技术控制协调防灾减灾基础设施，或升级气候灾害监测预警平台的软件系统。政府还会成为相关保险服务、咨询服务、技术服务、数据服务等的购买者，如购买巨灾保险或提升生态系统气候韧性的决策咨询服务。

其二是"市场定价"。不少企业、金融机构等积极开展气候风险评估，重塑气候风险管理的组织架构，制定和实施气候风险应对战略，在资产重组、套期保值、产品定价等方面采取一系列应对气候风险的具体措施，由此对市场上规避、减轻、对冲、缓释气候风险的各类服务或产品产生需求。如果有较好的"为气候风险定价"机制，就会有各类市场主体经营并不断创新此类应对风险的新服务、新业态、新模式等。如服务企业和金融机构气候风险应对需求的保险创新不断涌现，气候风险管理业务也日益成为管理咨询业的热点焦点。

（二）发展新质生产力提升气候变化生态系统风险应对能力

新质生产力发展从技术创新、产业创新、要素创新性配置、政策创新、

---

① 习近平：《发展新质生产力是推动高质量发展的内在要求和重要着力点》，《求是》2024 年第 11 期。

治理体系创新等维度，丰富和升级了各类主体预判、抵御、对冲、缓释风险的手段，提升了气候变化生态系统风险应对能力。技术创新有利于提升气候变化生态系统风险应对在监测、预判、预警、设施建设、设施运行（应急处置）等环节的效率。如先进数字技术广泛运用于气象监测和预报，并通过升级气象大模型系统大大提升精准预判气候灾害的能力。先进数字平台还可支持气候灾害来袭时多部门协同行动、多种防灾减灾设施协同运行。产业创新可形成新服务、新业态、新模式等，为各类主体评估、规避、减缓、对冲、缓释气候风险，提供更多、更高效的新手段、新选择。要素创新性配置是从"投入端"催生新质生产力的关键因素，能够激发各相关要素活力，最大限度发现、发挥其在气候风险应对中的价值。如在气候变化生态系统风险应对中，风险评估、预判、监控等离不开相关数据尤其是气象数据支持；通过产权界定、市场构建等创新数据要素配置方式，能够更好体现其市场价值，激励各类主体监测、采集、处理、提供相关数据。政策创新可优化财政投入、完善激励机制、打破无形壁垒、重塑要素市场等，能够激励多元主体投入气候变化生态系统风险应对，包括：优化政府投资结构，避免气候风险应对投资被挤占，实现协同推进气候风险应对与新质生产力培育的整体效应最大化；推进市场化政策创新，激发相关主体为气候变化生态系统风险应对投入资源的积极性。治理体系创新可构建全民共建共治共享的超大城市气候风险治理体系，将生态系统的气候适应行动转变为多方参与、合力推进的事业，一是形成政府力量、市场力量、社会力量之间的合力，二是形成政府内部不同部门之间的合力，使其目标一致、行动一致。

（三）提升生态系统功能本身就是发展新质生产力

习近平总书记指出，"绿色发展是高质量发展的底色，新质生产力本身就是绿色生产力"[①]；并多次强调，"绿水青山就是金山银山""保护生态环

[①] 习近平：《发展新质生产力是推动高质量发展的内在要求和重要着力点》，《求是》2024年第11期。

境就是保护生产力、改善生态环境就是发展生产力"①，而且"要拓宽绿水青山转化金山银山的路径""培育大量生态产品走向市场，让生态优势源源不断转化为发展优势"②。生态系统是绿水青山的重要组成部分，其中所蕴藏的丰富生态产品，包括政府营建的具有抵御气候灾害、调节局地气候、适应气候变化功能的公共生态产品，以及生态农产品、生态旅游、生态康养等各种市场化的生态产品正属于绿色生产力、新质生产力的范畴，这些都是具有较大价值的新质生产力。从这个意义上说，保护生态系统（免受气候灾害侵袭）就是保护新质生产力，提升生态系统功能就是发展新质生产力。同时，生态系统及其服务功能作为保护新质生产力的生态屏障，为经济社会发展，包括新质生产力培育提供安全稳定的环境。综上所述，采取气候风险应对措施保护和提升生态系统的过程，与保护和发展新质生产力的过程，本身就是融为一体的。

二　上海协同推进气候变化生态系统风险应对与新质生产力提升的现状

习近平总书记指出，"新质生产力的显著特点是创新，既包括技术和业态模式层面的创新，也包括管理和制度层面的创新"③。支撑上海气候变化生态系统风险应对的新质生产力发展，体现在政府与产业界等推动的相关技术创新、产业创新、要素创新性配置、政策创新、治理体系创新中；气候变化生态系统风险应对能力提升，又有利于提高新质生产力发展的安全保障水平。

（一）上海发展新质生产力促进气候变化生态系统风险应对

上海政界、产业界等推动的相关技术、产业、要素配置方式、政策、治理体系等创新，从提高技术效率、丰富应对手段、激活关键要素、完善激励

① 习近平：《推动我国生态文明建设迈上新台阶》，《求是》2019年第3期。
② 习近平：《以美丽中国建设全面推进人与自然和谐共生的现代化》，《求是》2024年第1期。
③ 习近平：《发展新质生产力是推动高质量发展的内在要求和重要着力点》，《求是》2024年第11期。

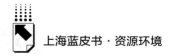

机制、形成多方合力等方面，提升了气候变化生态系统风险应对能力。

1. 技术创新与基础设施更新提升风险应对效率

绿色先进技术作为新质生产力的重要组成部分，被广泛应用于生产、生活领域以降低气候风险带来的生态系统损害。尤其体现在上海农业生态领域，上海优质农业科技新赛道辐射全国。例如，为应对气候变化产生的水资源短缺风险，上海市农业生物基因中心成功培育"八月香"节水抗旱稻，这一新水稻品种不仅有效缓解水资源短缺问题，还提高了土地资源利用率，为干旱地区或水资源紧张区域农民水稻增产增收提供保障①，此外，相同面积的节水抗旱稻比传统水稻减少90%的碳排放②。同时，在水资源、绿地、公园、森林、湿地等生态系统中，如水资源管理技术、城市绿化技术、绿色建筑技术等创新技术应用均为上海应对气候变化生态系统风险冲击中起到了积极的作用（见表1）。此外，在数字经济时代浪潮中，人工智能（AI）技术辅助应用于气象预报系统将为气象城市预报准确发布和预警提供重要参考，例如，上海AI实验室积极推进以AI技术赋能地球科学研究，该实验室"书生·风乌"开发的气象海洋全方位预报体系，覆盖海陆空多种核心要素，可从短、中、长期多维度进行全方位天气预报③，为上海的陆地与海洋生态系统应对极端天气带来的风险留足防御准备时间。

表1　上海应对气候变化生态系统风险冲击的创新技术案例（部分）

序号	创新技术	技术应用案例
1	水资源管理技术	上海浦东张江园林城市项目通过建设生态湿地、引入人工湿地等方式，有效治理城市降雨过程中的洪涝问题，改善了城市的水环境
2	城市绿化技术	上海启动了"绿之江西-梦想契约"行动，通过植树造林、绿化景观提升等措施，不断增加城市公共绿地和提高绿化覆盖率

① 许怡彬：《在农业科技创新领域串珠成链　书写上海优质农业种源服务全国的新篇章》，《东方城乡报》2024年10月10日。

② 沈湫莎：《"极端天气"下，中国人也能"端稳饭碗"！上海农业首获国家科技一等奖》，《文汇报》2021年11月3日。

③ 上海人工智能实验室：《高温橙色预警六连发，预报极端天气，AI能做什么？》，澎湃新闻，https：//www.thepaper.cn/newsDetail_ forward_ 28089782。

序号	创新技术	技术应用案例
3	绿色建筑技术	上海陆家嘴绿地中心采用了多种节能技术和绿色设计手段,如太阳能发电系统、地源热泵系统、雨水收集利用系统等,有效减少建筑对环境的影响,提高了建筑的气候适应性
4	生物多样性保护技术	上海崇明东滩生态修复项目通过加快堤外自然湿地淤涨扩大、种植海三棱藨草等措施,为过境的鸻鹬类鸟类提供优质的栖息场所和良好的觅食环境①
5	生态系统灾害观测预警技术	上海借助数字技术、AI技术,逐步完善依托气象台站的气候变化综合观测网络
6	生态环境污染防治技术	上海石油将餐厨废弃油脂制成生物柴油。自2017年至2023年底,上海石油已累计为2364.2万辆车次加注B5柴油221.8万吨,占柴油总供应量约22%,协助消化"地沟油"16.8万吨②

注：①上海市生态环境局生态处：《崇明东滩生态修复项目 | 上海市生物多样性优秀实践案例展示》,上观新闻,https://sghexport.shobserver.com/html/baijiahao/2023/05/23/1034826.html。
②丁波、杨露：《全国低碳日 | 上海公布30个减污降碳协同增效优秀案例》,《中国环境报》2024年5月15日。
资料来源：作者整理。

同时,上海在新中国成立之初就建设了一批应对气候变化生态系统风险的基础设施,大部分基础设施依托相应的技术创新进行建设运营,如江海防汛墙、城市污水处理系统及道路管网等。经过多年运行,传统的气候风险应对基础设施已经进入老旧状态,为延长一些投资较大的基础设施的使用寿命,其应对标准不断升高。例如,为应对台风、暴雨等极端天气条件造成的风灾、水灾等自然灾害的冲击,上海市水务局于2024年8月再一次修订了全市防汛墙设计标高,其中黄浦江下游宝山段的靠吴淞口段防汛墙设计标高已经达到7.3m（见图1）①。而对于一些已难以抵御高强度和高频率极端天气冲击的基础设施,如雨污水市政管网、污水处理设施,则亟待更新升级。2021年,上海规资局出台城市更新条例,为本市的生态系统应对基础设施

① 《上海市水务局关于修订调整黄浦江、苏州河防汛墙墙顶标高分界及临时防汛墙设计规定的通知》,2024年8月。

更新提供了机遇。2022 年，上海出台城市更新指引，明确提出"完善公共
服务设施和市政交通设施，提高城市服务水平，保障城市风险防控和安全运
行，提升城市韧性"① 的目标。为此，上海还持续推进海绵城市建设，实施
建筑小区、公园绿地、道路广场等各类海绵基础设施建设项目，加强区域生
态环境基础设施修复和公共生态空间营造。例如，自 2016 年上海开展"黄
浦江核心段 45 公里公共空间贯通工程"以来，徐汇滨江、杨浦滨江、闵行
滨江及浦东滨江公共空间相继贯通，上海构筑起"三环一带、三纵三横"
区域绿道骨干网络、"一区一环、互联互通"郊区绿道网络和"开放共享、
水绿相间"的城市绿道和开放生态空间体系，提高城市的水资源利用效率，
缓解城市热岛效应、内涝和重污染天气等问题。

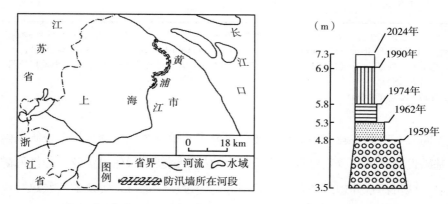

图 1　上海黄浦江下游宝山段的靠吴淞口段防汛墙设计标高变化

资料来源：上海市水务局。

　　在气候变化监测预警基础设施建设方面，2024 年 9 月《上海市气象条
例》发布，明确气象主管机构所属气象台站定时滚动、及时更新气象预报。
气象预报信息依托互联网、"随申办"、"市民云"等智能终端和各类平台应
用服务商发布渠道，实现高级别预警信息弹窗等预警信息分级分类发布。

---

① 上海市规划和自然资源局：《上海市城市更新指引》，2022 年 11 月。

2. 新服务、新业态、新模式丰富风险应对手段

上海应对气候变化生态系统风险的技术应用、基础设施更新建设，促进了相关服务、产业的发展，首先在培育绿色技术创新的第三方服务机构方面，上海全面推广环境污染第三方治理服务业，帮助各类主体优化设计应对气候变化生态系统风险方案。2018~2022 年，上海生态保护与环境治理服务业的营收逐年攀升（见图 2）。此外，在包括生态系统保护与环境治理的公共设施管理领域，上海的公共设施管理服务业市场也呈现出稳定发展的趋势（见图 3）。

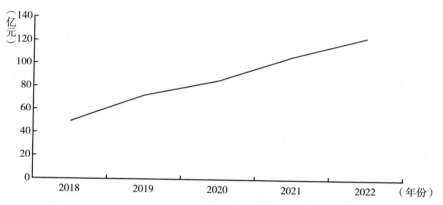

图 2　2018~2022 年上海市生态保护与环境治理服务业营业收入

资料来源：2019~2023 年《上海统计年鉴》。

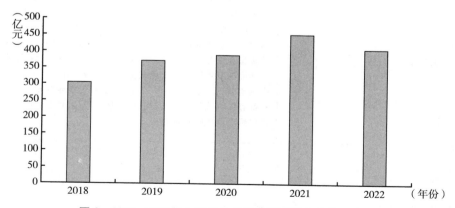

图 3　2018~2022 年上海市公共设施管理服务业营业收入

资料来源：2019~2023 年《上海统计年鉴》。

为支撑和推进气候变化生态系统风险应对的技术创新和产业发展，上海作为全球金融中心，有条件为绿色技术应用及绿色基础设施建设与传统基础设施更新提供融资服务。例如，2024 年 9 月 12 日，上海农商银行与浦东新区生态环境局签订气候投融资试点战略合作协议，并落地上海市首批气候投融资项目。这些项目包括支持万国数据浦江数据中心 100%绿电覆盖的建设和改造，以及助力好德物流园开展屋顶分布式光伏项目①。

同时，上海作为一个拥有 2500 万人口的超大城市，即使在气候变化产生的极端天气如台风、高温、暴雨来临之前采取了一定预警、预防措施，但仍可能因基础设施能力不足等导致财产损失。为规避和抵御上述风险，上海不断创新气候风险金融工具，针对本地及周边政府、企业和个人开发多种绿色保险（见表 2），其中企业、个人层面关于气候变化生态系统风险的绿色保险种类较多。绿色保险本身就是一种重要的气候风险定价机制，会引导相关主体为减少保费支出采取主动规避、减轻气候风险的行动，并为有利于规避、减轻气候风险的服务或产品付费。

表 2　上海应对气候变化生态系统风险的绿色保险种类

保险服务对象	绿色保险种类	相关案例
政府层面	环境污染责任保险（环责险）	2023 年 12 月，上海市浦东新区人民政府、上海市生态环境局等联合发布了《浦东新区环境污染责任保险管理暂行办法》，标志着浦东新区环责险试点工作正式启动。中国太保产险等保险机构积极参与，为包括老港基地在内的多家企业提供环责险。2024 年 10 月，上海出台《上海市环境污染责任保险管理试行办法》，鼓励保险行业为危废收集、贮存、运输、利用、处置单位和从事涉及重金属、有毒有害物质的企业，以及石化、化工等高风险行业的企业提供环境风险管理服务

① 章敬宇：《上海农商银行落地上海市首批气候投融资项目》，《投资时报》2024 年 9 月 13 日。

保险服务对象	绿色保险种类	相关案例
企业层面	碳资产损失保险	2023年,中国太保产险发布石化行业首个碳捕集、利用与封存(CCUS)项目碳资产损失保险,有效化解被保险人应用CCUS技术时所面临的风险,推动能源企业绿色低碳转型
	林木碳汇保险	2023年,乐安林业碳汇保险项目由上海环境能源交易所核定林场碳汇量,是全国首次将保险与碳汇方法学相结合的保险服务,实现了林业碳汇保障的纵向延伸①
个人层面	巨灾保险	中国太保产险等保险机构推出民生救助型、创新型、指数型等不同巨灾保险方案。这些方案不仅为受灾个人提供了经济保障,还有助于减轻政府在灾害救助方面的财政压力。2024年,上海浦东某大型主题公园通过购买热带气旋指数保险产品,在应对"双台风"中获得赔付金额3217.5万元②
	气象指数保险	2024年,上海气象局开发的南美白对虾气象指数保险通过上海技术交易所实现技术类服务市场转化,被太平洋安信农业保险股份有限公司上海奉贤支公司购买,为奉贤区南美白对虾的养殖合作社、养殖企业和养殖户提供气象保险服务③
	水稻绿色种植保险	2023年,平安产险上海分公司创新推出"水稻绿色种植统防统治综合保险",并选取上海崇明规模水稻种植户先行试点。在保险期间内,由于第三方组织实施标准化统防统治直接造成保险水稻损失,且损失率达到合同约定值以上的,保险公司按照保险合同的约定负责赔偿④

注:①林晓耕:《"碳汇险"创新中发展》,《中国保险家》2023年第1期。
②邓雄鹰:《极端气候风险能定价!这家主题公园,获赔超3000万》,《证券时报》2024年10月27日。
③朱晔:《上海:为特色农业发展提供气象"缓冲垫"上海南美白对虾气象指数保险模型实现市场转化》,《中国气象报》2024年4月29日。
④潘清:《上海:创新农险"护航"绿色农业》,新华网,http://www. sh.news.cn/20230712/6106839。
资料来源:作者整理。

而且,气候变化生态系统风险应对的新服务、新业态涉及一整条产业链或价值链,相关业务活动会向上游或下游延伸,形成"气候×金融"深度融合新模式,例如,保险公司售出气候灾害保险产品后,为降低其赔付成本,

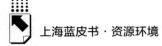

会主动向上游介入投保企业或机构的内部管理，从源头减少气候风险，保证其未来的风险收益。

因此，上海积极发展与生态系统保护、建设相关的新服务、新业态、新模式，为城市各类主体提供了更加丰富的气候风险应对手段。

3. 环境、数据要素创新性配置激活风险应对价值

生态系统相关的新质生产力提升离不开技术、资金、人才等传统生产要素的价值实现，以及基于传统生产要素催生出的新型生产要素，如环境要素、数据要素的价值发现与激活。其中，环境要素的生态、经济价值逐渐被市场发现，上海通过创造环境要素市场，通过"市场定价"的要素配置机制，激活具有气候风险应对效应的环境要素价值。首先，碳排放权作为成熟的新型环境要素，其交易市场不仅有利于实现上海碳中和目标，也是建设人与自然和谐共生的美丽上海的重要抓手。自 2013 年上海碳市场正式启动以来，碳资产和碳排放权实现了有效管理。截至 2024 年 6 月底，上海碳市场现货（含拍卖）累计成交 2.49 亿吨，累计成交金额 46.09 亿元。自 2014 年起，上海推动发行全国唯一标准化碳金融衍生品——上海碳配额远期，并相继推出碳基金、碳信托、碳质押、碳保险、碳中和指数等多个全国首单金融产品，有效盘活碳资产近 800 万吨，融资额超过 1.3 亿元。同时，碳市场为上海温室气体减排带来显著成效，支撑全市总体碳强度下降。其中，工业领域纳管企业碳排放波动下降，2023 年排放量较 2016 年下降了 14.7%，降幅大于全市工业领域总体下降率 6 个百分点。建筑领域由于能效提升或生产经营调整，2023 年碳排放较 2016 年下降 12.8%[①]。其次，气候要素或气候条件作为一种气候资源对上海的入境游产业产生显著影响。2021 年的一项研究表明，长期来看，来自各客源国的入境旅游人数与上海旅游气候指数呈显著正相关，即长期内旅游气候正向促进上海入境旅游需求[②]。因此，上海的

---

① 上海市经济信息中心、上海环境能源交易所等：《上海碳市场十周年成效评估》，2024 年 7 月。

② 吴泓润：《气候因素对旅游需求的影响机制研究和实证研究》，昆明理工大学硕士学位论文，2021。

气候要素将会变成一种具有良好预期经济收益的资产。

而数据要素是新质生产力中兴起的新型生产要素。上海充分挖掘气候变化生态系统风险应对中数据要素资源，例如，2024 年，上海市气象局利用大模型和实时数据，对台风"贝碧嘉"的路径、强度、登陆时间以及可能带来的风雨影响进行了全面精准预测、实时监控，确保了上海这座超大型城市在极端天气下的平稳运行，有效降低了台风带来的灾害风险①。我国已提出构建以数据为关键要素的数字经济②。上海不仅将气候相关数据与风险应对服务结合，不断完善气候数据要素市场化配置机制，根据客户促进气候风险应对的保险产品创新，如气候灾害保险；而且将气候数据与城市生态建设相结合，建立公共气候数据库，实现气候数据要素共建共治共享。例如，2023 年，上海市奉贤区气象局与区生态环境局、绿化市容局、水务局等部门合作，将地面自动站观测资料、卫星遥感资料、全球数值模式资料等气象数据，与大气环境、植被和水环境等生态环境数据深度融合，建立长时间生态气象大数据库。基于融合数据开展精细化气候资源普查，定量评估气象景观、地形地貌和植被覆盖的总体情况和变化趋势③，以更好地建设气候宜居城市。

4. 政策创新激励多元主体开发风险应对新手段

2024 年 5 月，《上海市适应气候变化行动方案（2024-2035 年）》发布，为包括生态系统防护在内的气候风险应对作了全面规划和部署，并从财政资金引导和绿色金融创新两方面对相关支持政策作了顶层设计。目前，上海市既有的气候风险应对与新质生产力培育协同推进政策主要集中在绿色金融（气候投融资）领域。

2022 年 8 月，浦东新区入选国家首批气候投融资试点区域名单，且上

---

① 丁昕彤：《上海：台风"贝碧嘉"登陆 气象部门全力筑牢安全防线》，《中国气象报》2024 年 9 月 16 日。
② 权忠光：《坚持数据价值化导向 加强数据资产管理》，《人民政协报》2024 年 2 月 4 日。
③ 朱晔、徐相明：《奉贤局：释放气象数据价值潜力 争创奉贤生态建设"新名片"》，上海市气象局，http://sh.cma.gov.cn/sh/news/tzdt/202312/t2023121 3_ 5948556.html。

海市正积极申报绿色金融改革创新试验区；为落实这些金融改革创新试点工作，上海市和浦东新区都推出相关实施意见、行动方案、条例、规定等，并由气象、金融部门联合推出协同联动工作方案，对冲缓释气候风险的绿色保险、支持相关金融创新的气象数据服务等是其中重要着力点。上海建设国际绿色金融枢纽的相关政策与行动方案，鼓励开发碳汇损失保险、绿色产业保险等对冲缓释气候变化生态系统风险的保险产品，并探索借助差异化保险费率来为气候风险等"定价"，更好发挥市场的价格发现功能；不仅鼓励开发气象指数保险、碳汇价格保险、特色农产品收入保障保险等针对生态产品价值实现所面临气候风险的保险产品，而且注重将气候风险应对行动向产业链上下游延伸[①]。一方面，要求保险机构加强对客户及对自身的全面风险管理，尤其是气候风险等环境风险管理，开发更多风险管理方法、技术、工具；另一方面，要大力发展数据服务、金融科技等支持保险产品定价、风险管理等的衍生服务业。《上海市推进国际金融中心建设条例》（2024 年 8 月修订），提出要大力建设上海国际再保险中心，并针对气候风险等特殊风险增强再保险有效供给能力，鼓励保险业提供气候风险等环境风险减量服务。浦东新区的绿色金融改革支持上海保险交易所和上海自贸区内保险机构拓展绿色保险和绿色再保险业务，浦东气候投融资项目库将适应气候变化效益作为项目入库重点评价标准之一[②]。

气象服务（气象科技）与金融服务的深度融合，是上海市气候风险应对政策所重点鼓励发展的领域之一。2024 年 7 月，上海市气象和金融相关主管部门共同发布《上海市探索"气象×金融"协同联动 服务经济社会高质量发展工作方案（2024-2026 年）》，该政策不仅致力于开发气象保险、天气指数期货等对冲缓释气候风险的金融产品，而且要大力发展气象数据服

---

① 《上海加快打造国际绿色金融枢纽服务碳达峰碳中和目标的实施意见》，2021 年 10 月；《上海银行业保险业"十四五"期间推动绿色金融发展服务碳达峰碳中和战略的行动方案》，2022 年 12 月。
② 《浦东新区绿色金融发展若干规定》，2022 年 6 月；《上海市浦东新区气候投融资项目库管理暂行办法》，2024 年 8 月；《上海市浦东新区气候投融资项目入库评价实施意见（试行）》，2024 年 8 月。

务等气象保险衍生服务，并以气象减灾债券等金融产品支持城市提升气候灾害早期预警能力、防灾减灾能力。作为该政策的配套措施，长三角城市群气象保险联合创新工程中心于 2024 年 10 月 23 日成立。

5. 治理体系创新形成共建共治的风险应对合力

上海正致力于构建全民共建共治共享的超大城市气候风险治理体系，将生态系统气候适应行动转变为多元主体共同参与的事业；然而，目前这一治理体系的主要目的还是推进综合防灾减灾，借应对气候风险之契机培育新质生产力尚未成为其主要任务之一，不同部门、不同界别在培育新质生产力和应对气候风险两大任务融合上尚未实现深度合作。《上海市适应气候变化行动方案（2024-2035 年）》（2024 年 5 月）从部门分工、信息平台、公众参与三方面初步搭建起上海市气候风险治理体系。一是在部门分工上，明确上海市生态环境、绿化、水务、金融、发展改革、经济信息化、农业农村、大数据等部门在协同应对气候风险中的职责或角色。二是要搭建适应气候变化信息平台，促进各部门数据共享、信息互通，以最大限度提升各部门协同调配资源、合力应对气候风险的效率。三是要建立公众参与机制，培养公众投身于气候变化适应行动的意识、知识和能力。

（二）上海气候变化生态系统风险应对保障新质生产力发展

通过颁布和实施《上海市适应气候变化行动方案（2024-2035 年）》（2024 年 5 月）等，上海致力于提升河湖、海洋、陆地等生态系统适应气候变化能力，增强优化各类生态系统作为一种生态屏障抵御气候灾害、维护上海经济社会发展的生态服务功能，为新质生产力发展提供稳定有序环境。包括通过构建融合气象、生态环境、生物多样性等多要素信息的气候与生态环境一体化监测网络，强化生态系统的气候灾害监测、预警、响应能力。通过推动保险创新等，转移分散生态系统所面临的低温冰雪、高温火灾等气候风险，增强其灾后恢复能力。对于农业、旅游业等高度依赖生态系统稳定性的产业，完善防灾减灾体系、优化保险托底机制，为其中生态农业、生态旅游、生态康养等新质生产力发展减少、缓释风险。

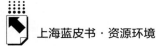
　　"生态"与"减灾"协同增效是上海综合防灾减灾政策与行动的关键策略之一①，在上海市海绵城市建设相关规划与实施方案中，超大城市森林体系、河湖海岸湿地空间、城乡公园体系、蓝绿融合生态廊道被当作减灾防灾的重要绿色基础设施来建设与修复②；不仅提供良好景观价值，而且成为保障经济社会稳定运行、新质生产力有序发展的重要生态屏障。截至2023年底，上海森林面积已达192.78万亩，森林覆盖率达到18.81%；当年上海市森林面积新增6.7万亩，相当于32个世纪公园面积，且新修订的《上海市森林管理规定》已于2024年5月1日实施③。上海共有湿地7.27万公顷，其中，沿海滩涂、内陆滩涂、森林沼泽分别占42.38%、57.17%、0.45%④；《上海市湿地保护专项规划》《上海市湿地保护条例》等法规正在编制中，将进一步提升上海市湿地建设与维护水平。在上海海绵城市建设格局中，公园绿地是重要一环，平时是游憩娱乐空间，灾害来袭时发挥调蓄洪水等功能，上海公园从2017年的243座增加到2023年的832座⑤；在社区层面，不仅创造性地以楔形绿地、口袋公园等形式，见缝插针为群众打造身边的绿色空间，而且建成一批水绿融合、具有平急两用调蓄能力的海绵型公园。上海正大力推进"双环、九廊、十区""一江一河一带"等蓝绿生态廊道网络建设，不仅提供令人赏心悦目的景观价值，更能抵御和分散气候灾害的冲击力。近期（至2025年）要大力建设市级骨干水网，远期（2035年）要基本建成高质量现代水网体系，促成水网贯通；在洪涝来袭时有利于多通道泄洪，在水源地受威胁时，能够多渠道调水，确保饮用水供应安全⑥。

　　这些生态系统的建设、保护与气候适应能力提升，有利于筑牢上海经济

---

①　《上海市综合防灾减灾规划》，2022年9月；《上海市综合防灾减灾"十四五"规划》，2021年9月。

②　《本市系统化全域推进海绵城市建设的实施意见》，上海市人民政府办公厅，2024年2月。

③　陈玺撼：《上海森林覆盖率"十四五"末将达19.5%》，《解放日报》2024年4月17日。

④　上海市规划和自然资源局等：《上海市第三次全国国土调查主要数据公报》，2021年11月。

⑤　龚正：《加快建设人与自然和谐共生的人民城市　奋力绘就美丽中国的上海画卷》，《环境与可持续发展》2023年第2期；《上海公园总数达832座》，新华网，http://www.news.cn/local/20231228/a0951bdbc13d4bf7b0727b8e71d17252/c.html。

⑥　《上海市适应气候变化行动方案（2024-2035年）》，2024年5月。

社会发展的生态安全根基，为新质生产力培育的投资者、经营者、参与者等带来更多安全感，尤其是吸引人才等高端创新要素集聚。例如，依托牢固生态屏障与优美环境品质，2023 年 6 月，位于东海之滨、浦东临港新片区滴水湖畔的我国首个"世界顶尖科学家社区"完成封顶，未来将成为新时代重大前沿新技术乃至新产业策源地①，目前已被确立为世界顶尖科学家论坛永久会址。

三　上海协同推进气候变化生态系统风险应对
与新质生产力培育的困境

虽然，上海在协同推进气候变化生态系统风险应对与新质生产力培育过程中已取得一定成效，但仍在配套绿色基础设施建设；新服务、新业态、新模式规范发展、气象数据要素市场运行、政策"组合拳"协同增效、多元共治体系构建等方面，存在一定短板和困境。

其一，配套绿色基础设施建设仍不完善。例如，根据 2023 年《上海统计年鉴》，截至 2022 年底，上海人均绿地面积为 69.73m²，约占全域面积 27.23%，人均公园绿地面积为 9.28m²。但对标《城市绿地规划标准》（GB/T 51346-2019），上海尚未达到绿地占全域面积 35% 的标准，对标《上海市适应气候变化行动方案（2024-2035）》中，到 2025 年人均公园绿地面积达到 9.5m² 以上的目标，也仍存在差距，且不同城区人均公园绿地面积呈现不充分、不平衡状态。又如，在建设"联排联调"的韧性安全河湖系统、竖向设计优化的林水复合系统方面，上海仍需进一步提升完善②。

其二，新服务、新业态、新模式等存在监管滞后问题。目前，应对气候变化生态系统风险的相关新服务、新业态、新模式等发展过程中，上海相应监管政策滞后于创新实践，易造成市场混乱、不正当竞争等问题，影响其健

---

① 《匠心绘就低碳城，科创未来蓝图现——全国首个"科学家社区"城市单元全面封顶》，《中国日报》2023 年 6 月 12 日。

② 《上海市系统化全域推进海绵城市建设水务实施方案》，上海市水务局，2024 年 8 月。

康发展。如在碳汇、气候金融、生态康养等生态产品或服务在创新过程中，缺乏统一的质量监管标准，导致产品或服务质量参差不齐。一些新服务，如气候监测预警服务还涉及用户经营数据和公共安全数据，面临商业机密泄露和国家信息安全风险。对于依托于新服务、新业态产生的新模式，如"气象×金融"等融合模式，相应的技术标准、诚信机制、利益分配机制等尚在探索之中。

其三，创新要素产权界定不明晰、不合理，阻碍其市场交易与优化配置。环境要素、数据要素等新型生产要素要实现其价值，需要对其资产化并在资产化过程中，打通其产权、交易、评估和保护全链条。然而，在数据要素方面，气象或气候数据资源存在价值量化标准、交易标准不统一问题，阻碍气象或气候数据要素统一市场建设。产权界定是市场资源有效配置的关键前提，由于气象或气候相关数据产权存在多头管理、信息不对称等问题，难以协同多部门对此类数据资源进行确权确责及权利细分；这不利于构建统一的气象或气候数据要素交易市场，不利于这些数据要素交易流转和价值实现，难以激励相关主体监测、采集、处理、提供此类数据。

其四，协同推进气候风险应对与新质生产力培育的支持政策，主要局限于（绿色）金融政策，未形成多部门、多领域政策"组合拳"。《上海市适应气候变化行动方案（2024-2035年）》提出要发挥财政资金引导作用，加快气候适应人才队伍建设，以及促进相关技术研发，加强气候适应的科技支撑，但目前相关部门尚未出台具体政策或实施办法。

其五，目前的超大城市气候风险治理体系构建，主要以综合防灾减灾为目的，不同部门、不同界别在培育新质生产力与应对气候风险两方面的目标与行动上，尚未实现深度融合。在政府内部，虽然各部门分工协作的职责已确定，但尚未实现不同部门目标函数的协同。如经济发展相关部门，未将气候风险的损失及风险应对的成本-收益纳入本部门目标函数；气候风险应对相关部门，未将气候适应项目的经济效益（如促进新质生产力发展的效益）纳入目标函数。在政府外部，动员社会力量共同参与尚不充分，目前主要局限于对公众进行宣传教育，以提升市民适应气候变化能力，以及探索市、区两级社会化救援队伍联建共用，搭建 NGO、志愿者等参与防灾减灾救灾的统筹协调服务平台①；但尚未形成充分发挥研究机构、NGO 等智力支持作用的共建共享共治体系。

四 促进气候变化生态系统风险应对
与新质生产力协同发展的对策

为进一步促进上海气候变化生态系统风险应对与新质生产力培育协同增效，本报告从公共决策机制、部门目标函数、绿色基础设施及打好政策"组合拳"等方面提出若干对策建议。

（一）构建统筹风险应对效应与产业培育效应的决策机制

建议构建统筹气候变化生态系统风险应对效应以及新质生产力（包含新技术、新产业、新业态、新模式等）培育效应的决策机构或机制，如让自然资源、林业、水务、应急等部门参与研究经济发展的联席会议或跨部门委员会。而且，通过完善相关成本-收益分析机制或部门考核机制，优化经济发展相关部门与气候风险应对相关部门各自的目标函数，使其在作出决策时能充分考量原先属于对方业务范围的成本-收益。

上述跨部门决策会议或委员会需统筹谋划以下几类事务。其一，避免或减轻气候灾害对上海生态系统的冲击，包括：在前端，进行风险识别、监测、预警及主动规避；在中端，对于难以避免的气候灾害，建设并利用各种软硬件基础设施来减轻灾害冲击；在后端，以绿色保险等金融或经济手段来对冲缓释风险。其二，将生态系统作为一种保护上海市经济社会正常运行及新质生产力发展的重要绿色基础设施，来加以规划和建设。其三，充分挖掘气候变化生态系统风险识别、监测、预警、规避、减缓、应急处置、对冲缓释等过程中的产业发展机会，培育相应的新产品、新服务、新业态、新模式

---

① 《上海市综合防灾减灾"十四五"规划》，2021 年 9 月。

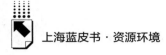

等，发展壮大新质生产力。

对于发展改革、财政等部门而言，建议善用"内脑"（下属研究机构）和"外脑"（外部研究机构），就保护生态系统的传统基础设施建设以及作为生态屏障的绿色基础设施建设，开展完整准确的成本-收益分析。要充分考虑气候灾害冲击生态系统给上海经济社会带来的衍生损害或风险；将避免此类损害或风险所挽回的经济损失，计入相关基础设施建设的收益中，以此作为支持相关项目立项或给予财政资助的依据。

对于发展改革、经济信息化等部门而言，建议围绕气候变化生态系统风险识别、监测、预警、规避、减缓、应急处置、对冲缓释等过程中，相关新产业、新业态、新模式等的发展机遇及其促进上海市经济社会发展的效应，开展全面深入研究并据此优化本部门促进上海新兴产业发展的工作目标或计划。

对于生态环境、金融等部门而言，建议在绿色金融或气候投融资相关项目库入库规则中，将气候适应项目促进相关新产业、新业态、新模式等发展的经济效益，列为关键的入库判定依据并研究制定科学合理的衡量标准。

（二）设计风险应对与新质生产力协同增效的政策"组合拳"

建议上海市相关部门采用以下政策组合拳，促进气候变化生态系统风险识别、监测、预警、规避、减缓、应急处置、对冲缓释等过程中的新产品、新服务、新业态、新模式等发展。

财政激励政策。一方面，应注重政府投资对相关市场主体的示范引导作用，让相关产业的投资者、经营者对未来预期收益感受到更大确定性。就生态系统适应气候变化而言，政府可投资于各种保护生态系统免受气候灾害冲击的传统基础设施与绿色基础设施建设，资助私人部门研发和攻克相关技术（如用 AI 技术统筹防灾减灾体系）以及斥资购买各种绿色保险（如巨灾保险）。另一方面，在确有必要的情况下，政府可制定统筹气候适应效应、经济拉动效应等的气候适应示范项目筛选标准，对一些体现前沿技术发展方向的项目给予直接补贴。

金融支持政策。一方面，对绿色保险等有利于气候变化生态系统风险对冲缓释的金融产品创新予以支持。另一方面，对于有利于气候变化生态系统风险识别、监测、预警、减缓、对冲缓释等的项目融资予以支持，如采用政府贴息或政府增信。

科技创新政策。一方面，在各相关行业中，构建政产学研共同参与的产业创新联盟，加快生态系统气候适应相关技术攻关步伐。另一方面，建议由市科委等部门通过示范项目立项资助的方式，支持相关前沿技术研发。

市场培育政策。对于一些关键的相关创新要素，建议加快培育市场，促使其交易、流动、变现、优化配置。如加快建设气象或气候数据交易市场，以激励相关主体监测、采集、处理、提供相关数据，并促进相关数据服务商行业发展壮大。

产权界定政策。在相关创新要素市场构建过程中，建议重视和加快其产权合理界定，如就气象或气候数据而言，应界定清楚，哪些是应当免费开放的公共数据，哪些是可以有偿提供的数据。由此，可鼓励气象局等主体深挖既有数据价值，开发出更适合市场需要的数据产品。

行业规范政策。对于生态系统气候适应相关新产品、新服务、新业态、新模式等，建议由政府、行业协会、企业、客户等利益相关者充分协商、科学决策，尽早出台相应法规以规范其发展，以形成多方共赢的行业发展格局。如强制要求保险公司披露 ESG 报告，消除气候灾害相关保险购买者面临的信息不对称问题；又如，对于相关新兴产业从业人员，尽早出台资质管理规定。

在气候变化生态系统风险应对相关产业中，有三个产业较为关键，建议予以重点支持。一是绿色保险行业，它构成一种重要的风险定价机制；在利用市场价格发现功能基础上，能引导相关主体通过识别、减轻、对冲缓释气候变化生态系统风险来创造价值、实现价值。二是相关咨询行业，它们能为政府、企业等主体应对气候变化生态系统风险当好"参谋"。三是相关数据服务商行业，它们能为政府、企业、保险公司、农村集体经济组织等应对气候变化生态系统风险提供数据支撑。

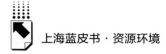

人力资源政策。促进气候变化生态系统风险应对与新质生产力培育协同推进的公共决策机制优化、相关产业培育经营，都依赖高素质人才队伍来谋划和实施。为此，应针对这些领域的人才需求，优化相关人才政策，以利于全方位引才、育才、留才。如研究制定气候适应紧缺人才专业目录，对于纳入目录的专业人士，从人才落户、家属就业、子女就学、购房补助等方面出台具体支持办法，解除其后顾之忧；鼓励和支持高校、大专、中专、职校等开设气候适应相关专业或培训班。

（三）以基于 NbS 绿色基础设施为重点优化政府投资结构

政府可通过投资基础设施建设来拉动经济、创造就业，政府优化投资结构，更多投资绿色基础设施，就能在筑牢生态屏障、提升环境品质的同时，以更多绿色投资来拉动绿色经济、绿色就业。政府除了直接投资外，还可借助 BOD、项目外包、政府采购等形式，打通更多社会资本参与投资基于自然解决方案（NbS）绿色基础设施建设的通道。对于生态农业、生态旅游、生态康养等市场化的生态产品经营主体，若其中森林、湿地等生态系统兼具生态屏障功能，政府可给予生态补偿。而且，对于此类生态系统，应重视其作为生态屏障的公共物品价值和作为市场化生态产品的私人物品价值叠加，这种价值叠加对相关企业或农村集体经济组织盈利能力或融资能力有重要意义。例如，浙江丽水市古堰画乡景区基于 GEP（生态系统生产总值）核算，从政府获得生态补偿的收益权可折算为 4.00 亿元的资产，计入莲都区旅游投资发展有限公司总资产中，对于该公司提升信用评级、争取绿色金融支持发挥关键作用；而融资所得款项又可投入生态环境改善中，以促进 GEP 不断增值，形成生态价值创造与经济价值实现不断良性循环的"绿色闭环"[1]。借鉴这一案例，对于上海具有生态屏障功能的生态系统，建议相关部门创新生态补偿方式、加大生态补偿投入，并将生态补偿收益权（收入流）折算

---

① 《莲都古堰画乡：GEP 助推国企增信的先行样本》，浙江省丽水市莲都区发展和改革局，2023。

为相关企业或农村集体经济组织总资产，对其培育绿色生产力或新质生产力，以及争取更多绿色金融支持，都大有裨益。

（四）发挥社会力量的决策咨询和行业自律作用推进协同

在提升公众防灾减灾救灾（包括自救）能力，发挥志愿者团体防灾减灾救灾作用以外，应大力培育相关 NGO、行业协会等，动员社会力量在决策咨询和行业自律等过程中贡献更大价值。对于各种公私研究机构、NGO等，可发挥其专业优势，依靠其更精准评估气候变化生态系统风险及其对经济社会发展的正反两方面衍生影响，为政府制定协同推进风险应对与新质生产力培育的政策提供科学依据。各类公私研究机构、NGO 等可全面、准确评估生态系统气候适应项目的防灾减灾效应与促进新质生产力发展效应，以此作为财政部门给予资助或金融机构提供融资的依据。对于气候变化生态系统风险应对所催生的新服务、新业态、新模式等，在相关配套政策尚处于初步摸索阶段时，应鼓励并支持相关行业协会开展同业自律，探索制定相关规范；待实践证明行之有效后，再将行业协会的试行（试点）规则上升为正式政策法规。

参考文献

Center for Green Finance Research（CGFR），"National Institute of Financial Research of Tsinghua University," *Pricing Climate Risks in Asia*，2022.

曹飞凤、陈长辉、张丛林：《以新质生产力赋能自然灾害防御》，《中国应急管理》2024 年第 4 期。

B.14
气候变化健康风险应对与新质生产力提升协同推进研究

周伟铎*

摘　要： 本报告旨在探讨上海市在气候变化健康风险应对与新质生产力提升之间的协同推进意义、现状及潜在路径。首先，强调了协同推进对于保障公共健康和推动经济可持续发展的重要性。其次，通过评估上海市气候变化健康风险和新质生产力发展现状，揭示了两者之间的相互作用与协同潜力。气候监测预警技术的创新可以有效缓解健康风险，而提升应对气候变化的卫生保障能力，如远程医疗和移动医疗单元，是推动新质生产力发展的重要动力。此外，国际案例分析进一步证实了协同效应的可行性和效益。最后，提出了协同推进的路径与策略，包括加强气候适应规划、促进绿色低碳技术应用、增强社会适应能力、推动数据驱动的决策和智能管理，以及培养专业人才。这些策略旨在实现经济发展与环境保护的双赢，为上海市及类似城市的气候适应和可持续发展提供参考。

关键词： 气候变化　健康风险　新质生产力　可持续发展　上海市

一　协同推进新质生产力提升与气候变化健康风险应对的意义

全球气候变化是 21 世纪最为严峻的全球性问题之一，它对自然环境和

---

* 周伟铎，经济学博士，上海社会科学院生态与可持续发展研究所副研究员，研究方向为气候变化经济学。

人类社会产生了深远的影响。根据政府间气候变化专门委员会（IPCC）的评估报告，自工业化以来，全球平均气温已经上升了约1℃，预计到21世纪末，这一数字可能达到1.5℃至4.5℃①。这一变化导致了极端天气事件的频率和强度增加，包括热浪、干旱、洪水和飓风等，对全球健康构成了严重威胁。全球人民都面临着快速变化的气候对健康和生存造成的创纪录的威胁。值得关注的是，在"柳叶刀倒计时"项目监测健康威胁的15项指标中，有10项指标创下令人担忧的新纪录②。

（一）全球气候变化对上海市居民健康构成了直接威胁

全球气候变化对健康的影响主要体现在以下几个方面。首先，极端天气事件直接导致伤亡和健康问题。其次，气候变化引起的环境变化，如空气质量下降和过敏原增加，加剧了呼吸系统和心血管疾病的发生。再次，气候变化还可能导致传染病的传播路径和范围发生变化，如由蚊媒传播的疾病风险增加。由于气候条件的变化，2004～2021年，中国17个省份的登革热病媒传播能力显著增强③。最后，食物和水的安全性问题也因气候变化而变得更加突出。与1981～2010年相比，热浪和干旱频发导致全球每年遭受中度至重度粮食危机的人数增加1.51亿④。

上海作为中国最大的经济中心和国际大都市，地处长江三角洲冲积平

---

① IPCC, *Climate Change 2022: Impacts, Adaptation and Vulnerability*, Cambridge University Press, 2022.

② Romanello, Marina et al., "The 2024 Report of the Lancet Countdown on Health and Climate Change: Facing Record-breaking Threats from Delayed Action," *The Lancet* 404 (2024); Zhang, Shihui et al., "The 2023 China Report of the Lancet Countdown on Health and Climate Change: Taking Stock for a Thriving Future," *The Lancet Public Health* 8 (2023).

③ Romanello, Marina et al., "The 2024 Report of the Lancet Countdown on Health and Climate Change: Facing Record-breaking Threats from Delayed Action," *The Lancet*, 404 (2024); Zhang, Shihui et al., "The 2023 China Report of the Lancet Countdown on Health and Climate Change: Taking Stock for a Thriving Future," *The Lancet Public Health* 8 (2023).

④ Romanello, Marina et al., "The 2024 Report of the Lancet Countdown on Health and Climate Change: Facing Record-breaking Threats from Delayed Action," *The Lancet* 404 (2024); 上海市气象局：《上海市气候变化监测公报（2013-2023）》。

原，属于亚热带季风气候区，具有明显的海洋性气候特征。然而，气候变化对上海的影响尤为显著。近 150 年来，上海平均气温增温速率为 0.18℃/10年，暴雨日数和雨量显著增多，降水极端性增强①。这些变化对上海的自然生态系统、社会经济系统和居民健康构成了直接威胁。例如，海平面上升导致海岸侵蚀和咸潮入侵加剧，城市水环境质量和水资源安全风险增加；极端天气气候事件频发带来的系统性风险挑战更为复杂严峻。

为了应对气候变化带来的挑战，上海市政府 2024 年制定并发布了《上海市适应气候变化行动方案（2024-2035 年）》。该方案旨在推进上海市适应气候变化行动工作，有效防范气候变化带来的不利影响和风险。方案明确了上海在适应气候变化方面的总体要求、重点任务和重大措施，包括提升气候变化监测预警和风险管理能力、提升水资源领域适应气候变化能力、提升海洋及海岸带适应气候变化能力等。

（二）协同推进新质生产力提升与气候变化健康风险应对意义重大

随着全球气温的持续升高，极端天气事件的频率和强度不断增加，这些变化对城市，尤其是像上海这样的大型沿海城市，构成了前所未有的挑战。因此，研究气候变化对健康的影响以及探索应对策略，对于制定有效的适应措施和推动新质生产力的提升具有重要意义。协同推进新质生产力提升与气候变化健康风险应对的意义在于，两者的目标和措施存在显著的交叉和互补性，它们的发展方向相互促进，共同构成了可持续发展的核心内容。

首先，新质生产力的提升强调绿色发展和技术创新，这与气候变化健康风险应对的需求不谋而合。气候变化对人类健康的影响日益显著，包括极端天气事件的增加、传染病的传播、空气质量的下降等。应对这些挑战，需要发展新的生产方式、清洁能源、高效医疗技术等，这些都是新质生产力的重

---

① Romanello, Marina et al., "The 2024 Report of the Lancet Countdown on Health and Climate Change: Facing Record-breaking Threats from Delayed Action," *The Lancet* 404 (2024)；上海市气象局：《上海市气候变化监测公报（2013-2023）》。

要组成部分。例如，绿色低碳技术的应用不仅能够减少温室气体排放，还能提高城市的气候韧性，减少气候变化对健康的影响。

其次，气候变化健康风险应对的措施，如加强气候监测预警、提升公共卫生系统的适应能力，也为新质生产力的发展提供了方向和动力。例如，气候监测预警技术的创新不仅可以有效缓解健康风险，还能推动相关产业的发展，如智能气象服务、环境监测设备制造等，这些都是新质生产力的增长点。

再次，新质生产力的提升和气候变化健康风险的应对都需要系统性的解决方案和跨部门的合作。这要求政府、企业、科研机构和公众共同参与，形成合力。例如，《国家气候变化健康适应行动方案（2024—2030年）》提出了多部门协作的策略，旨在通过政策融合、监测预警系统的建设、健康风险评估等措施，提升气候变化健康适应能力。

最后，新质生产力的提升和气候变化健康风险的应对都强调了绿色低碳发展的重要性。这不仅有助于减少气候变化的风险，还能推动经济结构的优化升级，实现经济发展与环境保护的双赢。通过推动绿色科技创新和先进绿色技术的推广应用，可以构建绿色低碳循环经济体系，促进社会经济的可持续发展。

综上所述，协同推进新质生产力提升与气候变化健康风险应对，不仅能够提高社会对气候变化的适应能力，保护和增进公共健康，还能推动经济的绿色转型，实现高质量发展。这需要政策支持、技术创新、市场驱动和社会参与的共同努力，以实现经济发展与环境保护的协同增效。

二　上海气候变化健康风险与新质生产力现状

上海因其独特的地理位置和快速的城市化进程，对气候变化尤为敏感。分析评估上海市气候变化的健康风险和新质生产力的现状，有助于更深入地了解两者可以协调的领域。

（一）上海市气候变化健康风险评估

随着全球气候变化的加剧，上海正面临一系列与健康相关的风险。首先是极端天气事件带来的直接健康威胁。气候变化可能导致极端天气事件的频率和强度增加，如台风、洪水和热浪，这些事件对居民的健康和生命安全构成直接威胁。以高温热浪为例，上海地区的高温热浪事件有三段持续偏多与偏强期：19 世纪 90 年代初至 19 世纪末、20 世纪 20 年代末至 50 年代初、20 世纪 80 年代末尤其是 21 世纪初以来。2024 年，上海经历了历史上最早的 40℃ 高温，打破了 150 年来出现在 1934 年的最强的高温热浪事件纪录①。此外，上海在 2022 年的高温日数和极端酷热天数均超过了历史纪录，40℃ 及以上的极端酷热天数达到了 6 天。这些事件不仅威胁着人民的健康，还加剧了城市热岛效应，影响了城市的能源消耗和居民的生活质量。高温热浪还与心血管疾病和呼吸道疾病的增加有关。《基于多源数据的上海市高温热浪风险评估》的研究表明，上海市的高温风险具有明显的空间集聚特征，其中中心城区的长宁区高温风险指数（HRI）平均最高，而浦东新区最低，揭示了不同区域在高温风险上的差异性②。其次是空气质量变化。气候变化导致的空气质量变化，如臭氧层的破坏和 $PM_{2.5}$ 浓度的增加，给居民的呼吸系统和心血管系统带来了长期和短期的健康风险。此外，气候变化还可能改变过敏原的分布和浓度，增加过敏性皮炎和哮喘的发病率。再次是传染病风险增加。随着气候变暖，一些通过昆虫传播的传染病，如登革热和莱姆病，可能会在原本非疫区出现，传染病的防控难度有所增加。此外，气候变化还可能改变过敏原的分布和浓度，增加过敏性皮炎和哮喘的发病率。最后是心理健康的影响。气候变化对人类心理健康的损害也不容忽视。研究发现气候变化可能通过各种直接和间接机制损害

---

① 蔡闻佳、张诗卉、张弛等：《〈COP28 气候与健康阿联酋宣言〉解读》，《中国科学：地球科学》2024 年第 15 期。

② 王丹舟、张强等：《基于多源数据的上海市高温热浪风险评估》，《北京师范大学学报》（自然科学版）2020 年第 5 期。

心理健康，增加精神障碍风险。例如，暴露于飓风和洪水与抑郁症和创伤后应激障碍的症状显著相关。

（二）上海市协同推进新质生产力提升与气候变化健康风险应对现状

上海作为中国的经济中心和国际大都市，正面临着气候变化带来的健康风险挑战。上海在面对气候变化带来的健康风险时，已经采取了一系列协同推进新质生产力提升与风险应对的措施，这些措施在多个关键领域取得了显著成效。

一是完善组织架构，强化政策支持。上海市政府通过成立应对气候变化及节能减排工作领导小组，确保了政策的连贯性和执行力。市政府还逐年发布《上海市节能减排和应对气候变化重点工作安排》，为气候变化健康风险应对提供了明确的政策指导和支持。2024 年 5 月，《上海市适应气候变化行动方案（2024-2035 年）》明确提出提升健康与公共卫生领域适应气候变化能力。这些措施体现了上海在政策层面的前瞻性和组织架构的完善性。

二是上海市政府高度重视气候变化对市民健康的影响，已经建立了一套相对完善的气候变化监测预警和风险管理体系。通过加强气候系统综合观测站网建设，上海构建了海陆气综合观测体系，提升了气候变化监测预警能力。此外，上海还加强了气候变化影响和风险评估，对敏感领域和重点区域进行了深入分析，以识别和预防潜在的健康风险。上海建立了气象灾害防御工作体系，实施"一键式"突发事件预警发布系统，确保预警信息在 10 分钟内完成发布，直通全市的应急管理网格单元。这种高效的预警系统提升了城市对极端天气事件的应对能力，有效保护了居民的健康。

三是公共卫生适应能力提升与社会参与。在健康与公共卫生领域，上海正建立基于天气气候条件的基准传染病预报预警体系，分析气象要素对流感、腹泻等重点传染病的影响，以提前识别和应对气候变化带来的健康风险。同时，上海通过多渠道的宣传教育，提升了公众对气候变化与健康风险的认识，鼓励居民参与应对气候变化的行动，增强了社会参与和公众意识。

四是以科技创新与产业转型提升气候适应能力。上海在科技创新方面不断加大投入，2023 年，全社会研发经费支出占 GDP 的比重达 4.4% 左右，基础研究经费占比达到 10%。这些投入不仅推动了新质生产力的提升，也为应对气候变化提供了技术创新。上海的集成电路、生物医药、人工智能等先导产业的发展，展现了城市在科技创新和产业转型方面的领导力。上海正通过全链条创新来推动新质生产力的发展，这不仅包括基础研发的投入，也涉及科技成果的产业化过程。上海的集成电路、生物医药、人工智能等先导产业的发展，为新质生产力的提升提供了强有力的支撑。

三 协同应对气候变化健康风险与提升新质生产力的机理与实践

在全球化和城市化的背景下，气候变化给人类健康带来了严峻挑战，同时也推动了新质生产力的发展。本部分将探讨气候变化健康风险应对与新质生产力提升之间的相互作用与协同潜力，并基于案例分析展示协同效应的实际表现。

（一）相互作用与协同潜力

气候变化健康风险应对与新质生产力提升之间的协同作用体现在以下两个方面。

1. 气候监测预警技术创新与风险缓解

技术创新是应对气候变化健康风险的关键手段，也是推动新质生产力提升的重要动力。气候监测预警技术的提升不仅有助于降低气候变化的健康风险，而且在以下几个方面体现了新质生产力的特点。一是技术创新。气候监测预警技术通常涉及数据采集、传输、处理和分析等多个环节的技术创新，如遥感技术、GIS（地理信息系统）、大数据分析、机器学习等。二是信息化。这类技术通过信息化手段，提高了气候数据的获取和处理能力，使气候监测更加精准、及时，有助于提升气候变化应对的科学性和有效性。三是环境友好。气候监测预警技术的发展有助于更好地理解和应对气候变化，减少气候变化对人类活动和自然环境的负面影响，符合绿色发展的要求。四是提高生产效率。可以通过精准的气候监测和预警，为农业生产、能源管理、城市规划等领域提供决策支持，从而提高生产效率和资源利用效率。五是促进新兴产业发展。气候监测预警技术的发展还可能催生新的产业，如气候服务产业、环境监测设备制造业等，推动经济结构的优化升级。因此，气候监测预警技术的提升不仅有助于应对气候变化带来的挑战，也是推动经济社会发展和产业转型的重要力量，是新质生产力的重要组成部分。

2. 应对气候变化卫生保障能力是新质生产力的重要动力

在当前全球气候变暖的大背景下，极端天气气候事件频发，给人类健康和社会经济发展带来了严峻挑战。为了有效应对这些挑战，提升极端天气气候事件卫生应急处置能力和增强极端天气气候事件卫生应急救治能力显得尤为重要。这不仅关乎人民生命安全和身体健康，也是推动社会生产力发展的关键因素。

首先，提升卫生应急处置和救治能力，可以推动健康科技的发展，如远程医疗、移动医疗单元、高精度监测设备等。这些技术的发展和应用，不仅提高了医疗服务的效率和质量，也是新质生产力的重要组成部分。

其次，随着对极端天气气候事件应对能力的增强，相关的健康服务需求也会增加，包括紧急医疗服务、心理干预服务、健康咨询等。这将促进健康产业的增长，包括医疗服务、健康管理、医疗保险等相关领域，为新质生产力的提升提供动力。

此外，为了提升极端天气气候事件的应对能力，需要加强城市基础设施建设，如建设更加稳固的医疗设施、改善交通网络以确保紧急情况下的快速响应。这些基础设施的改善和升级有助于提高城市整体的气候韧性，为新质生产力的发展提供坚实的物质基础。

同时，推动绿色低碳技术的广泛应用，如使用清洁能源、建设绿色医院等，有助于减少温室气体排放，对抗气候变化，促进绿色低碳产业的发展。

提升卫生应急处置和救治能力，可以增强社会对气候变化的适应能力，减少气候变化对公共卫生的影响。这种适应能力的增强有助于维护社会稳定，为经济发展提供良好的社会环境，有利于新质生产力的持续提升。

此外，卫生应急领域需要收集和分析大量的数据，包括气候变化数据、健康监测数据等，以支持决策和资源配置。这推动了大数据、人工智能等技术在公共卫生管理中的应用，提高了管理的智能化水平，是新质生产力提升的重要方向。

最后，提升卫生应急处置和救治能力需要大量的专业人才，如医生、护士、紧急救援人员等。教育培训和实践锻炼，可以培养这些专业人才，提升劳动力素质，为新质生产力的提升提供人力资源支持。

综上所述，气候变化健康风险应对与新质生产力提升之间存在显著的协同作用。通过系统地提升应对极端天气气候事件的能力，我们不仅能够保护和增进公共健康，还能够促进经济的可持续发展，实现环境保护与经济增长的双赢。

（二）协同效应的国际案例分析

国际上，许多国家和城市已经将气候与健康议题纳入政策议程。例如，《COP28 气候与健康阿联酋宣言》强调了气候变化对公共健康的严重影响，并提出了一系列应对措施①。在探讨应对气候变化健康风险与提升新质生产力的协同对策时，新加坡的绿色城市规划、纽约市应对极端天气的健康影响，以及澳大利亚的热健康预警系统提供了有益的案例。这些城市通过综合性策略，在增强公共健康韧性的同时，也推动了新质生产力的发展。

新加坡的绿色城市规划是一个典型的成功案例。新加坡通过《新加坡绿色发展蓝图 2030》（Singapore Green Plan 2030），提出了一系列目标，如种植超过 100 万棵树、到 2025 年太阳能部署增加四倍、到 2030 年垃圾送往垃圾填埋的比例减少 30% 等。新加坡的绿色行动计划强调全民参与，通过

---

① 蔡闻佳、张诗卉、张弛等：《〈COP28 气候与健康阿联酋宣言〉解读》，《中国科学：地球科学》2024 年第 15 期。

增加绿色空间和提高能源效率来增强城市的气候韧性，同时促进社区参与和教育，提高公众对气候变化的认识和应对能力。该计划增加了城市绿化覆盖率，不仅提升了城市生态环境的质量，还降低了城市热岛效应，改善了居民的热舒适度。城市规划中的绿色空间增加了城市的生态价值，同时促进了生态旅游和绿色经济的发展，这反映了新质生产力在促进经济增长和改善环境质量方面的双重作用。此外，绿色建筑的推广应用也减少了能源消耗，提高了能源效率，推动了清洁能源技术和节能材料的发展，这些都是新质生产力的重要组成部分。

纽约市在飓风桑迪之后，加强了其应对极端天气事件的公共卫生措施。通过建立更加完善的健康影响评估体系和预警系统，纽约市提高了对极端天气事件的响应能力。这些措施不仅减少了极端天气对居民健康的影响，还通过提升基础设施的气候韧性，促进了相关技术和服务的发展。例如，增强的防洪系统和改进的紧急医疗服务，不仅提高了城市对极端天气的适应能力，还催生了新的服务模式和技术，这些都是新质生产力提升的体现。纽约市通过开发高温脆弱性指数（Heat Vulnerability Index）和纽约降温地图，确定了19个可大规模整体设置绿色基础设施的社区，在极端高温事件期间为高风险区的居民提供降温服务。纽约市还建立了极端高温事件的预警系统，监控预测温度，并将其与当地定义的阈值相比较，使用热压力指数，并根据历史数据为严重和极端热浪事件设置阈值，以提高公共卫生宣传和预防措施的效果。

澳大利亚的热健康预警系统则展示了如何通过有效的监测和预警机制来减轻高温对公共健康的影响。澳大利亚气象局（BOM）开发了热浪预测系统，该系统基于高温的罕见性和地区适应性来预测热浪的严重性，有效规避了气象学家的意见。该系统监控预测温度，并将其与当地定义的阈值相比较，使用热压力指数，并根据历史数据为严重和极端热浪事件设置了阈值，以提高公共卫生宣传和预防措施的效果。该系统通过实时监测和评估高温风险，及时向公众发布预警信息，有效减少了高温相关疾病的发生。同时，这一系统的应用促进了气候服务行业的发展，推动了气候监测和公共健康信息传播技术的进步。预警系统的建立和完善不仅提升了社会对气候变化的适应能力，还促进了气候信息服务和相关产业的发展，这些都是新质生产力提升的重要方面。

综合这些案例，可以得出以下协同对策。一是加强城市规划与气候适应性设计。通过绿色城市规划和建筑设计，提高城市对气候变化的适应能力，同时促进绿色经济和循环经济的发展。二是提升基础设施的气候韧性。加强交通、能源、医疗等基础设施的气候韧性，以减少极端天气事件对公共健康的影响，并推动相关技术和服务的发展。三是建立和完善气候健康监测预警系统。通过实时监测和评估气候变化对公共健康的影响，及时发布预警信息，减少气候相关疾病和死亡。四是推动气候服务产业发展。发展气候服务产业，提供气候风险评估、气候信息传播和气候适应技术服务，以增强社会对气候变化的适应能力。五是加强公众教育和健康促进。提高公众对气候变化健康风险的认识，促进健康生活方式的形成，减少气候变化对健康的影响。六是促进技术创新和产业升级。鼓励清洁能源、节能减排、绿色建筑等领域的技术创新和产业升级，以提升新质生产力。七是建立适应气候变化的公共卫生政策。上海市可以制定针对气候变化的健康保护政策，包括疫苗接种、疾病监测和控制等。

气候变化健康风险应对与新质生产力提升之间存在显著的协同效应。通过这些协同对策，不仅可以有效应对气候变化带来的健康风险，还可以推动新质生产力的提升，实现经济增长与环境保护的双赢。

四　协同推进气候变化健康风险应对与新质生产力提升的路径与策略

在全球化的背景下，气候变化对人类健康和社会经济发展的影响日益显著。上海市作为中国的经济中心和国际大都市，正面临着气候变化带来的健康风险挑战。在协同推进新质生产力提升与气候变化健康风险应对方面，上海已经取得了一定的成效，并面临着进一步的挑战。本部分将提出实现协同效应的具体路径，并制定相应的策略与政策建议。

（一）增强公共卫生系统的气候韧性与应急能力

上海市的公共卫生系统是城市应对气候变化健康风险的第一道防线。为此，上海应建立气候韧性规划框架，制定《上海市健康与公共卫生系统气候韧性规划》，明确增强气候韧性的中长期目标和实施路径。这一规划应包括对气候变化影响的评估、风险管理和适应措施，以及对公共卫生基础设施的升级和改造。

此外，上海市应开展多部门协作，建立由卫生健康、气象、环保、民政等部门参与的协作机制，确保气候韧性措施的全面实施。这种跨部门合作能够确保信息共享、资源整合和行动协调，提高城市应对气候变化的能力。

在提升医疗卫生机构的极端天气气候事件抵抗力和恢复力方面，上海应推动各级医疗卫生机构编制极端天气气候事件应急预案。这些预案应包括人员疏散、物资储备、服务恢复等内容，并定期进行演练和评估，以确保在极端气候事件中能够维持关键服务。

（二）提升气候敏感疾病的诊疗能力与监测机制

气候变化对人类健康的影响是多方面的，包括传染病、非传染病以及心理健康问题。上海市需制定和完善气候敏感疾病的临床诊疗指南和技术操作规范，以提高医疗系统的应对能力。同时，加强医疗设备、药品和医疗器械的储备，提升诊疗、急救、护理与康复技术能力。

为了提高对气候敏感疾病的应对能力，上海市应建立远程医疗诊断平台和医疗救治团队，制定远程医疗工作响应机制，以完善分级诊疗网络。这将有助于在资源分布不均的情况下，为偏远地区提供及时的医疗服务。

此外，上海市应建立气候敏感疾病的多部门监测预警与联动响应机制。

这一机制应包括由卫生健康、气象、民政、农业、环保等相关部门组成的气候变化健康影响协调委员会，负责统筹规划和协调工作。通过这一机制，上海市能够对气候敏感疾病进行调查和梳理，建立基本信息清单，包括疾病类型、影响因素、历史发病数据等。

（三）构建气候适应型城市规划与基础设施建设机制

上海市的城市规划和基础设施建设必须考虑到气候变化的影响。为此，上海市应建立气候适应型城市规划与基础设施建设机制，整合气候风险评估、城市规划、基础设施设计、建设标准和运营管理等多个方面。

在城市规划方面，上海市应进行气候风险评估，确保项目设计能够适应未来气候变化的预测影响。同时，优化城市空间布局，增强城市绿地、水体和通风廊道等自然和半自然空间的规划，以提高城市对高温和极端天气的适应能力。

在基础设施建设方面，上海市应更新基础设施建设标准，确保新建和现有基础设施能够抵御极端气候事件。这包括增强防洪能力、提升能源供应系统的稳定性和交通网络的抗灾能力。此外，上海市应实施智慧运营管理，利用物联网、大数据和人工智能技术，实现基础设施的智能监控和维护，提高对气候变化影响的响应速度和效率。

（四）建立全周期的气候健康监测预警与应急响应体系

气候变化健康风险的应对需要一个全周期的监测预警与应急响应体系。上海市应建立和完善气候与健康监测网络，包括气象、环境、公共卫生等多个方面的数据收集和分析。通过这一网络，上海市能够及时识别和评估气候变化对健康的影响。此外，上海市应开发气候健康风险评估工具，制定预警标准，并通过多种渠道发布预警信息。这包括社交媒体、移动应用、公共广播等，以确保预警信息能够迅速传达至公众。在应急响应方面，上海市应制定极端气候事件下的应急预案，包括医疗救援、物资调配、人员疏散等，并确保关键基础设施和资源的预先配置。通过教育和培训提高公众的气候健康风险意识，鼓励公众参与到监测预警和应急响应中来，提高整个社会的适应能力。

（五）推动气候友好型产业发展与创新

气候变化不仅带来了挑战，也带来了机遇。上海市应推动气候友好型产业发展与创新，通过促进绿色低碳技术和服务的发展，提升新质生产力，同时减少气候变化带来的健康风险。

发展智慧气象服务，开发气候敏感疾病的预警提醒系统。利用人工智能和机器学习技术，提高气象预报的精度，为公共卫生决策提供更可靠的数据支持。例如，通过智慧气象服务，提供个性化的健康预警信息，如高温警报、空气污染提醒等，帮助公众采取预防措施。开发和部署先进的气候敏感疾病监测和预警系统，如基于气象要素的基准传染病预报预警体系，实现对重点传染病发病趋势的预测预警。这需要整合气象数据、健康监测数据，并运用大数据分析和人工智能技术来提高预警的准确性和及时性。

推进气候服务与健康产业的融合，培育气候适应型健康产业。探索气候服务在健康产业中的应用，如气候康养产业的发展。这包括制定全国气候康养产业多域融合发展规划，出台"气候+康养+旅游"协同发展意见，培育气候康养产业集聚发展格局。推动健康产业向气候适应型转型，如发展绿色低碳医疗设施、推广远程医疗服务、开发气候适应型健康产品等。这有助于提高健康产业的气候韧性，减少气候变化带来的健康风险。

通过上述综合性机制和对策的实施，上海市不仅能够有效应对气候变化带来的健康风险，还能在新质生产力的提升上取得显著进展，实现可持续发展目标。这些策略的实施需要政策支持、技术创新、市场驱动和社会参与的共同努力，以实现经济发展与环境保护的协同增效。

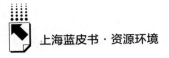
参考文献

冷红、李姝媛：《应对气候变化健康风险的适应性规划国际经验与启示》，《国际城市规划》2021年第5期。

袁青、孟久琦、冷红：《气候变化健康风险的城市空间影响及规划干预》，《城市规划》2021年第3期。

附　录
上海市资源环境年度指标

一　环保投入

2023 年，上海全年全社会用于环境保护的资金投入约 1099.9 亿元，比上年增长 7.6%，占地区生产总值的比重约为 2.3%（见图 1）。

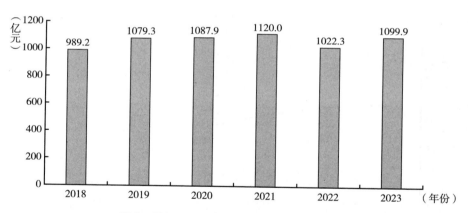

图 1　2018~2023 年上海市环保总投入情况

资料来源：2018~2022 年《上海市生态环境状况公报》，《2023 年上海市国民经济和社会发展统计公报》。

二　大气环境

2023 年，上海市环境空气质量指数（AQI）优良天数为 320 天，较

2022 年增加 2 天，AQI 优良率为 87.7%，较 2022 年上升 0.6 个百分点。臭氧为首要污染物的天数最多，占全年污染日的 66.7%；其次是首要污染物为细颗粒物（PM_{2.5}）的天数，占 24.4%；最后是首要污染物为可吸入颗粒物（PM₁₀）的天数，占 8.9%。全年细颗粒物（PM_{2.5}）年均浓度为 28 微克/米^3，可吸入颗粒物（PM₁₀）、二氧化硫、二氧化氮年均浓度分别为 48 微克/米^3，7 微克/米^3，31 微克/米^3（见图 2），一氧化碳 24 小时平均第 95 百分位数为 1.0 毫克/米^3，较 2022 年有所反弹，但近五年总体呈下降趋势。臭氧（O_3）日最大 8 小时平均第 90 百分位数为 158 微克/米^3，超出国家环境空气质量二级标准 4 微克/米^3，较 2022 年下降 3.7%。上述污染物均达到国家环境空气质量二级标准，其中二氧化硫年均浓度、一氧化碳 24 小时平均第 95 百分位数浓度达到国家环境空气质量一级标准。

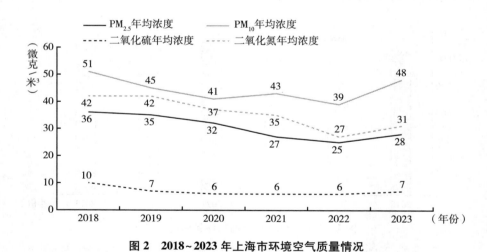

图 2　2018~2023 年上海市环境空气质量情况

资料来源：2018~2023 年《上海市生态环境状况公报》。

2022 年，上海市氮氧化物排放总量为 12.55 万吨，和 2017 相比下降了 26%（见图 3）。

图 3　2017～2022 年上海市氮氧化物排放总量

资料来源：2018～2023 年《中国环境统计年鉴》。

三　水环境与水资源

2023 年，上海市地表水环境质量相对于 2022 年进一步改善。2023 年，Ⅲ类及以上水质断面占 97.8%，Ⅳ类水质断面占 2.2%，无Ⅴ类和劣Ⅴ类水质断面（见图 4）。主要指标中，氨氮、总磷平均浓度分别为 0.38 毫克/升、0.131 毫克/升，较 2022 年下降 9.5%、5.1%；高锰酸盐指数平均值为 3.6 毫克/升，较 2022 年下降 5.3%。

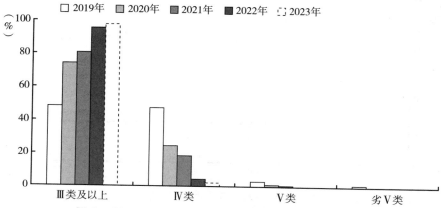

图 4　2019～2023 年上海市主要河流水质类别比重变化

注：全市主要河流监测断面总数为 273 个。

资料来源：2019～2023 年《上海市生态环境状况公报》。

2022 年，上海市化学需氧量和氨氮排放总量分别为 7.77 万吨和 0.27 万吨，分别比 2017 年上升 19.2%和下降 71.3%（见图 5）。

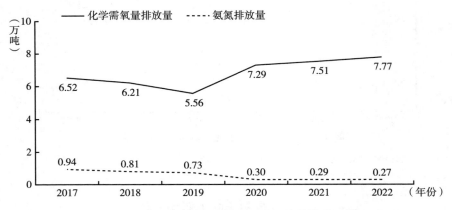

图 5　2017~2022 年上海市主要水污染物排放总量

资料来源：2018~2023 年《中国环境统计年鉴》。

2023 年，全市取水总量为 73.27 亿立方米，比上年下降 4.5%，自来水供水总量为 29.55 亿立方米，比上年上升 1.1%（见图 6、图 7）。

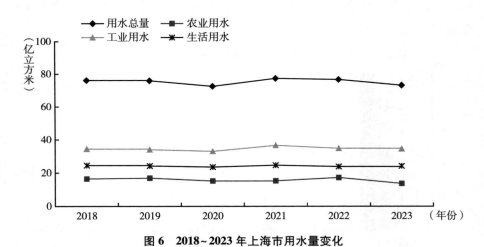

图 6　2018~2023 年上海市用水量变化

资料来源：2018~2023 年《上海市水资源公报》。

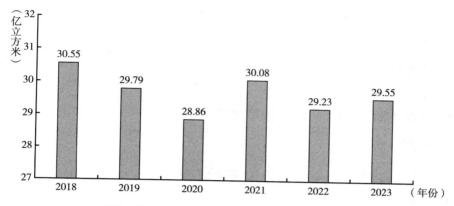

图 7　2018~2023 年上海市自来水供水总量变化

资料来源：2018~2023 年《上海市水资源公报》。

2022 年，上海市城市污水处理厂日处理能力为 1022.5 万立方米，相较上年提升了 14%（见图 8）。

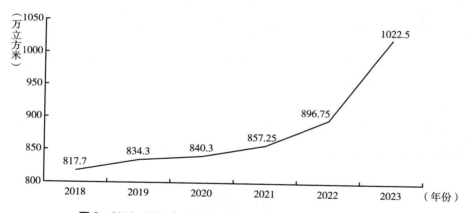

图 8　2018~2023 年上海市城市污水处理厂日处理能力变化

资料来源：2018~2023 年《上海市国民经济和社会发展统计公报》。

四　固体废弃物

2023 年，上海市一般工业固体废弃物产生量为 2180.0 万吨，综合利用率为 94.9%。冶炼废渣、粉煤灰、炉渣、脱硫石膏占工业固体废弃物总量比重为 75.3%。2023 年上海市生活垃圾产生量 1255.8 万吨（见图 9），干垃圾和湿垃圾分别占 50.17% 和 49.83%，生活垃圾无害化处理率保持在 100%。上海市共有生活垃圾处理设施 31 座，总处理能力为 5.1 万吨/日，其中焚烧处理能力占 56.8%，填埋处理能力占 30.1%，湿垃圾资源化处理能力占 13.1%。

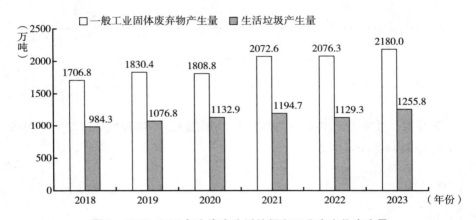

图 9　2018~2023 年上海市生活垃圾和工业废弃物产生量

资料来源：2018~2023 年《上海市固体废物污染环境防治信息公告》。

2023 年，上海市危险废弃物产生量为 163.1 万吨，医疗废物产生量 7.3 万吨，医疗废物处置量为 7.3 万吨，无害化处理率达 100%。

五　能源

2022 年，上海万元生产总值的能耗比上一年下降了 6.5%，万元地区生产总值电耗下降了 0.27%。

2022 年，上海市能源消费总量为 10951.01 万吨标准煤，同比下降了 6.3%（见图 10）。

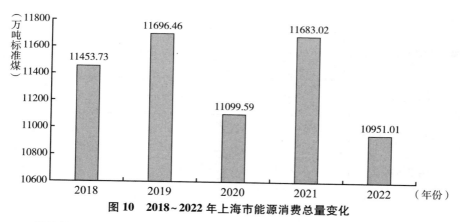

图 10　2018~2022 年上海市能源消费总量变化

资料来源：2023 年《上海统计年鉴》。

六　长三角区域环境质量比较

从 2021 年到 2023 年，长三角地区的环境质量总体呈现平稳。在环境空气质量方面，2023 年长三角环境空气质量各项评价指标总体平稳或略有反弹，三省一市的细微颗粒物（$PM_{2.5}$）、可吸入颗粒物（PM_{10}）年均浓度整体维持稳定或有一定程度上升；三省一市的二氧化氮年均浓度较 2021 年下降幅度较小；上海市、江苏省的二氧化硫年均浓度较 2021 年略有增长，浙江省的二氧化硫浓度与 2021 年持平，安徽省的二氧化硫浓度略有下降；从数值上看，上海市和浙江省的细微颗粒物（$PM_{2.5}$）与可吸入颗粒物（PM_{10}）年均浓度指标表现较为良好，安徽省的二氧化氮年均浓度指标表现较为良好（见表 1）。

表 1　2021~2023 年长三角城市环境空气质量状况

单位：微克/米³

城市环境空气质量指标	省份	2021 年	2022 年	2023 年
$PM_{2.5}$年均浓度	上海	27	25	28
	江苏	33	32	33
	浙江	24	24	27
	安徽	35	34.9	34.8

续表

城市环境空气质量指标	省份	2021 年	2022 年	2023 年
PM$_{10}$年均浓度	上海	43	39	48
	江苏	57	53	56
	浙江	47	43	46
	安徽	61	58	59
SO$_2$年均浓度	上海	6	6	7
	江苏	7	7	8
	浙江	6	6	6
	安徽	8	7	7
NO$_2$年均浓度	上海	35	27	31
	江苏	29	25	27
	浙江	29	25	26
	安徽	26	23	24

资料来源：2021～2023 年《上海市生态环境状况公报》，2021～2023 年《浙江省生态环境状况公报》，2021～2023 年《江苏省生态环境状况公报》，2021～2023 年《安徽省生态环境状况公报》。

在水环境质量方面，2023 年长三角水环境质量持续改善，其中上海水质状况表现最好，其Ⅲ类水及以上比重高达 97.8%；长三角劣 V 类水断面监测比重保持为零（见表 2）。

表 2　2021～2023 年长三角地表水水质状况

单位：%

地表水水质	省份	2021 年	2022 年	2023 年
Ⅲ类水及以上比重	上海	80.6	95.6	97.8
	江苏	87.1	91.0	92.9
	浙江	95.2	97.6	97.0
	安徽	77.3	86.5	90.3
Ⅳ～V类水比重	上海	19.4	4.4	2.2
	江苏	12.9	9.0	7.1
	浙江	4.8	2.4	3.1
	安徽	22.8	13.4	9.7

续表

地表水水质	省份	2021 年	2022 年	2023 年
劣 V 类水比重	上海	0	0	0
	江苏	0	0	0
	浙江	0	0	0
	安徽	0	0	0

资料来源：2021~2023 年《上海市生态环境状况公报》，2021~2023 年《浙江省生态环境状况公报》，2021~2023 年《江苏省生态环境状况公报》，2021~2023 年《安徽省生态环境状况公报》。

Abstract

Shanghai has embarked on a new journey to build a beautiful Shanghai through the joint construction of the "Ten Beauties." This process aims to address resource, environmental, and ecological issues, break away from traditional economic growth models, and achieve a comprehensive green transformation of economic and social development. It will accelerate the cultivation and development of new quality productive forces. These new quality productive forces are green productive forces. Developing new quality productive forces can promote green technology innovation, optimize the allocation of ecological resources, and facilitate industrial green transformation, thereby providing important impetus for the construction of a beautiful Shanghai. The scenario analysis conducted in this report indicates that by 2035, the energy consumption per unit of GDP under the new quality productive forces scenario will decrease by 25.18% compared to the policy scenario, and the per capita park green area will increase by 11.4%. Cultivating and developing new quality productive forces can significantly enhance the process of constructing a beautiful Shanghai. Therefore, exploring the collaborative development mechanisms and pathways between new quality productive forces and the construction of a beautiful Shanghai, while maximizing the synergistic effects of both, is of great significance for achieving the objectives of improving new quality productive forces and building a beautiful Shanghai.

The coordinated promotion of new quality productive forces and the construction of a beautiful Shanghai is a comprehensive task that encompasses technological innovation, industrial upgrading, ecological governance, urban construction, and other fields. It requires collaborative efforts in green and low-carbon development, ecological environment governance, climate change adaptation, and related areas. Firstly, it is essential to leverage the synergistic effect between green and low-carbon development and the cultivation of new quality productive forces. This involves fully utilizing the supportive role of the new energy system in providing clean energy, facilitating the clean use or substitution of fossil fuels, promoting green and low-carbon energy consumption, and enhancing the efficiency of energy systems. Additionally, it is crucial to accelerate the development of new leasing economies and other green consumption models, further clarify industry standards, promote the establishment of an integrity system, and cultivate a green consumption culture. Furthermore, it is important to recognize the fundamental and strategic role of forest carbon sinks in promoting green and low-carbon development. This can be achieved by strengthening precise control over ecological space classification, enhancing research and promotion of forest carbon sink technologies, and improving mechanisms for realizing the value of ecological spaces. To support these initiatives, it is necessary to build a comprehensive market for resource and environmental factors, fully leveraging the decisive role of the market in the construction of a beautiful Shanghai and the development of new quality productive forces. Establishing and improving cost-sharing and benefit-sharing mechanisms, fostering innovation in sharing green and low-carbon technologies, and collaborating to build a world-class low-carbon industrial cluster in the Yangtze River Delta are also essential components of this strategy. Secondly, leverage the synergistic effect of ecological environment governance and the cultivation of new quality productive forces. Promote the digital transformation of ecological environment governance, improve institutional adaptation and infrastructure support, enhance investment and transformation mechanisms for green digital technology innovation, and strengthen risk management for the digital transformation of ecological environment governance. Encourage technological innovation in areas such as pollution control and governance, green transportation, circular utilization, energy storage, and green buildings, while also fostering innovation in transformation modalities and institutional advancements regarding scientific and technological achievements. Deeply implement the important concept of "people's cities," strengthen the management of oil and gas emissions, prevent and control noise pollution, and ensure comprehensive management of construction waste, while prioritizing the construction of beautiful urban areas. Accelerate the establishment of a comprehensive carbon footprint management system for products, coordinate the formation of national and local public service carbon footprint databases, and actively develop a green and low-carbon supply chain. Thirdly, collaborate effectively to address climate change risks and enhance new quality productive forces. Integrate climate-related economic and financial risks into macroeconomic models, incorporate elements of climate adaptation capacity into policy decisions regarding climate risk disclosure in green public procurement, and increase investment in emerging technologies that facilitate responses to climate change risks. In order to synergistically address ecosystem risks related to climate change, health risks, and the enhancement of new quality productive forces, it is essential to implement multi-departmental collaboration, develop climate-adaptive urban planning and infrastructure, and promote data-driven decision-making and intelligent management.

Keywords: New Quality Productive Forces; Beautiful Shanghai; Green and Low-Carbon Development; Ecological Environment Governance; Climate Change Adaptation

Contents

I   General Report

Abstract: New quality productive forces represent green productivity. The development of new quality productive forces catalyzes green technological innovation, optimizes the allocation of ecological resources, and fosters the green transformation of industries, providing significant impetus for the construction of a beautiful Shanghai. This construction process addresses resource, environmental, and ecological challenges, moves beyond traditional economic growth models, and aims for a comprehensive green transformation of economic and social development. Consequently, it will accelerate the cultivation and development of new quality productive forces. Scenario analysis indicates that the construction of a beautiful Shanghai significantly improves under scenarios that actively cultivate new quality productive forces compared to standard policy scenarios. However, it is important to note that leveraging technological innovation to promote the construction of a beautiful Shanghai requires increased efforts to transform and apply innovative achievements, such as patents. While new quality productive forces and the construction of a beautiful Shanghai can mutually promote each other, the coordinated promotion of these forces faces challenges, including difficulties in aligning policy goals, insufficient support for green technology innovation, critical ecological and environmental risk prevention and control, and inadequate cultivation of market-oriented resource allocation mechanisms. To achieve mutual promotion and development between the enhancement of new quality productive forces and the construction of a beautiful Shanghai, collaborative efforts are needed in areas such as policy coordination, value alignment, innovation collaboration, facility integration, and regional cooperation.

Keywords: New Quality Productive Forces; Green Productive Forces; Beautiful Shanghai; Green and Low-Carbon Development

II   Chapter of Green and Low-Carbon Development

B.2   Research on the Impact of New Energy System on the Green and Low-Carbon Transition of Shanghai Energy Structure

Sun Kege / 027

Abstract: The development of new energy system and new quality productive forces is compatible in essence. They complement to each other and promote the development of each other. During the 14th Five Year Plan period, Shanghai has been continuously striving to support development of renewable energy, clean and efficient utilization of coal, improvement of energy efficiency in industrial, transportation and building sectors, green and low-carbon innovation in energy sector, and market-oriented reforms of energy system. Significant achievements have been made in the green and low-carbon transformation of energy structure in Shanghai. The new energy system will further support the diversification of clean energy supply, clean utilization of fossil fuels, low-carbon energy consumption, and system efficiency improvement in Shanghai by improving energy infrastructure, promoting low-carbon technological innovation, developing new mode and business format, and advancing the digitalization and intelligent transformation of the energy system. However, factors such as high dependence on external energy resources, construction of a multi-energies complementary energy structure, and diverse entities participating in the energy market pose new challenges to Shanghai's green and low-carbon energy transformation. It is necessary to further improve the market-oriented mechanisms of energy systems such as the electricity market, green certificate market, green electricity market, and carbon market, create a green and low-carbon energy technology innovation incentive and guarantee system, promote cross regional energy cooperation and development, thus fully implementing the supporting effect of new energy system on green and low-carbon energy structure transition in Shanghai.

Keywords: New Energy System; Multi-energies Complementary; New Mode and Business Format; Digitalization and Intelligent Transformation

B . 3 Study on New Leasing Economy Improving Green
Transformation of Shanghai's Consumption Patterns

Wang Linlin, Du Hang / 047

Abstract: The new leasing economy is of great significance to the green transformation of consumption patterns, which not only promotes the efficient use of resources and the practice of environmental protection concepts, but also promotes the popularisation of green lifestyles and the supply of green products, and gives new impetus to the realization of sustainable development. The scale of Shanghai's new rental economy industry is expanding rapidly, from transport and travel, housing and other rapidly expanding fields to business services, education, healthcare and other fields, and it has begun to penetrate into the manufacturing sector from the consumer sector. However, in the process of development, it still faces challenges, such as the existence of insufficient policy environment, the pressure of risk management compliance, the highlighting of the problem of operating costs, the credit system still to be built, and the balance of services to improve ESG, etc. It needs to clarify industry standards, improve market services, break through operational bottlenecks, promote the construction of integrity system and cultivate the culture of green consumption.

Keywords: New Leasing Economy; Green Consumption Patterns; Shanghai

B . 4   Research on the Synergistic Effect of Forest Carbon

Sink Resource Management and Urban Ecological

Space Construction in Shanghai   *Wu Meng*, *Du Hongyu* / 061

Abstract: Forests are reservoirs, money banks, grain banks, and carbon banks, providing a variety of ecosystem services and playing a fundamental and strategic role in addressing global climate change, maintaining national ecological security, and promoting green and low-carbon development. Developing forest carbon sinks is a common carrier for cultivating green and high-quality productivity and constructing ecological spaces. Coordinating and strengthening the synergy between forest carbon sinks and ecological space construction is particularly important for promoting the construction of a beautiful Shanghai from the perspective of harmonious coexistence between humans and nature. Therefore, this study first analyzed the correlation mechanism and synergistic potential between Shanghai's forest carbon sink and ecological space construction under the background of the development of new quality productivity; Secondly, the spatiotemporal pattern evolution characteristics of forest carbon sequestration in Shanghai from 2006 to 2023 were evaluated, and the main shortcomings in promoting ecological space construction through the development of forest carbon sequestration were identified. The results showed that in the past 20 years, the overall forest carbon sequestration in Shanghai has shown a continuous increase trend and the distribution structure has tended to be stable. During this process, the collaborative improvement trend of urban ecological space construction in the three dimensions of ecological space expansion, optimization of living environment, and protection of population health is good, but great efforts are still needed in the two dimensions of collaborative improvement of environmental quality and promotion of economic growth; Finally, by focusing on improving forest carbon sequestration efficiency and strengthening precise control of ecological spatial classification; Focus on the transformation of forest carbon sequestration power, strengthen the research and promotion of forest carbon sequestration technology; Focusing on the quality transition of forest carbon sinks and improving the mechanism for realizing ecological spatial value, relevant countermeasures and suggestions are proposed to enhance the synergy between the development of forest carbon sinks in Shanghai and the optimization of ecological spatial patterns.

Keywords: Forest Carbon Sink; Ecological Space; New Productive Forces; Shanghai

B.5　Study on the Green and Low-Carbon Industrial Cluster in the Yangtze River Delta under the Background of Regional Collaborative Transformation

Luo Liheng, Wang Wenqi / 078

Abstract: The collaborative construction of the world-class low-carbon industrial cluster in the Yangtze River Delta is an extremely essential segment in building the beautiful Yangtze River Delta and promoting high-quality integrated development of Yangtze River Delta. It is also the most prominent feature of the spatial agglomeration of new quality productivity in the Yangtze River Delta. The high level of collaborative innovation, agglomeration of production factors, and complete industrial and supply chains in the Yangtze River Delta have created conditions for the agglomeration and development of green and low-carbon industry in the region. At present, the green and low-carbon industry cluster in the Yangtze River Delta has initially shown the characteristics of being dominated by the new-energy automobile industry cluster, coexisting with multiple agglomeration modes, and developing through the integration of "Industry-University-Research". However, it still faces extensive challenges in terms of institutional environment, industrial structure, factor allocation, and technological innovation. Therefore, this article proposes countermeasures and suggestions for building the world-class green and low-carbon industrial cluster in the Yangtze River Delta under the background of regional collaborative transformation, from four aspects: breaking down the institutional administrative barriers of the three provinces and one city in the Yangtze River Delta, coordinating the layout of the green and low-carbon full industry chain in the Yangtze River Delta, establishing the unified market for resources and environmental elements in the Yangtze River Delta, and strengthening the sharing and innovation of green and low-carbon technologies in the Yangtze River Delta.

Keywords: Beautiful Yangtze River Delta; Green and Low-Carbon Industrial Cluster; Comprehensive Green Transformation

B.6 Research on Resource and Environmental Factors
Allocation to Promote Green and Low-Carbon
Transformation of Shanghai's Industrial Structure

Zhang Xidong / 101

Abstract: A sound market-based allocation system of resources and environmental factors is an important institutional reform to give full play to the decisive role of the market in the allocation of resources and environmental factors, which helps to form the intrinsic incentives and constraints mechanism of various types of market players, and is of great significance in promoting the green and low-carbon transformation of Shanghai's industrial structure. This paper analyzes why the green and low-carbon transformation of Shanghai's industrial structure needs sound resource and environmental factor allocation from the perspectives of

Shanghai's resource and environmental factor utilization efficiency, demand level, and total factor productivity. The paper argues that resource and environmental factor allocation promotes the green and low-carbon transformation of Shanghai's industrial structure by strengthening intra-industry competition, accelerating inter-industry substitution, accelerating inter-factor substitution, and promoting the upgrading of green technology in four aspects. Finally, it puts forward the countermeasure suggestions to promote the green and low-carbon transformation of Shanghai's industrial structure by sound allocation of resources and environmental factors. It includes four aspects: expanding the industry scope of the trading body, breaking down the barriers to trading in the factor market, optimizing the way of factor quota management, and enriching the trading products of the trading body.

Keywords: Resource and Environmental Factors; Industrial Structure; Green and Low-Carbon Transformation; Shanghai

Ⅲ   Chapter of Ecological and Environmental Governance

B.7   Study on the Digital Transformation of Environmental Governance and the Development of New Quality Productive Forces   *Zhang Wenbo, Lin Fei* / 115

Abstract: Digitalization and greening are key tendencies in the development of new quality productive forces. The digital transformation of environmental governance not only improves governance effectiveness, accelerates the green transition, but it also creates new green and low-carbon industrial tracks due to the spillover effects of green technology innovation. Shanghai has conducted extensive research into promoting the digital transformation of environmental governance in order to stimulate the development of new quality productive forces, with notable success in the construction of digital regulatory systems and the digital redesign of management systems. However, issues remain, such as optimizing policy transmission channels, strengthening directing capacity for industrial change, assessing environmental costs, and improving risk prevention and control. There is a need to strengthen digital technology's role in environmental regulation, increase data quality, adjust institutional frameworks, and support infrastructure. Furthermore, it is critical to increase risk management in the digital transformation of environmental governance.

Keywords: New Quality Productive Forces; Environmental Governance; Digitalization

B.8 Designing and Reflecting on the Three-Year Action Plan for Creating a Beautiful Shanghai

Liu Yang, Shao Yiping / 133

Abstract: In January 2023, the Central Committee of the Communist Party of China and the State Council issued the "Opinions on the Construction of Beautiful China," which clarified that the national ecological and environmental protection work will enter a historical period centered on the construction of Beautiful China. In May 2024, Shanghai released guidelines for the construction of a beautiful Shanghai, proposing a 1+1+N overall framework for the construction of a beautiful Shanghai, clarifying that the implementation opinions for the construction of a beautiful Shanghai will serve as the guide, and upgrading the three-year environmental protection action plan to the three-year action plan for the construction of a beautiful Shanghai as an important means of implementation and promotion. Through several rounds of rolling promotion, the goals of constructing a beautiful Shanghai will be ensured to be achieved smoothly. This study reviews the basic characteristics of Shanghai's three-year environmental protection action plan by sorting and reviewing, combines the analysis of problems and situations to clarify the direction and focus of Shanghai in the field of ecological and environmental protection in the near future, proposes the basic framework and short-term goals of the three-year action plan for the construction of a beautiful

Shanghai on this basis, and forms suggestions for work in key areas.

Keywords: Beautiful Shanghai; Structural Design; Environmental Protection

B.9 Opportunities and Challenges in Developing a Product Carbon Footprint Management System

Hu Jing, Li Hongbo, Zhou Shenglyu,

Lu Jiaqi and Deng Jingqi / 148

Abstract: The EU Batteries and Waste Batteries Regulation took effect in August 2023, which first incorporated life cycle carbon footprint into the mandatory standards. Such Green Trade Barriers challenge Chinese export enterprises, not only forcing the industry to accelerate low-carbon transformation but also providing opportunities to enhance the core competitiveness of emerging industries further. This paper focuses on summarizing the design logic of the EU Product Environmental Footprint system and the carbon footprint requirements of the New Battery Regulation, comparing and analyzing the situation and limitations of the product carbon footprint management in Shanghai. It proposes to strengthen central and local collaboration on research and design of product carbon footprint calculation and evaluation methodologies and standards, as well as on establishing background emission database for public service sectors; Strengthen regional cooperation and jointly promote product carbon footprint management in the Yangtze River Delta; Accelerating the establishment of long-term carbon emission quantifiable management system in Shanghai etc.

Keywords: Product Carbon Footprint; Life Cycle; Accounting System; Management System

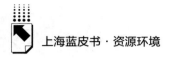

B.10 Study on Promoting Green and Low-Carbon Technological Innovation for the Development of New Quality Productive Forces

Shang Yongmin / 172

Abstract: The new quality productive forces are the key driver for high-quality development and the green low-carbon transition, with green technology innovation being the core element to enhance this productivity. This report explains the mechanism by which green low-carbon technology innovation promotes new quality productive forces, reviews the current achievements in Shanghai, and proposes key focus areas and recommendations. The research findings are as follows: ① Green low-carbon technology innovation promotes new quality productive forces through four main forces: green low-carbon technological advancement, green low-carbon industry support, green low-carbon innovation diffusion, and green innovation system assurance. ② Shanghai has a strong foundation and advantages in green low-carbon technology innovation and new quality productive forces. By improving green low-carbon technology innovation platforms, vigorously promoting green low-carbon technology R&D, and advancing the application of these technologies, Shanghai has generated new momentum for productivity development and achieved notable results. ③Shanghai has significant comparative advantages in areas such as environmentally friendly materials, clean energy, energy and water conservation, CCUS, and carbon reduction for fossil fuels. The city also holds relative advantages in pollution control and management, green transportation, recycling, energy storage, green management and design, and green buildings. These areas should become focal points for Shanghai in promoting green technology innovation to drive new quality productive forces. ④To advance new quality productive forces, Shanghai should focus on frontier technology innovation, a modernized industrial system, support for innovation factors, multi-level collaborative innovation, and policy mechanism optimization.

Keywords: Green Low-Carbon Technology; New Quality Productive Forces; New Momentum of Development; Shanghai

B. 11   Research on Deepening Institutional Innovation in
Green Finance to Promote the Development of New
Quality Productive Forces

Li Haitang / 187

Abstract: By leveraging its functions in resource allocation, risk management, and market pricing, green finance can guide social capital investments, prevent risks associated with industrial transformation, and promote both the industrialization of ecology and the ecologization of industry, thereby empowering the development of new productive forces. Moreover, through financial innovations in instruments such as green credit, venture capital funds, transition finance, and carbon financial derivatives, green finance supports innovation in industries, technologies, development models, and factor allocation related to new productive forces. Shanghai has made significant progress in advancing the leap of new productive forces through green finance but still needs to overcome challenges, including the effective allocation of green funds, scientific prevention of financial risks, and the urgent enhancement of pricing functions. Therefore, it is imperative to leverage local advantages in finance and technological innovation, draw on relevant international experience, and, by improving the three major functions of green finance, actively cultivate more cutting-edge green and low-carbon industries, emphasize financial support for the transformation and upgrading of traditional industries, and thereby promote a comprehensive green transformation of economic and social development.

Keywords: Green Finance; New Quality Productive Forces; Institutional Innovation; Shanghai

Ⅳ Chapter of Climate Change Adaptation

B.12 Research on the Synergistic Promotion of Climate
Change Economic and Financial Risk Mitigation and
the Enhancement of New Quality Productive Forces

Chen Ning，Zhuang Mufan / 212

Abstract： The impact of climate change risks is continuously spreading and penetrating into the entire economic and social system，having a significant and far-reaching impact on the economic and financial system. In the face of the long-term and systemic challenge of climate change risks，actively cultivating and developing new productive forces has become an important way to improve the ability to respond to climate change risks. Responding to the economic and financial risks of climate change and developing new productive forces are similar in core and consistent in promoting policy areas，and the two should be promoted in a coordinated manner. At present，Shanghai has achieved positive results in addressing the economic and financial risks of climate change in the fields of climate early warning，climate investment and financing，climate risk-related financial product innovation，and climate information disclosure. However，Shanghai's two policy goals of responding to economic and financial risks of climate change and improving new quality productivity forces face realistic challenges such as independent decision-making processes，competition for factor resources，and isolated or conflicting policy measures. In response to these problems，referring to the experience of developed countries in Europe and the United States and global cities，the following suggestions are put forward： improve governance processes； strengthen coordination among government departments； improve policy tools； and increase capital investment.

Keywords： the Economic and Financial Risks of Climate Change； New Quality Productive Forces； Shanghai

Abstract: The demand of meeting ecosystem climate risks constitutes the drivers of technological innovation, industrial innovation, innovative distribution of factors and etc. , accelerating creation of new quality productive forces in multi-fields. And, such new quality productive forces diversify and upgrade the instruments to predict, combat, hedge and mitigate ecosystem climate risks, remarkably improving the capacity to meet climate risks. In this way, the closed loop of new quality productive forces nurturing and climate risks meeting is shaped. In the dimensions of technological innovation, industrial innovation, innovative distribution of factors, policy innovation, governance system innovation and strengthening the ecosystem's security shelter capacity for new quality productive forces, this paper assesses the status quo and challenges of Shanghai synergistically promoting ecosystem climate risks meeting and new quality productive forces nurturing. In order to enhance the synergy effects of the both sides, this paper puts forward some suggestions in the perspectives of inter-departmental concerted decision making, multi-departments objective functions coordination, green infrastructure building and policy "combination blows" designing.

Keywords: Ecosystem; Climate Risk Adaptation; New Quality Productive Forces Cultivation; Shanghai

Abstract: This report aims to explore the significance, current status, and potential pathways for synergistic promotion of climate change health risk response and new quality productivity enhancement in Shanghai. Firstly, the report emphasizes the importance of synergistic promotion for safeguarding public health and driving sustainable economic development. Secondly, the report evaluates the current status of climate change health risks and new quality productivity development in Shanghai, revealing the interactive and synergistic potential between the two. The report indicates that innovation in climate monitoring and early warning technologies can effectively alleviate health risks, while enhancing healthcare capacity to respond to climate change, such as remote medical services and mobile medical units, is an important driving force for new quality productivity development. Furthermore, international case analysis further confirms the feasibility and benefits of synergistic effects. Finally, the report proposes pathways and strategies for synergistic promotion, including enhancing climate adaptation planning, promoting the application of green and low-carbon technologies, enhancing social adaptability, promoting data-driven decision-making and intelligent management, and cultivating professional talents. These strategies aim to achieve a win-win situation of economic development and environmental protection, providing reference for climate adaptation and sustainable development in Shanghai and similar cities.

Keywords: Climate Change; Health Risks; New Quality Productivity; Sustainable Development; Shanghai

社会科学文献出版社

皮 书

智库成果出版与传播平台

❖ 皮书定义 ❖

皮书是对中国与世界发展状况和热点问题进行年度监测，以专业的角度、专家的视野和实证研究方法，针对某一领域或区域现状与发展态势展开分析和预测，具备前沿性、原创性、实证性、连续性、时效性等特点的公开出版物，由一系列权威研究报告组成。

❖ 皮书作者 ❖

皮书系列报告作者以国内外一流研究机构、知名高校等重点智库的研究人员为主，多为相关领域一流专家学者，他们的观点代表了当下学界对中国与世界的现实和未来最高水平的解读与分析。

❖ 皮书荣誉 ❖

皮书作为中国社会科学院基础理论研究与应用对策研究融合发展的代表性成果，不仅是哲学社会科学工作者服务中国特色社会主义现代化建设的重要成果，更是助力中国特色新型智库建设、构建中国特色哲学社会科学"三大体系"的重要平台。皮书系列先后被列入"十二五""十三五""十四五"时期国家重点出版物出版专项规划项目；自2013年起，重点皮书被列入中国社会科学院国家哲学社会科学创新工程项目。

法律声明